沿海建筑物
钢筋混凝土防腐蚀

韦　华　钱文勋
盛维高　周成洋 ◎ 著

东南大学出版社
SOUTHEAST UNIVERSITY PRESS
·南京·

图书在版编目(CIP)数据

沿海建筑物钢筋混凝土防腐蚀 / 韦华等著. -- 南京：
东南大学出版社，2025.8. -- ISBN　978 - 7 - 5766 - 1811
- 2

Ⅰ. TU528.571

中国国家版本馆 CIP 数据核字第 2024B3Q305 号

沿海建筑物钢筋混凝土防腐蚀

著　　者	韦　华　钱文勋　盛维高　周成洋
责任编辑	杨　凡
责任校对	韩小亮　**封面设计**　王　玥　**责任印制**　周荣虎
出版发行	东南大学出版社
社　　址	南京市四牌楼 2 号(邮编:210096)
出 版 人	白云飞
经　　销	全国各地新华书店
印　　刷	广东虎彩云印刷有限公司
开　　本	700 mm×1000 mm　1/16
印　　张	19
字　　数	369 千字
版　　次	2025 年 8 月第 1 版
印　　次	2025 年 8 月第 1 次印刷
书　　号	ISBN　978 - 7 - 5766 - 1811 - 2
定　　价	98.00 元

本社图书若有印装质量问题,请直接与营销部联系,电话:025 - 83791830。

Preface

序

    21 世纪是海洋的世纪,海洋的开发、利用、安全关系到国家的安全和长远发展。推进中国式现代化必须推动海洋经济高质量发展,2024 年我国海洋经济总量已经突破 10 万亿元,但同时也面临许多挑战,必须要认识到沿海地区建筑物的安全稳定对海洋经济的增长至关重要。由于沿海地区分布有大量高盐碱含量的农田、滩涂、盐池、河流,而地下水及土壤中存在氯离子、硫酸根离子等两种甚至更多种腐蚀介质,多种腐蚀介质与环境的共同作用对建在该地区的钢筋混凝土建筑物具有较强的腐蚀破坏作用,影响沿海地区钢筋混凝土建筑物的安全稳定及服役寿命。

    20 世纪 80 年代到 2000 年左右,我国在沿海地区修建了大量的钢筋混凝土建筑物。早期修建的钢筋混凝土建筑物因有关防腐蚀认知及专业水平不足,很少采用防腐蚀措施,这类建筑一部分因腐蚀破坏已经拆除,一部分仍在"带伤服役"。沿海地区早期修建的钢筋混凝土建筑物,我们对其腐蚀破坏现状、腐蚀介质与真实环境因素叠加的腐蚀破坏机理,缺乏深入系统的调查取样测试,缺少从宏观性能到微观结构的系统分析,缺少全面客观的认识。

    本书共 13 章,分上篇和下篇两个部分。上篇为"沿海建筑物腐蚀状况及分析",调研了沿江苏省海岸线南起启东市,北至连云港市赣榆区,横跨 11 个县(市、区)沿海钢筋混凝土建筑物腐蚀现状,建筑物种类包括水工建筑物、电力工程建筑物、交通工程建筑物、市政工程建筑物等,通过腐蚀调查、样品分析、机理分析、腐蚀作用等级划分等工作,对沿海建筑物腐蚀现状与破坏机理做了系统分析与规律总结。

下篇则针对沿海地区钢筋混凝土常出现的保护层鼓包、胀裂、锈蚀等现象，对其开展腐蚀防护方案试验研究，所涉及的内容主要包括耐腐蚀混凝土、粘结材料、阻锈材料研发；单因素、多因素、环境荷载等作用下钢筋混凝土腐蚀破坏机理研究；沿海地区钢筋混凝土整体的寿命预测三部分，囊括了沿海地区主要的结构腐蚀破坏形式及解决措施。

本书研究内容由南京水利科学研究院、江苏省淮沭新河管理处、山东黄河勘测设计研究院有限公司的相关人员合作完成。本书上篇由韦华、盛维高、周成洋负责统稿，韦华、盛维高、丁跃参与第 1 章的研究工作并完成编写；周成洋、徐菲、袁聪参与第 2 章的研究工作并完成编写；盛维高、徐菲、林立参与第 3 章的研究工作并完成编写；韦华、盛维高、周成洋参与第 4 章的研究工作并完成编写。下篇由韦华、钱文勋负责统稿，欧阳幼玲、盛维高、袁聪参与第 5 章的研究工作并完成编写；周成洋、欧阳幼玲、芦浩参与第 6 章的研究工作并完成编写；韦华、盛维高、芦浩参与第 7 章的研究工作并完成编写；钱文勋、王传全、何旸参与第 8 章的研究工作并完成编写；盛维高、芦浩、袁聪参与第 9 章的研究工作并完成编写；钱文勋、何旸、王小冬参与第 10 章的研究工作并完成编写；徐菲、李庆安、丁跃、林立参与第 11 章的研究工作并完成编写；韦华、王传全、李庆安、王小冬参与第 12 章的研究工作并完成编写；韦华、钱文勋、盛维高、周成洋参与第 13 章的研究总结并完成编写。

本书的编著和出版，得到了南京水利科学研究院出版基金的资助，东南大学出版社对本书的出版给予了大力支持，在此一并表示感谢。

因编写时间仓促、编者水平有限，书中不足之处在所难免，热忱期待读者批评指正。

作者
2025 年 7 月

Contents

目 录

上篇 沿海建筑物腐蚀状况及分析

下篇　沿海钢筋混凝土防腐蚀研究

上 篇

沿海建筑物腐蚀状况及分析

前　　言

　　江苏省沿海地区位于长江三角洲北翼,地跨连云港、盐城、南通三市,东濒黄海,北接山东半岛,南临长江黄金水道,陆域面积为 3.25 万 km^2,海岸线长约 954 km,是我国"一带一路"建设的先行基地、对外开放合作的门户基地,具有极为重要的战略经济地位。根据《2024 年江苏省海洋经济统计公报》,2024 年江苏省海洋生产总值达 10 046.2 亿元,首次突破万亿大关,同比增加 6.0%,占全省 GDP 比重 7.3%。由此可见,沿海地区工业产业的安全稳定生产对地区经济的增长至关重要。然而,江苏省沿海地区土地状况分布统计表明,沿海地区分布着大量高盐碱含量的土地、滩涂、盐池、河流,对该地区钢筋混凝土构件具有较强的腐蚀破坏风险(图 1)。此外,江苏省沿海地区气候变化范围大,气温变化范围为 −18 ℃~43 ℃,相对湿度变化范围为 15% ~ 100%。区域滩涂面积占全国总量的 1/4,达 5 000 km^2,同时包括晒盐池、海水养殖池等高盐碱水域,以及农田、淡水养殖池等低盐碱土地和水域,在同一地区存在不同腐蚀环境等级。

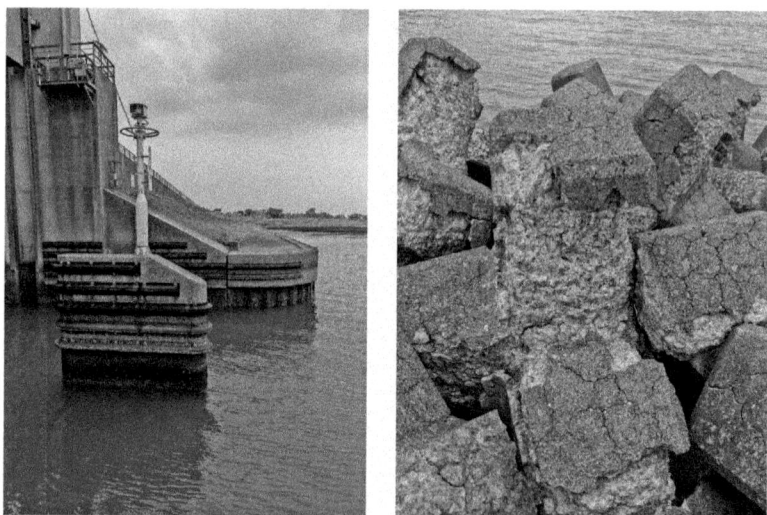

图 1　沿海钢筋混凝土腐蚀破坏

　　为保障沿海钢筋混凝土建筑物的安全运行,在不同腐蚀环境等级中,钢筋混凝土应采取相应的防腐措施,并制定对应的设计规程。为此,南京水利科学研究院就有关钢筋混凝土防腐措施开展研究,首先进行江苏省沿海地区钢筋混凝土腐蚀环境调查,主要进行江苏省沿海地区盐碱分布状况调查和钢筋混凝土腐蚀状况普查。依据各地钢筋混凝土腐蚀破坏状况和所处环境检测结果,提出相应环境对钢筋混凝土腐蚀作用的参考等级划分。

　　根据《混凝土结构耐久性设计标准》，钢筋混凝土环境作用等级按其对钢筋混凝土结构的侵蚀程度分为 6 级（表 1）。气候环境作用的环境等级分类见表 2，盐碱腐蚀环境作用的环境等级分类见表 3，钢筋混凝土处于不同水质环境中的分类见表 3。钢筋混凝土结构处于多种化学物质同时作用的环境时，应根据具体情况取其中单项作用最高的等级或再提高一级作为钢筋混凝土结构所处环境的作用等级，以考虑多种作用共同发生时可能的严重后果。

表 1　环境作用等级

级　别	作用程度	级　别	作用程度
A	可忽略	D	严重
B	轻度	E	非常严重
C	中度	F	极端严重

表 2　环境类别及作用等级

环境类别	环境条件[1]		作用等级
Ⅰ一般环境（无冻融、盐、酸等作用）	室内干燥环境		Ⅰ-A
	非干湿交替的室内潮湿环境 非干湿交替的露天环境 长期湿润环境		Ⅰ-B
	南方炎热潮湿的露天环境		Ⅰ-C
Ⅱ冻融环境	微冻地区[3]	无氯盐[2]	Ⅱ-C
	混凝土高度饱水[4]	有氯盐[2]	Ⅱ-D
	严寒和寒冷地区[3]	无氯盐[2]	Ⅱ-C
	混凝土中度饱水[4]	有氯盐[2]	Ⅱ-D
	严寒和寒冷地区[3]	无氯盐[2]	Ⅱ-D
	混凝土高度饱水[4]	有氯盐[2]	Ⅱ-E

环境类别	环境条件[1]			作用等级
Ⅲ 近海或海洋环境[5]	水下区			Ⅲ-D
	大气区	轻度盐雾区 离平均水位 15 m 以上的海上大气区,离涨潮岸线 100 m 外至 300 m 内的陆上室外环境		Ⅲ-D[6]
		重度盐雾区 离平均水位 15 m 以内的海上大气区,离涨潮岸线 100 m 内的陆上室外环境		Ⅲ-E
	水位变化区和浪溅区,非炎热地区			Ⅲ-E
	水位变化区和浪溅区,南方炎热地区			Ⅲ-F
	土中区	非干湿交替		Ⅲ-D
		干湿交替		Ⅲ-E
Ⅳ 除冰盐等其他氯化物环境(来自海水的除外)	较低氯离子浓度[7](反复冻融环境按Ⅳ-D)			Ⅳ-C
	较高氯离子浓度			Ⅳ-D
	高氯离子浓度,或干湿交替引起氯离子积累			Ⅳ-E
Ⅴ₁ 土中及地表、地下水中的化学腐蚀环境(来自海水的除外)	见表 3			
Ⅴ₂ 大气污染环境(来自海水的盐雾除外)	汽车或机车废气			Ⅴ₂-C
	酸雨(酸雨 pH 值小于 4 时按 E 级)			Ⅴ₂-D
	盐碱地区含盐分的大气和雨水作用(盐度很高的情况宜按 E 级,较轻时可按 C 级)			Ⅴ₂-D
Ⅴ₃ 盐碱结晶环境	轻度盐碱结晶			Ⅴ₃-E
	重度盐碱结晶(大温差、频繁干湿交替)			Ⅴ₃-F

注:1. 表中的环境条件系指与混凝土表面接触的局部环境;对钢筋则为混凝土保护层的表面环境,但如构件的一侧表面接触空气而对侧表面接触水体或湿润土体,则空气一侧的钢筋需按干湿交替环境考虑。

2. 氯盐指除冰盐或海水中氯盐。

3. 冻融环境按当地最冷月平均气温划分为严寒地区、寒冷地区和微冻地区,其最冷月的平均气温 t 分别为 $t \leqslant -8\ ℃$,$-8\ ℃ < t < -3\ ℃$ 和 $-3\ ℃ \leqslant t \leqslant 2.5\ ℃$。但在海洋环境,海水

的冰冻应根据当地的实际调查确定。

4. 高度饱水指冰冻前长期或频繁接触水或湿润土体,混凝土体内高度水饱和;中度饱和指冰冻前偶受雨水或潮湿,混凝土体内饱水程度不高。

5. 近海或海洋环境中的水下区、潮汐区、浪溅区和大气区的划分,可参考《海港工程混凝土结构防腐蚀技术规范》(JTJ 275—2000)的规定。近海或海洋环境的土中区,指海底以下或近海的陆区地下,其地下水中的盐类成分与海水相近。

6. 周边永久浸没于海水或地下海水中的构件,其环境作用等级可按Ⅱ-C考虑,但流动水流的情况除外。

7. 地表或地下水中氯离子浓度(mg/L)的高、低区分为:低100～500;较高501—5 000;高>5 000。如构件周边永久浸没水中不存在干湿交替或接触大气,可按环境作用等级Ⅳ-C考虑。

表3　盐碱腐蚀环境分类及其作用等级

作用等级	V_1-C	V_1-D	V_1-E
水中 SO_4^{2-}/(mg/L)	200～1 000	1 000～4 000	4 000～1 0000
土中 SO_4^{2-}/(mg/kg)	300～1 500	1 500～6 000	6 000～1 5000
水中 Mg^{2+}/(mg/L)	300～1 000	1 000～3 000	3 000～4 500
水的 pH 值	5.5～6.5	4.5～5.5	4.0～4.5
水中 CO_2/(mg/L)	15～30	30～60	60～100

注:《混凝土结构耐久性设计标准》(GB/T 50476—2019)。

考虑到沿海自然环境的多因素侵蚀现状,以土、水样品的 Cl^- 与 SO_4^{2-} 浓度测定结果为基准,结合上述各标准中化学腐蚀环境的相关标准,综合判定调研构件所处环境的作用等级。当多种腐蚀介质共同存在于环境时,将其中单项腐蚀介质作用的最高等级作为钢筋混凝土结构所处环境的作用等级。依据取样点周围的水体与土壤中侵蚀性离子的含量将综合环境作用等级划分为中度、严重、非常严重、极端严重,依次记为H1、H2、H3、H4。

该篇以腐蚀调查、样品分析、腐蚀作用等级划分,相应的结论建议为主要内容,由于编者水平有限,部分内容有不足之处,敬请读者批评指正。

1 腐蚀调查方案及实施

▶ 1.1 腐蚀调查方案

1. 调查范围

调研沿江苏省海岸线南起启东市,北至连云港市赣榆区(原赣榆县),地跨 11 个县(市、区),各县(市、区)取样点距海岸线直线距离<8 km,各取样区域内根据离海岸线距离选取 2~8 个具有不同特点的取样检测点。

2. 调查内容

气候温、湿度变化状况;取土点盐碱含量;取水点盐碱含量;钢筋混凝土工程建造年限、钢筋混凝土和接地钢材腐蚀破坏状况。

3. 调查方法与步骤

气候温、湿度变化状况调查→钢筋混凝土工程建造年限及设计强度等级调查→环境土(水)样盐碱含量取样检测→混凝土强度回弹检测→混凝土钻孔或凿除→混凝土碳化深度检测→混凝土中不同深度氯离子含量取样检测→钢筋混凝土钢筋锈蚀状况检测→采用丙乳砂浆修补凿除破坏的混凝土孔洞。

现场获取的水样、土样送回试验室检测氯离子浓度和硫酸根离子浓度。

现场获取的混凝土样送回试验室,经预处理测试氯离子浓度、可溶性硫酸根离子浓度及 X 射线衍射(XRD)图谱。

▶ 1.2 现场调查取样

调研始于 2020 年 11 月 9 日,结束于 2020 年 11 月 28 日,历时 20 天,由南至北依次途经启东、通州、如东、海安、东台、大丰、盐城、响水、灌云、连云港、赣榆共 11 个县(市、区)。

1.2.1 南通市

南通市辖内区域调查时间为 11 月上旬,此时天气晴朗,相对温暖,日平均气温约 15 ℃。

1. 启东市

启东市南濒长江入海口北支,其中东段以江心为界,西段永隆沙与上海市崇明区接壤,东、北濒临黄海,西与海门区毗邻。启东市属北亚热带湿润气候区,海洋性季风气候特征明显。2019年,启东市常年平均降水量1 112.1 mm,平均气温15.5 ℃。

启东市区域内共调研8个典型设施,其中输电线路设施6处,沿途水利设施2处。调研设施地处(旁经)河流、农田、水塘、滩涂等环境,所调研钢筋混凝土设施离海岸线最远约3 km,最近约31 m,所调研设施均未采取表面防腐措施,存在不同程度的腐蚀破坏及碳化(即中性化)。

(1)输电线路110 kV港惠9 HA线

首先调查取样离咸淡交汇区约5 km处的输电线路110 kV港惠9 HA线16号、18号铁塔的混凝土基础(图1-1)。线路铁塔混凝土基础位于田间,浇筑时间约在2005年,未采取任何防腐措施,混凝土表面存在轻微剥落现象,无显著破损。两座铁塔基础接地线轻微锈蚀,回弹法测得16号塔混凝土基础的平均抗压强度15.1 MPa,最大碳化深度19 mm,平均碳化深度15 mm;18号塔混凝土基础的平均强度18.7 MPa,最大碳化深度5.1 mm,平均碳化深度3.5 mm。现场取水样、土样各1份,混凝土砂浆2份。

16号铁塔

18号铁塔

16号塔碳化测试

碳化深度28 mm

18 号塔碳化程度低　　　　　　　丙乳砂浆修补

图 1 - 1　110 kV 港惠 9HA 线 16 号、18 号铁塔

（2）输电线路 110 kV 和宏 791 线

取样调查第 3 点为 110 kV 和宏 791 线 9 号铁塔（图 1 - 2），位于离咸淡交汇区约 3 km 的田间。混凝土基础表面采用环氧煤沥青进行腐蚀防护，但存在较为明显的立面剥落现象。测点混凝土平均碳化深度 20 mm，回弹法测得平均抗压强度 10.1 MPa。

图 1 - 2　110 kV 和宏 791 线 9 号铁塔

（3）启东市海堤堤顶公路旁一小水闸

取样调查第 4 点为启东市海堤堤顶公路旁一小水闸（图 1 - 3），位于 328 国道东侧，距离海岸线直线距离约 1 km。水闸支柱的钢筋混凝土存在显著的鼓包、胀裂现象，由混凝土中的钢筋锈蚀引起。支柱平均碳化深度 40 mm，回弹法测得平均抗压强度 15.7 MPa。现场取水样、混凝土样各 1 份。

（4）输电线路 220 kV 新风 2H39 线

取样点 5 为输电线路 220 kV 新风 2H39 线第 54 号铁塔及塔旁混凝土桥

水闸全貌

支座混凝土锈蚀胀裂、鼓包

支座碳化程度明显

丙乳砂浆修补

图 1-3 堤顶公路水闸

(图 1-4),位于取样点 4 北侧 5 km 左右处的沿海荒地中。铁塔属次新塔,基座混凝土未见明显腐蚀破坏,接地线轻微锈蚀。铁塔基础钢筋混凝土平均碳化深度 3 mm,回弹法测得平均抗压强度 42.2 MPa。但是铁塔旁混凝土桥因修建年限较长,发生显著的腐蚀破坏,混凝土桥扶手钢筋锈蚀明显,平均碳化深度 22 mm。桥身存在顺筋裂缝。该测点取土样、混凝土样各 1 份。

(5) 三公区挡潮闸及闸旁混凝土桥

取样点 6 为三公区挡潮闸及闸旁混凝土桥(图 1-5),闸龄约 40 年。挡潮闸及混凝土桥的钢筋混凝土主体结构均存在不同程度的因钢筋锈蚀而导致的鼓包、胀裂。此外,挡潮闸闸室前期经历过砂浆修补,但修补质量较差;受到来往车辆的动荷载作用,混凝土桥腐蚀破坏程度较挡潮闸更为显著,支柱存在一定的顺筋裂缝。挡潮闸闸室平均碳化深度 20 mm,回弹法测得平均抗压强度 18.6 MPa;闸旁混凝

铁塔全貌

支座混凝土锈蚀胀裂、鼓包

铁塔旁混凝土桥扶手碳化显著

桥身顺筋裂缝

图 1-4 输电线路 220 kV 新风 2H39 线第 54 号铁塔及塔旁混凝土桥

土桥平均碳化深度 20 mm,回弹法测得平均抗压强度 12.6 MPa。该测点取水样 1 份、混凝土样 2 份。

挡潮闸全貌

混凝土桥

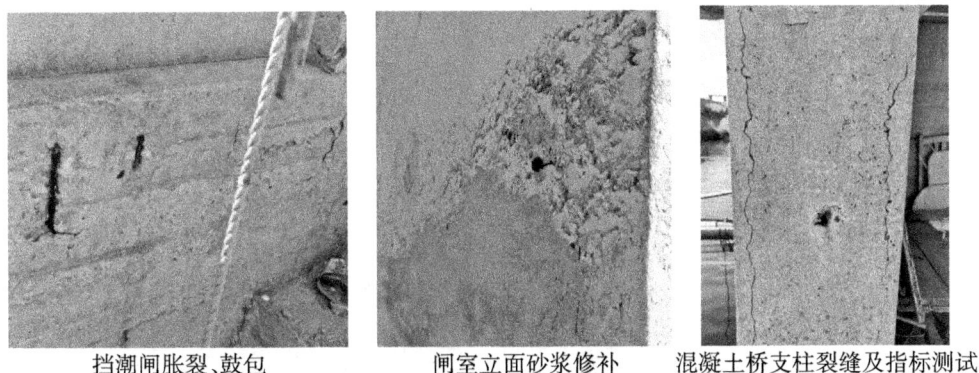

| 挡潮闸胀裂、鼓包 | 闸室立面砂浆修补 | 混凝土桥支柱裂缝及指标测试 |

图 1-5　三公区挡潮闸及闸旁混凝土桥

（6）输电线路 35 kV 龙元 B332 线

取样点 7 在上一测点西北方向约 4 km 处，为 35 kV 龙元 B332 线 38 号铁塔（图 1-6），建造年代为 2008 年。铁塔接地线埋入土中部分锈蚀，铁塔塔身螺帽完全锈蚀。铁塔基础钢筋混凝土平均碳化深度 2 mm，回弹法测得平均抗压强度 28.2 MPa。该测点取土样、水样、混凝土样各 1 份。

| 接地线部分锈蚀 | 塔身螺帽锈蚀 | 混凝土基础碳化深度测试 |

图 1-6　35 kV 龙元 B332 线 38 号铁塔

（7）输电线路 35 kV 吕茅 343 号线

取样点 8 为输电线路 35 kV 吕茅 343 号线 02 号铁塔（图 1-7），距海岸线直线距离约 3.8 km，位于田间。铁塔基础钢筋混凝土表面砂浆出现一定程度的剥落，铁塔接地线显著锈蚀，锈蚀高度高于地面。铁塔基础最大碳化深度 3.3 mm，平均碳化深度 2.0 mm，回弹法测得抗压强度 26.4 MPa。该测点取土样 1 份。

2. 通州区

通州区于 2009 年撤市为区，其位于江苏省东南部长江入海口北岸，东临黄海，南依长江，与苏州隔江相望。通州区属亚热带季风气候，年平均降水 1 100.5 mm，平均气温 15.6 ℃。

铁塔混凝土基础　　　　　　　　　　接地线锈蚀

图 1 - 7　35 kV 吕茅 343 号线 02 号铁塔

在通州区内选取典型钢筋混凝土建筑物 2 处,分别为输电线路铁塔及挡潮闸各 1 处。

(1) 输电线路 110 kV 遥房 8RG 线

通州区内取样点 1 为 110 kV 遥房 8RG 线 2 号铁塔(图 1 - 8),位于遥望港旁。铁塔旁散落袋装水泥空袋,部分尚未结块,推测该铁塔新建成不久。铁塔基础钢筋混凝土未采取防腐措施,铁塔回填土新鲜、接地线轻微锈蚀。回弹法测得平均抗压强度为 15.1 MPa。

铁塔全貌　　　　　　　　　　　接地线锈蚀

图 1 - 8　110 kV 遥房 8RG 线 2 号铁塔

（2）新中闸挡潮闸

取样点 2 为新中闸挡潮闸（图 1-9），紧邻取样点 1，建于 2006 年，目前由于腐蚀破坏等多种因素作用，挡潮闸桥面正处于翻修重建阶段。桥面所暴露出的钢筋已完全锈蚀胀裂。翼墙立面保存相对完好，测得最大碳化深度 7.3 mm，平均碳化深度 5.2 mm，抗压强度 22.2 MPa。该测点取水样、混凝土样各 1 份。

拆除混凝土的锈迹

钢筋锈蚀

上游翼墙

碳化深度测试

图 1-9　新中闸挡潮闸

3. 如东县

如东县南与通州区为邻，西与如皋市接壤，西北与海安市毗连，东面和北面濒临黄海，海岸线全长 102.59 km。如东县四季分明，气候温和，年平均气温 15.10 ℃；雨水充沛，年平均降水量在 1 000 mm 以上。

如东县内共选典型测点 7 处，其中输电线路铁塔 5 处、挡潮闸 2 处。

（1）豫东闸

测点 1 为豫东闸（图 1-10），修建于 2010 年，挡潮闸上游已淤积成滩涂。挡潮闸未见显著腐蚀破坏迹象,翼墙水位变动区相对完好,局部龟裂纹产生于干燥收缩。最大碳化深度 13.6 mm,平均碳化深度 10 mm,平均抗压强度 20.2 MPa。该测点取土样、混凝土样各 1 份。

| 上游翼墙 | 碳化深度测定 |

图 1-10　豫东闸

(2) 输电线路 110 kV 陆环 748 线

测点 2 为 110 kV 陆环 748 线 43 号铁塔(图 1-11),位于距离海岸线 4.6 km 的田间。混凝土基础被田间植被覆盖,未见显著腐蚀破坏,接地线显著锈蚀。测得混凝土基础最大碳化深度 6.4 mm,平均碳化深度 4 mm,平均抗压强度 29.2 MPa。该测点取土样、水样各 1 份。

(3) 输电线路 110 kV 洋光 322 线

测点 3 为 110 kV 洋光 322 线 51 号铁塔(图 1-12),建于 2005 年前后,位于距离海岸线 4.5 km 的田间。混凝土基础被田间植被覆盖,未见显著腐蚀破坏,接地线全部锈蚀。测得混凝土基础的最大碳化深度 6.6 mm,平均碳化深度 4.9 mm,平均抗压强度 10.2 MPa。该测点与测点 2 位置接近,未另行取样。

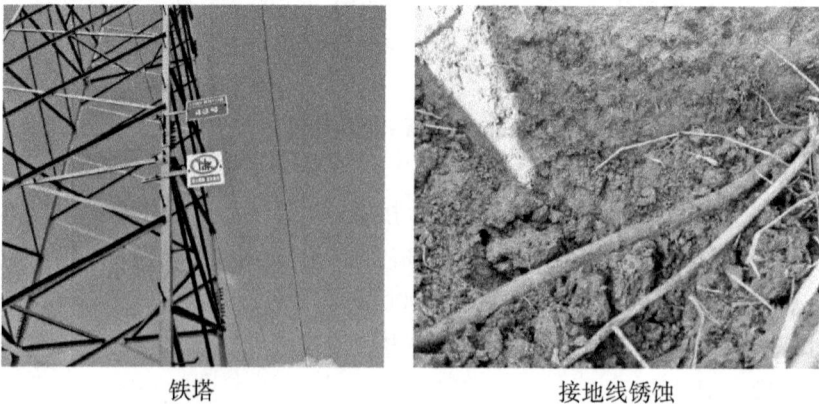

| 铁塔 | 接地线锈蚀 |

图 1-11　110 kV 陆环 748 线 43 号铁塔

回弹法测抗压强度　　　　　　　　接地线锈蚀

图 1‑12　110 kV 洋光 322 线 51 号铁塔

（4）输电线路 35 kV 龙环线

测点 4 为 35 kV 龙环Ⅴ线 3 号铁塔及龙环Ⅺ线 15 号铁塔（图 1‑13）。两座铁塔位于滩涂围垦养殖场旁的水塘中，塔基高出水面约 2.5 m。养殖场旁地面泛白、起皮，盐碱化显著。铁塔基础钢筋混凝土未施加其他防腐措施，并分上下两层浇筑，上层钢筋保护层较薄，支柱及横梁均呈现明显的因钢筋锈蚀而导致的混凝土鼓

养殖场地面显著盐碱化　　铁塔基础　　支柱混凝土钢筋　　铁塔基础横梁
　　　　　　　　　　　　　　　　　锈蚀及鼓包、胀裂

碳化深度测试　　丙乳砂浆修补　　接地线锈蚀　　螺帽锈蚀

图 1‑13　35 kV 龙环Ⅴ线 3 号铁塔及龙环Ⅺ线 15 号铁塔

包、胀裂现象,同时横梁浇筑质量较差,骨料暴露显著;下层钢筋保护层厚度
>15 cm。水位变动区内铁塔接地线及螺帽均表现出显著的锈蚀。龙环Ⅴ线 3 号
铁塔混凝土基础的最大碳化深度 14.9 mm,平均碳化深度 12 mm,平均抗压强度
21.5 MPa;龙环Ⅺ线 15 号铁塔混凝土基础的最大碳化深度 18.2 mm,平均碳化
深度 11 mm,平均抗压强度 11 MPa。测点 4 现场取土样、水样各 1 份,混凝土样
2 份。

(5) 输电线路 220 kV 龙港 4H66 线

测点 5 为 220 kV 龙港 4H66 线 04 号铁塔(图 1 - 14),位于距离海岸线 1 km
盐碱化显著的滩涂中。铁塔基础 1 年内翻修重建,过接地线未见显著锈迹,混凝土
基础可见新鲜砂浆痕迹。尽管如此,新浇混凝土的最大碳化深度 13.8 mm,平均
碳化深度已达 10.0 mm,平均抗压强度为 10.6 MPa。

接地线锈蚀 接地线未见显著锈蚀

碳化深度测试 新浇钢筋混凝土基础

图 1 - 14　220 kV 龙港 4H66 线 04 号铁塔

（6）环港新闸挡潮闸

测点 6 为建于 2009 年的环港新闸挡潮闸（图 1-15）。挡潮闸的闸墩墙面、翼墙墙面均明显存在因钢筋锈蚀而导致的顺筋裂缝，同时闸门也可见明显锈迹。翼墙扶手的混凝土因钢筋锈蚀而剥落过半。测得闸墩墙面最大碳化深度 19.6 mm，平均碳化深度 15.3 mm，平均抗压强度 25.0 MPa。该测点取土样、水样、混凝土样各 1 份。

| 挡潮闸 | 闸墩墙面胀裂 | 闸墩墙面碳化测试 |

| 闸墩拐角砂浆剥落 | 翼墙墙面顺筋开裂 | 翼墙扶手锈蚀破坏 |

图 1-15　环港新闸

4. 海安市

海安市东临黄海，东南与如东接壤，南和如皋毗邻，西通泰兴，并与姜堰区相交，北与东台毗邻。全市年平均气温 14.5 ℃，平均降水量 1 001.59 mm。

海安市内分别调研典型输电线路铁塔、挡潮闸各 1 处。

（1）北凌新闸

海安市内测点 1 为北凌新闸（图 1-16），该闸于 2014 年翻修加固，整体状况良好，翼墙、闸墩等主要构件未见显著破坏痕迹。翼墙最大碳化深度 8.5 mm，平均碳化深度 4.5 mm，平均抗压强度 39.6 MPa。该测点取水样 1 份。

挡潮闸全貌　　　　　　　　　　　　碳化深度测试

图 1-16　北凌新闸

（2）输电线路 220 kV 蒋仲线 26H6 线

测点 2 为 220 kV 蒋仲线 26H6 线 2 号铁塔（图 1-17），位于海安、东台交界处围垦滩涂上，距离海岸线约 0.8 km。铁塔基础钢筋混凝土颜色偏青，推测为高性能耐腐蚀混凝土，混凝土外观整体完整，无明显破坏处，铁塔接地线锈蚀显著，螺帽未见锈蚀。铁塔混凝土基础最大碳化深度 15.3 mm，平均碳化深度 10.1 mm，平均抗压强度 24.4 MPa。该测点取土样、水样、混凝土样各 1 份。

铁塔混凝土基础及铁塔螺帽　　　　　　　接地线锈蚀

图 1-17　220 kV 蒋仲线 26H6 线 2 号铁塔

1.2.2　盐城市

1. 东台市

东台位于苏中沿海,中纬度亚洲大陆东岸,地处南通、泰州、盐城三市交界处,属于长江三角洲沿江经济开发带。东台县属亚热带和暖温带的过渡区,季风显著,四季分明,雨量集中,雨热同季,冬冷夏热,春温多变,秋高气爽,日照充足。常年平均气温 15.0 ℃,降水量 1 061.2 mm。

东台市内调研典型线路设施 2 处、水利设施 4 处。

(1) 方塘河挡潮闸

测点 1 为方塘河挡潮闸(图 1 - 18),距离海岸线直线距离 400 m。挡潮闸翼墙及公路桥桥墩均出现不同程度的钢筋锈蚀及混凝土鼓包、胀裂现象。翼墙墙面水位变动区砂浆剥落显著,存在钢筋锈迹渗出保护层、保护层完全剥落、钢筋近乎锈断等严重腐蚀破坏现象。翼墙最大碳化深度 43.6 mm、平均平均碳化深度 37.6 mm,抗压强度 16.8 MPa。该测点取土样、水样、混凝土样各 1 份。

挡潮闸全貌

公路桥桥墩

上游翼墙锈迹渗出

上游翼墙保护层完全剥落

图 1 - 18　方塘河闸

（2）输电线路 220 kV 国东 2W92 线

测点 2 为 220 kV 国东 2W92 线 21 号铁塔（图 1-19），位于距海岸线 5.6 km 的自然保护区林地中，植被茂盛。铁塔基础钢筋混凝土的桩帽表层砂浆严重剥落，露出骨料，铁塔接地线埋土部分显著锈蚀，铁塔螺帽锈蚀。混凝土基础的最大碳化深度 16.6 mm，平均碳化深度 9.7 mm，抗压强度 20.4 MPa。该测点取土样、混凝土样各 1 份。

铁塔桩帽表层砂浆剥落、螺帽锈蚀　　　　接地线埋地部分锈蚀

图 1-19　220 kV 国东 2W92 线 21 号铁塔

（3）移动信号塔铁塔基础

测点 3 为移动信号塔铁塔基础（图 1-20），位于条子泥景区内的盐碱湿地，距离海岸线 700 m，附近有众多风力发电设施。湿地高度盐碱化，地表分布白色盐皮。

信号塔全貌　　　　　　　　　湿地表面盐皮

铁塔桩帽及螺帽　　　　　　　　上游翼墙保护层完全剥落

图 1 - 20　信号塔

铁塔螺帽部分锈蚀,混凝土的桩帽、基础表层砂浆均存在显著的剥落现象。混凝土基础的最大碳化深度 14.7 mm,平均碳化深度为 10.4 mm,抗压强度为 21.5 MPa。该测点取土样、水样、混凝土样各 1 份。

(4) 条子泥自然保护区内某小型挡潮闸

测点 4 为条子泥自然保护区内某小型挡潮闸(图 1 - 21),建筑年代久远。挡潮闸闸室支柱、闸墩、翼墙扶手均存在明显的混凝土鼓包、胀裂现象,闸墩部分位置、

挡潮闸全貌　　　　　　　　　　闸室支柱

| 闸墩一 | 闸墩二 | 翼墙扶手 |

图 1 - 21　条子泥自然保护区内某小型挡潮闸

翼墙扶手砂浆剥落严重,暴露出里层锈蚀的钢筋。翼墙最大碳化深度 27.8 mm,平均碳化深度 22.4 mm,抗压强度 10.4 MPa。该测点取水样、混凝土样各 1 份。

(5) 梁垛河南闸

测点 5 为梁垛河南闸(图 1 - 22),位于东台、大丰交界位置的自然保护区内。梁垛河南闸建成于 1972 年,公路桥扶手、桥墩均在后期用环氧涂层处理过。翼墙下部为浆砌石结构,上部混凝土部分存在竖向裂缝以及因钢筋锈蚀而导致的砂浆剥落现象。该挡潮闸翼墙背面混凝土部分的最大碳化深度 8.2 mm,平均碳化深度为 6.5 mm,抗压强度为 14.8 MPa。该测点取水样、混凝土样各 1 份。

挡潮闸全貌

翼墙混凝土	竖向裂缝

图 1-22　梁垛河南闸

（6）东方绿洲水闸

测点 6 为东方绿洲水闸（图 1-23），位于离海岸线 3.6 km 的林场旁。水闸翼墙扶手存在明显的钢筋锈蚀及保护层鼓包、胀裂现象。翼墙最大碳化深度 12.7 mm，平均碳化深度 9.2 mm，抗压强度 17.9 MPa。该测点取水样、混凝土样各 1 份。

闸墩	翼墙扶手

图 1-23　东方绿洲水闸

3. 大丰区

大丰区是江苏东部的沿海城市，有 112 km 长的海岸线，南与东台市接壤。大丰是淤积平原，地形南宽北窄，属于亚热带与暖湿带的过渡地带，四季分明，气温适中，雨量充沛，年平均气温 14.1 ℃，常年降水量 1 042.2 mm。

大丰区内分别调研输电线路铁塔 4 处、挡潮闸 1 处。

（1）输电线路 35 kV 第三回路 314 线

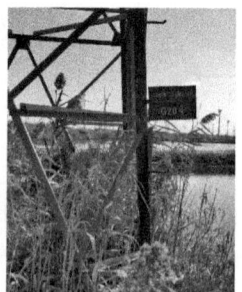

测点 1 为 35 kV 第三回路 314 线 G23 号铁塔基础（图 1－24），位于距离海岸线 620 m 的水产养殖场硬化土路上，并紧邻养鱼池。铁塔混凝土基础埋于地下，露出桩帽的表层砂浆严重剥落，露出骨料。同时可见混凝土基础曾采用环氧煤沥青进行防腐处理，但已近乎完全脱落。铁塔接地线明显锈蚀。测得基础的最大碳化深度 14.9 mm，平均碳化深度 11.2 mm，抗压强度 11.9 MPa。该测点取水样、混凝土样各 1 份。

铁塔全貌　　　　　　　　　　混凝土基础及接地线

图 1－24　35 kV 第三回路 314 线 G23 号铁塔基础

（2）输电线路 35 kV 第二回路 312 线和风力发电中电国际 FA08 号变电站

测点 2 包括 2 个铁塔基础及 1 个风力发电机变电站钢筋混凝土基础（图 1－25），距海岸线约 220 m。其中一个铁塔基础位于养鱼池内，无法接近检测，但通过照片不难确认：水位变动区内的接地线锈蚀明显，桩帽及基础表面砂浆剥落，露出骨料。对于 35 kV 第二回路 312 线 G20 号基础，同样可见其砂浆严重剥落，接地线锈蚀高度高于地面，测得其最大碳化深度 17.2 mm，平均碳化深度 13.1 mm，

养鱼池中铁塔全貌　　　　　混凝土基础　　　　　35 kV 第二回路 312
　　　　　　　　　　　　　　　　　　　　　　　　线 G20 号基础

混凝土基础及接地线　　　中电国际 FA08 号变电站　　　表层混凝土砂浆鼓包、
　　　　　　　　　　　　钢筋混凝土基础　　　　　　　胀裂、剥落

图 1-25　测点 3

抗压强度 11 MPa。对于风力发电机中电国际 FA08 号变电站钢筋混凝土基础,其操作平台高于地面约 3 m,4 个钢筋混凝土支柱均表现出显著的因钢筋锈蚀而导致的鼓包、胀裂、剥落现象。支座最大碳化深度 22.6 mm,平均碳化深度 17.8 mm,平均抗压强度 18.5 MPa。该测点取土样、水样、混凝土样各 1 份。

（3）竹川闸

测点 3 为竹川闸(图 1-26),距海岸线直线距离 2.2 km。该闸修建年代久远,但近期采用环氧涂层进行修补防护。挡潮闸翼墙为浆砌石基础,水闸检修桥暂未进行环氧防腐,测得最大碳化深度 5.6 mm,平均碳化深度 4.8 mm,抗压强度 41 MPa。该测点取水样、混凝土样各 1 份。

（4）输电线路 110 kV 围电 820 线

测点 4 为 110 kV 围电 820 线 13 号铁塔,位于距海岸线 5.3 km 的田间,混凝土基础被植被覆盖,存在表面砂浆剥落的现象,

闸室

图 1-26　竹川挡潮闸

接地线未见显著锈迹。混凝土基础的最大碳化深度 7.4 mm,平均碳化深度为 5.5 mm,抗压强度为 20.4 MPa。该测点取土样、混凝土样各 1 份。

（5）输电线路 110 kV 宏都线

测点 5 为输电线路 110 kV 宏都线 30 号铁塔,位于距海岸线 2 km 的芦苇丛

中。混凝土基础表面相对完整,接地线、螺帽未见明显锈迹。钢筋混凝土基础的最大碳化深度 19.5 mm,平均碳化深度 13.8 mm,抗压强度 10.2 MPa。该测点取土样、混凝土样各 1 份。

1.2.3 连云港市

连云港市主要调查典型区域内挡潮闸及沿海工业区输变线路铁塔钢筋混凝土基础,重点调查田湾核电站输变线路铁塔钢筋混凝土基础腐蚀环境和腐蚀状况。所调研结构采取了普通钢筋混凝土、高性能钢筋混凝土、丙乳砂浆保护、环氧煤沥青、环氧玻璃丝布包裹等多种防腐措施,现场调查内容丰富。

连云港地处中国东部沿海地区,江苏省东北部,海州湾西岸,东濒黄海,西与徐州、宿迁相连,南部与淮安、盐城毗邻,北与山东日照、临沂相邻,下辖海州区、连云区、赣榆区 3 个区,灌云县、东海县、灌南县 3 个县。连云港有标准海岸线 162 km,常年平均气温 14.1 ℃,历年平均降水 883.6 mm。

1. 灌云县

(1) 新沂河口闸

灌云县新沂河口闸(图 1-27),位于灌河西南侧,距海岸线 2.9 km。新沂河口闸起建于 1996 年,完工于 1999 年。水闸上游(河侧)翼墙施工质量差异显著。施工质量差的翼墙钢筋保护层较薄,呈现出显著的鼓包、胀裂、碳化,并且钢筋锈蚀严重。上游翼墙平均碳化深度 18.5 mm,抗压强度 34.4 MPa。下游(海侧)翼墙施工质量整体更好,钢筋保护层较厚,且碳化程度低。下游翼墙的最大碳化深度 9.1 mm,平均碳化深度 5.2 mm,抗压强度 46.2 MPa。该测点取水样、土样、混凝土样各 2 份。

(2) 新沂河口闸专用线路

第 2 调研点为临近新沂河口闸的无名输电线路铁塔(图 1-28),铁塔为新沂河口闸专用线路,位于距挡潮闸直线距离约 500 m 的滩涂中。铁塔混凝土基础浇筑

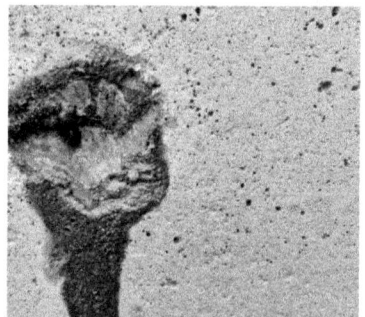

挡潮闸上游　　　　　　　上游翼墙　　　　　　上游翼墙碳化深度测试

下游翼墙　　　　　　　　　　　　　　下游翼墙碳化深度测试

图 1－27　新沂河口闸

质量较差,保护层厚度薄,表面砂浆明显剥落,露出锈蚀钢筋。铁塔采用扁钢接地线,无明显锈迹。混凝土基础的最大碳化深度 16.2 mm,平均碳化深度 11.8 mm,抗压强度 13.6 MPa。该测点取土样、混凝土样各 1 份。

铁塔全貌　　　　　　　　暴露锈蚀钢筋　　　　　　　砂浆剥落

扁钢接地线　　　　　　　　碳化深度测试

图 1－28　输电线路铁塔

（3）五灌河挡潮闸

调研点 3 为五灌河挡潮闸（图 1-29），距海岸线约 900 m，挡潮闸公路桥、闸室下部均用环氧涂层保护，但由于水位较高，因此无法对翼墙、闸墩等进行实测。该调研点仅对公路桥桥跨进行碳化深度、回弹检查，结果表明最大碳化深度为 5.1 mm，平均碳化深度为 3.4 mm，抗压强度 23.8 MPa。

挡潮闸　　　　　　　　抗压强度测试　　　　　　　碳化深度测试

图 1-29　五灌河挡潮闸

（4）输电线路 220 kV 河西 2E96 线

调研点 4 为 220 kV 河西 2E96 线 38 号铁塔（图 1-30），位于离海岸线约 7.8 km 的浅塘中。虽然铁塔基础采用环氧玻璃丝布包裹，但可见桩帽包裹层已近乎完全剥落。同时混凝土基础的包裹层也出现老化、脆裂、脱空现象，与混凝土界面粘结情况较差，有钢筋锈迹渗出现象。铁塔接地线水位变动区范围内显著锈蚀。混凝土基础最大碳化深度 4.4 mm，平均碳化深度 2.7 mm，抗压强度 40.7 MPa。该测点取土样、水样各 1 份。

铁塔　　　　　　　　　　铁塔接地线锈蚀

桩帽包裹层脆裂脱空　　　　　　　　钢筋锈迹渗出

图 1-30　220 kV 河西 2E96 线 38 号铁塔

（5）车轴河闸

测点 5 为车轴河闸（图 1-31），该挡潮闸翼墙、闸室等关键构件表面防腐措施与五灌河挡潮闸相近。挡潮闸公路桥桥跨最大碳化深度 1.8 mm，平均碳化深度 1.1 mm，抗压强度 54.3 MPa。该测点取土样、水样各 1 份。

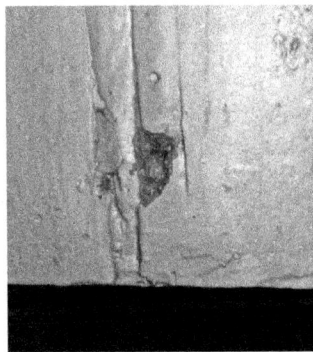

挡潮闸上游　　　　　　　　　　桥跨平均碳化深度测试

图 1-31　车轴河闸

2. 连云区

连云区调研点 1 为三洋港挡潮闸（图 1-32），完工于 2014 年，是江苏省水利厅水闸工程标杆工程，建筑质量较好。挡潮闸整体为耐腐蚀高性能混凝土，外观完整度显著优于先前调研水利设施。翼墙仅破损区有钢筋锈蚀。上游翼墙最大碳化深度 7.5 mm，平均碳化深度 5.2 mm，抗压强度 52.8 MPa；下游翼墙最大碳化深度 4.1 mm，平均碳化深度 2.4 mm，抗压强度 24.8 MPa。

挡潮闸闸室及公路桥

翼墙破损区

检修桥

北侧闸墩跑浆、泥块脱落

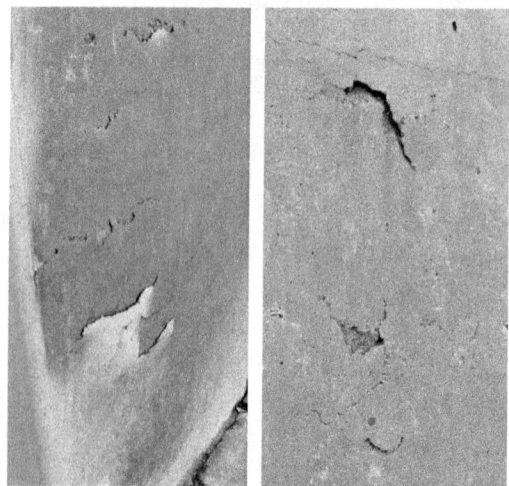

北侧闸墩鼓包、胀裂、冒锈

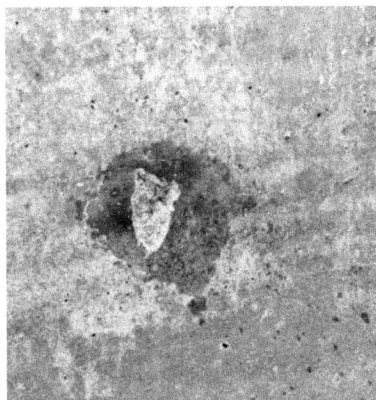

<table>
<tr><td>翼墙碳化深度测试</td><td>翼墙回弹法测抗压强度</td></tr>
</table>

图 1-32　三洋港挡潮闸

　　在检修桥上检测发现,挡潮闸闸墩施工质量参差不齐,北半侧桥墩混凝土施工质量较差,根据混凝土表层暴露的细砂推断,是施工时浆体从模板冒出引起的。北侧闸墩存在不同程度的钢筋混凝土鼓包、胀裂、冒锈现象,最大碳化深度 11.6 mm,平均碳化深度 8.4 mm,抗压强度 19.5 MPa。南半侧闸墩施工质量明显较好,无明显破损,最大碳化深度 3.9mm,平均碳化深度 2.8mm,抗压强度 50.7 MPa。该测点取水样、土样各 2 份,混凝土样 3 份。

　　3. 田湾

　　(1) 输电线路 110 kV 云城 728 线

　　调研点 1 为 110 kV 云城 728 线 035 号铁塔钢筋混凝土基础(图 1-33),离田

图 1-33　110 kV 云城 728 线 035 号铁塔钢筋混凝土基础

湾核电站主体工程直线距离约 700 m,接地线略带锈迹,塔基整体比较完整。铁塔混凝土基础最大碳化深度 8.4 mm,平均碳化深度 5.1 mm,抗压强度 21.4 MPa。该测点取土样、水样、混凝土样各 1 份。

(2) 输电线路 110 kV 云城 728 线

调研点 2 为 110 kV 云城 728 线 034 号铁塔钢筋混凝土基础(图 1 - 34),位于 035 号铁塔西侧浅水塘中,四面透风且风力较强。由于地理环境特殊,铁塔基础为浆砌石平台,桩帽由混凝土浇筑。尽管如此,浆砌石基础及混凝土桩帽均呈现明显的(粘结)砂浆剥落现象,并且部分浆砌石粘结位置被泥块替代。铁塔的接地线完全锈蚀,混凝土基础的最大碳化深度 11.2 mm,平均碳化深度 7.3 mm,抗压强度 13.5 MPa。该测点取土样、水样各 1 份,砂浆样 2 份。

铁塔基础及桩帽

浆砌石粘结砂浆破损

混凝土桩帽

桩帽回弹法测抗压强度　　　　　　　接地线锈蚀

图1-34　110 kV 云城728线034号铁塔钢筋混凝土基础

（3）输电线路110 kV 云城728线

测点3为110 kV 云城728线039号铁塔（图1-35），该铁塔紧邻田湾核电站厂区入口。铁塔钢筋混凝土基础被植被覆盖，保存相对完整，接地线埋地部分出现锈蚀。由于与测点1、2同属一条线路且距离较近，因此不再另行测试碳化深度及抗压强度。

铁塔　　　　　　　　　　　　接地线锈蚀

图1-35　110 kV 云城728线039号铁塔

（4）输电线路500 kV 某线路

测点4为500 kV 某线路004号铁塔（图1-36），位于水塘中，距离海岸线约1.1 km。铁塔混凝土基础采用环氧涂层进行防腐处理，高于水面约1.5 m。铁塔基础桩帽部分出现涂层脱空、脆裂现象,接地线在水面变动区范围呈现出一定的锈蚀。

铁塔 接地线锈蚀

图 1 - 36 500 kV 某线路 004 号铁塔

(5) 输电线路 500 kV 宿姚 5k57 线

测点 5 为 500 kV 宿姚 5k57 线 004 号铁塔(图 1 - 37),位于紧邻测点 4 的硬化路面旁的草地上。铁塔基础同样采用环氧涂层进行防腐处理,但存在明显的脱空、剥落现象,施工质量较差,接地线亦有锈迹。

铁塔 混凝土基础及接地线

图 1 - 37 500 kV 宿姚 5k57 线 004 号铁塔

（6）排淡河挡潮闸及其附近输电线路 220 kV 香河 2E92 线

测点 6 包括排淡河挡潮闸及其附近输电线路 220 kV 香河 2E92 线 69 号铁塔（图 1-38）。排淡河挡潮闸是距离核电站主体最近的水闸，水闸公路桥桥墩下部为浆砌石结构，上部由混凝土浇筑，浆砌石结构主体较为完整，混凝土浇筑部分出现严重的钢筋锈蚀、鼓包、胀裂。公路桥桥跨浇筑质量较差，浮浆、跑浆严重，暴露出表面砂砾。混凝土浇筑部分碳化明显，最大碳化深度 29.4 mm，平均碳化深度 21.8 mm，抗压强度 20.3 MPa。

输电线路铁塔混凝土基础颜色发青，为高性能耐腐蚀混凝土。接地线材质为不锈钢包钢，接地线部分存在锈迹。相关资料显示，不锈钢包钢材质的接地线多用于强腐蚀地区以及高电压等级铁塔。混凝土塔基最大碳化深度 2.0 mm，平均碳化深度 1.1 mm，抗压强度 53.4 MPa。

排淡河挡潮闸

公路桥桥跨

公路桥墩帽

高性能混凝土塔基 　　　　　 接地线锈蚀

图 1 - 38　排淡河挡潮闸及 220 kV 香河 2E92 线 69 号铁塔

（7）输电线路 500 kV 田伊 5217 线

测点 7 为输电线路 500 kV 田伊 5217 线 005 号铁塔。2007 年南京水利科学研究院曾调研田伊 5217 线 003 号铁塔，两座铁塔（图 1 - 39）均位于距海岸线 1.0~1.5 km 的盐田中。田伊 5217 线建于 2002 年，塔基钢筋混凝土表面均采用环氧玻璃丝布进行涂层保护，2007 年调研时涂层及接地线保存相对完好，而本次调研时，005 号铁塔的环氧玻璃丝布损坏严重，出现脱空，桩帽碳化明显。本次调查表明，铁塔接地线未发生锈蚀，但相较 2007 年的照片记录，铁塔接地线已发生明显变动。

005 号铁塔（2020 年） 　　　　　 003 号铁塔（2007 年）

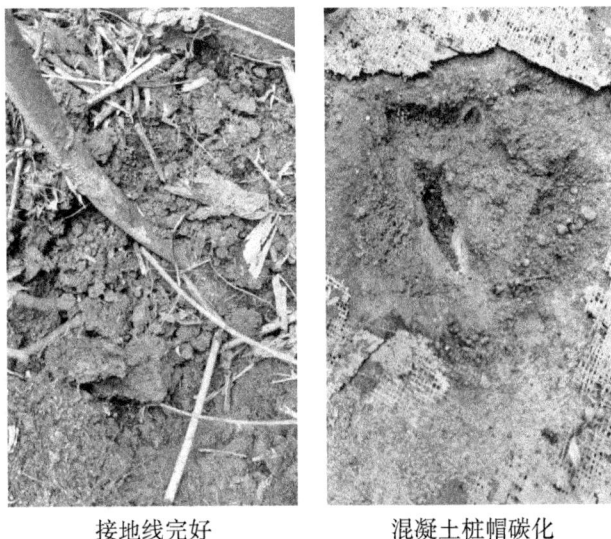

接地线完好　　　　　　　　混凝土桩帽碳化

图 1 - 39　500 kV 田伊 5217 线铁塔

003 号铁塔塔基混凝土的最大碳化深度 31.5 mm,平均碳化深度 23.4 mm,抗压强度 15.2 MPa。该测点取土样、混凝土样各 1 份。

（8）输电线路 500 kV 田芦 5218 线

调研点 8 为 500 kV 田芦 5218 线 005 号转角塔(图 1 - 40),位于调研点 7 北侧约 50 m 处。转角塔塔基为高性能耐腐蚀混凝土,外观完整,接地线未见锈迹。

转角塔　　　　　　　　混凝土桩帽碳化

图 1 - 40　500 kV 田芦 5218 线 005 号转角塔

(9) 输电线路 10 kV 经Ⅱ线连开支线

调研点 9 为 10 kV 经Ⅱ线连开支线 19 号铁塔(图 1-41),位于连云区新光路某厂房门口,距离海岸线约 5.7 km。由于铁塔塔基未采取任何防腐措施,基础混凝土砂浆剥落明显,最大碳化深度 45.5 mm,平均碳化深度 31.6 mm,抗压强度<10 MPa。

铁塔 　　　　　　　　　混凝土基础

图 1-41　10 kV 经Ⅱ线连开支线 19 号铁塔

4. 赣榆区

(1) 青口河闸

调研点 1 为青口河闸 1、闸 2(图 1-42),距离海岸线约 800 m。两个水闸均为浆砌石-混凝土混合结构。下部浆砌石桥墩相对完整,但闸墩、桥墩、桥跨的混凝土部分均出现严重的冒锈、鼓包、胀裂以及顺筋裂缝。现场取水样 1 份、混凝土样 2 份。青口河 2 闸墩最大碳化深度 15.2 mm,平均碳化深度 15.2 mm,抗压强度 27.5 MPa。

青口河闸 1

闸 1 公路桥桥跨钢筋裸露

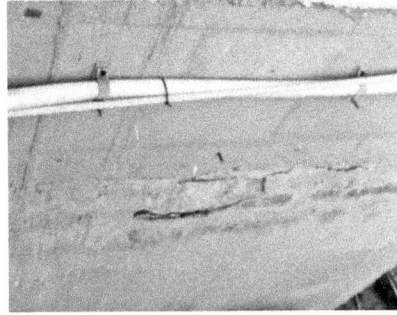

闸 2 闸墩外墙胀裂

闸 2 公路桥桥跨顺筋裂缝

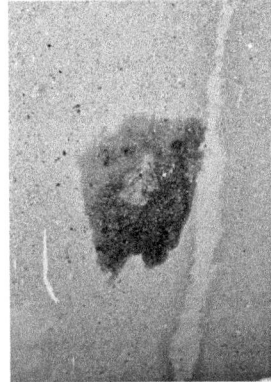

闸 2 桥墩碳化深度测试

图 1 - 42　青口河闸 1 闸、2 闸

（2）输电线路 110 kV 龙新 B932 线及 10 kV 河东 B 线

调研点 2 包括 110 kV 龙新 B932 线 46 号铁塔及 10 kV 河东 B 线 46 号铁塔
（图 1 - 43），距海岸线 2.5 km。龙新 B932 线铁塔的塔基混凝土破坏严重，接地线

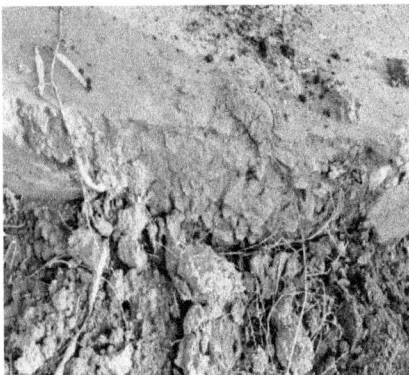

110 kV 龙新 B932 线 46 号塔基

接地线

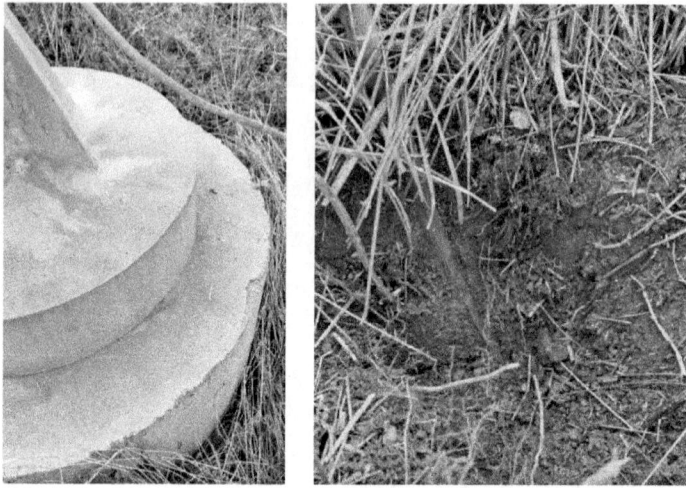

10 kV 河东 B 线 46 号铁塔　　　　　　接地线

图 1‑43　110 kV 龙新 B932 线 46 号及 10 kV 河东 B 线 46 号铁塔

可见锈迹,平均碳化深度 31.3 mm,抗压强度 11.1 MPa。10 kV 河东 B 线 46 号铁塔建于 2016 年,位于某工厂门外绿地,塔基外观相对完整,有缺角,接地线无锈迹。塔基混凝土最大碳化深度为 16.3 mm,平均碳化深度 13.4 mm,抗压强度 13.5 MPa。该测点取混凝土样 2 份。

(3) 兴庄河挡潮闸

调研点 3 为兴庄河挡潮闸(图 1‑44),离调研点 2 直线距离约 100 m。水闸翼墙及公路桥桥墩的钢筋混凝土均出现显著的钢筋裸露、冒锈、混凝土鼓包、胀裂现

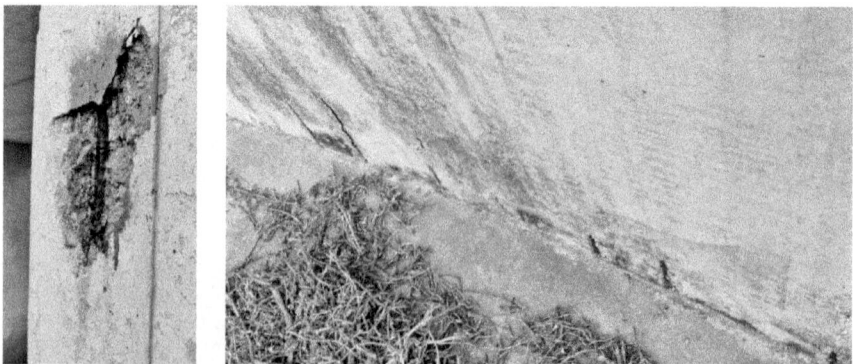

公路桥桥墩　　　　　　　　　　翼墙检修台

图 1‑44　兴庄河挡潮闸

象,并且混凝土最大碳化深度 41.5 mm,平均碳化深度达 30.2 mm,大于保护层厚度。公路桥桥墩抗压强度 27.0 MPa。该测点取水样、土样、混凝土样各 1 份。

5. 徐圩新区

(1) 输电线路 10 kV 河徐线

调研点 1 为 10 kV 河徐线 118 号铁塔基础(图 1-45),为高低台式设计,位于距海岸线 1.3 km 的芦苇丛中。铁塔接地线为扁钢形式,未见明显锈迹。塔基混凝土的外观均相对完整,低基础最大碳化深度为 15.4 mm,平均碳化深度 11.2 mm,抗压强度 20.5 MPa;高基础最大碳化深度为 34.6 mm,平均碳化深度 28.9 mm,抗压强度 12.7 MPa。现场取土样 1 份、混凝土样 2 份。

高低台式基础   扁钢接地线

图 1-45 10 kV 河徐线 118 号铁塔基础

(2) 输电线路 220 kV 区香 4E98 线

调研点 2 为 220 kV 区香 4E98 线 12 号铁塔(图 1-46),该铁塔位于三条高等级公路交会处,距海岸线约 4.5 km。塔基混凝土缺角、破损明显,铁塔接地线锈迹高于填土。混凝土基础的最大碳化深度 6.3 mm,平均碳化深度 4.1 mm,抗压强度 31.2 MPa。该测点取土样、混凝土样各 1 份。

(3) 输电线路 220 kV 区香 4E98 线

调研点 3 为 220 kV 区香 4E98 线 1 号铁塔(图 1-47),为上一测点输电线路的起点,位于距海岸线约 5.2 km 的变电站外烂泥地中。塔基混凝土采用环氧煤沥青进行防腐处理,但已老化、脱空。接地线为新换不锈钢,未发生锈蚀。铁塔所处位置有废弃混凝土管桩,管桩钢筋已完全锈蚀,推测所处位置腐蚀强度较高。塔基混凝土最大碳化深度 8.2 mm,平均碳化深度 5.2 mm,抗压强度 30.7 MPa。该测点取土样、水样、混凝土样各 1 份。

铁塔　　　　　　　　　接地线　　　　　　　　　接地线

碳化深度测试　　　　　　　回弹法测试抗压强度

图 1-46　220 kV 区香 4E98 线 12 号铁塔

铁塔　　　　　　塔基　　　　　　　　涂层脱空

塔基碳化深度测试

废弃管桩

图 1‑47 220 kV 区香 4E98 线 1 号铁塔

（4）输电线路 220 kV 徐孔 46R7 线

调研点 4 为 220 kV 徐孔 46R7 线 41 号铁塔（图 1‑48），位于古泊善后河旁，距海岸线约 6.9 km。铁塔塔基混凝土表面刷绿色桐油漆，但已近乎脱落。接地线

铁塔

桩帽桐油漆涂层

接地线上部锈蚀

接地线接地部分锈蚀

冒头锈蚀钢筋

碳化深度测试

图 1‑48 220 kV 徐孔 46R7 线 41 号铁塔

显著锈蚀。塔基钢筋混凝土存在砂浆剥落、钢筋冒头锈蚀现象。混凝土最大碳化深度 7.4 mm,平均碳化深度 5.3 mm,抗压强度 28.5 MPa。该测点取水样、土样、混凝土样各 1 份。

(5) 输电线路徐西 4E41 线

调研点 5 为徐西 4E41 线 82 号铁塔(图 1-49),位于省道 242 旁芦苇丛中,距海岸线约 7.1 km。铁塔塔基钢筋混凝土采用环氧煤沥青涂层保护,桩帽涂层显著脱空,桩基相对完整,因此未测回弹、碳化。接地线略带锈迹。该测点取土样、水样各 1 份。

(6) 输电线路 35 kV 堆燕 313 线

调研点 6 为 35 kV 堆燕 313 线 46 号铁塔(图 1-50),位于五灌河旁,距海岸线约 7.9 km。塔基填土高出地面 1.5 m 左右,对塔基混凝土形成良好的保护,最大碳化深度 1.7 mm,平均碳化深度 1.3 mm,抗压强度 39.2 MPa。塔基接地线埋地部分完全锈蚀,铁塔螺帽锈蚀。该测点取土样、水样、混凝土样各 1 份。

| 铁塔 | 塔基混凝土 | 接地线生锈 |

图 1-49　徐西 4E41 线 82 号铁塔

| 铁塔 | 塔基混凝土及接地线 | 螺帽锈蚀 |

图 1-50　35 kV 堆燕 313 线 46 号铁塔

2 样品化验分析

2.1 环境水样检测分析

依据《水工混凝土水质分析试验规程》(DL/T 5152—2017)检测环境水样 pH 值、氯离子浓度和硫酸根离子浓度,依据《混凝土结构耐久性设计标准》判定环境作用等级,其中环境水样检测结果见表 2-1。水样 pH 值在 6.8～8.2 范围内,海水中存在氯离子侵蚀和硫酸盐共同腐蚀作用。

表 2-1 环境水样检测分析结果

取样地点	Cl^- / (mg/L)	SO_4^{2-} / (mg/L)	pH 值	距海岸线距离/m	取样部位	环境作用等级
启东*	152.0	40.0	7.92	3 400ᵃ	通海内河	IV-C
	347.9	46.0	7.86	3 400ᵃ	通海内河	IV-C
	872.8	82.0	6.89	1 000	闸塘口	IV-D
	2 037.1	140.0	7.10	<50	入海口	III-E
	11 909.4	1 280.0	7.02	4000	水渠	IV-E
海门*	9 480.5	1 220.0	7.70	<50	入海口	III-E
如东*	916.7	98.0	7.70	4 600	沟渠	IV-D
	166.1	1.0	8.06	1 500	滩涂水塘	IV-C
	2 663.9	320.0	7.83	1 100	滩涂沟渠	V_1-C
	10 890.8	1 120.0	8.01	<50	入海口	III-E
海安	14 181.6	1 580.0	7.75	800	滩涂水塘	IV-E
东台	6 111.4	580.0	7.91	400	入海口	IV-E
	15 200.1	1 460.0	7.41	700	海边内河	IV-E
	1 692.4	900.0	7.54	<50	入海口	III-E
	3 666.8	300.0	7.55		入海口	III-E

取样地点	Cl⁻/(mg/L)	SO₄²⁻/(mg/L)	pH 值	距海岸线距离/m	取样部位	环境作用等级
大丰	3 478.8	350.0	8.02	3 600	河水	Ⅳ-D
	11 188.5	1 220.0	7.93	800	养殖场水塘	Ⅳ-E
	10 405.0	1 060.0	7.22	200	养殖场水塘	Ⅳ-E
	2 475.9	180.0	7.24	<50	入海口	Ⅲ-E
田湾	10 254.7	1 020.0	8.15	700	滩涂边沟	Ⅳ-E
	4 070.6	440.0	7.34	800	海边水塘	Ⅳ-D
	802.4	85.0	7.64	1 250	入海河水	Ⅳ-D
连云	438.4	96.0	7.75	<50	上游河水	Ⅲ-E
	1 487.3	150.0	7.69	<50	下游海水	Ⅲ-E
赣榆	11 350.6	1 160.0	7.25	<50	下游海水	Ⅲ-E
	180.0	80.0	7.19	<50	上游海水	Ⅲ-E
	3 444.3	300.0	7.41	2 500	入海河水	Ⅳ-D
灌云	320.9	150.0	7.95	2 900	上游河水	Ⅲ-E
	6 575.5	350.0	7.66	2 900	海水	Ⅲ-E
	14 481.8	1 500.0	7.62	7 800	海边池塘	Ⅳ-E
	274.0	61.0	7.79	200	入海河水	Ⅲ-E
徐圩	11 037.5	400.0	6.92	5 200	沿海填土水塘ᵇ	Ⅳ-E
	7 984.6	780.0	7.82	6 900	入海河水	Ⅳ-E
	5 244.8	260.0	7.31	7 100	临海公路沟渠	Ⅳ-E
	454.0	90.0	7.73	7 900	入海河水	Ⅳ-C

注:* 最冷月的月平均气温 3.5 ℃,属一般环境;

　　ᵃ 为测点距内河河岸直线距离,内河属咸淡交汇区;

　　ᵇ 可能是换填土过程中上涌的地下水。

2.2 环境土样检测分析

依据《水电水利工程岩土化学分析试验规程》(DL/T 5357—2024)检测环境土样氯离子浓度和硫酸根离子浓度,依据《混凝土结构耐久性设计标准》判定环境作用等级,其中环境土样腐蚀离子浓度检测结果见表2-2。

表 2-2 环境土样检测分析结果

取样地点	Cl⁻ / （mg/kg）	SO₄²⁻ / （mg/kg）	距海岸线 距离/m	取样部位	环境作 用等级
启东*	80.00	62.68	3 400ª	内河边农田	I-B
	80.00	91.41	3 400ª	内河边农田	I-B
	120.00	62.68	3 400ª	内河边农田	I-B
	120.00	266.39	1 100	闸塘边	III-E
	290.00	8 007.49	5 200	沿海水沟底泥	V₁-E
	120.00	62.68	4 100	田埂	IV-C
	80.00	94.02	3 800	农田	IV-C
如东*	160.00	2 037.13	＜50	闸口滩涂	III-E
	540.00	125.36	4 600	农田	IV-D
	80.00	5 719.63	1 500	沿海水塘底淤	V₁-D
	2 960.00	15 513.52	1 100	盐碱荒地	V₁-E
	160.00	47.01	＜50	闸塘边填土	III-E
海安*	80.00	15 826.93	800	盐碱荒地	III-E
东台	2 630.00	19 979.54	400	闸口滩涂	III-E
	210.00	62.68	5 600	沿海保护区林地	IV-C
	660.00	1 864.76	700	沿海内河水位变动区	V₁-D
大丰	80.00	368.25	800	养殖池道路	V₁-C
	4 240.00	16 688.79	200	养殖池道路	V₃-F
	120.00	172.37	5 200	农田	III-D
	80.00	3 588.48	2 000	沿海荒地	V₁-D
田湾	1 407.34	164.64	700	沿海荒地	III-D
	1 882.32	167.00	800	沿海池塘底淤	III-E
	483.77	205.80	1 250	闸口滩涂	III-E
	299.06	246.96	1100	沿海荒地	IV-C
连云	70.37	205.80	＜50	上游闸口滩涂	III-E
	1495.30	164.64		下游闸口滩涂	III-E

取样地点	Cl^- / (mg/kg)	SO_4^{2-} / (mg/kg)	距海岸线 距离/m	取样部位	环境作 用等级
赣榆	52.78	123.48	2 500	上游闸口滩涂	Ⅲ-E
灌云	483.77	123.48	<50	上游滩涂	Ⅲ-E
	1 328.18	164.64		下游滩涂	Ⅲ-E
	87.96	329.28	2 900	沿海荒地	V_1-C
	2 577.20	288.12	7 800	水塘底淤	Ⅳ-D
	369.43	164.64	<50	上游滩涂	Ⅲ-E
徐圩	26.39	246.96	1 300	沿海荒地	Ⅱ-D
	1 433.73	164.64	4 500	沿海公路换填土	Ⅳ-D
	1 354.57	3 622.08	5 200	沿海公路换填土	V_1-D
	52.78	205.80	6 900	入海河河岸	Ⅱ-D
	4 802.56	123.48	7 100	沿海池塘底淤	Ⅳ-D
	70.37	288.12	7 900	入海河河岸	V_1-C

注:* 启东最冷月的月平均气温 3.5 ℃,属一般环境;

　　a 为测点距内河河岸直线距离,内河属咸淡交汇区。

2.3　综合环境作用等级

本次现场调查涉及的环境主要包括冻融环境、近海环境、氯化物环境、化学腐蚀环境及盐碱结晶环境。考虑到现场的复杂侵蚀因素,基于土、水样品的 Cl^- 与 SO_4^{2-} 浓度测定结果,依据上述各标准中化学腐蚀环境的相关标准判定调研构件所处环境的作用等级。当多种腐蚀介质共同存在于环境时,将其中单项作用的最高等级作为钢筋混凝土结构所处环境的作用等级,以考虑多项作用共同发生时叠加的后果。依据取样点周围的水体与土壤中侵蚀性离子的含量将综合环境作用等级划分为中度、严重、非常严重、极端严重,依次记为 H1、H2、H3、H4。综合环境作用等级的对照见表 2-3。

表 2 - 3　环境腐蚀介质的综合作用等级对照表

环境类别	环境条件		作用等级	综合环境作用等级
Ⅱ 冻融环境	微冻地区混凝土高度饱水	无氯盐	Ⅱ - C	H1
		有氯盐	Ⅱ - D	H2
	严寒和寒冷地区混凝土中度饱水	无氯盐	Ⅱ - C	H1
		有氯盐	Ⅱ - D	H2
Ⅲ 近海或海洋环境	水下区		Ⅲ - D	H2
	大气区	轻度盐雾区离平均水位 15 m 以上的海上大气区,离涨潮岸线 100 m 外至 300 m 内的陆上室外环境	Ⅲ - D	H2
		重度盐雾区离平均水位 15 m 以内的海上大气区,离涨潮岸线 100 m 内的陆上室外环境	Ⅲ - E	H3
	水位变化区和浪溅区,非炎热地区		Ⅲ - E	H3
	土中区	非干湿交替	Ⅲ - D	H2
		干湿交替	Ⅲ - E	H3
Ⅳ 除冰盐等其他氯化物环境(来自海水的除外)	较低氯离子浓度(反复冻融环境按Ⅳ- D)		Ⅳ - C	H1
	较高氯离子浓度		Ⅳ - D	H2
	高氯离子浓度,或干湿交替引起氯离子积累		Ⅳ - E	H3
V_1 土中及地表、地下水中的化学腐蚀环境(来自海水的除外)	水中 SO_4^{2-}:200～1 000 mg/L;土中 SO_4^{2-}:300～1 500 mg/L		V_1 - C	H1
	水中 SO_4^{2-}:1 000～4 000 mg/L;土中 SO_4^{2-}:1 500～6 000 mg/L		V_1 - D	H2
	水中 SO_4^{2-}:4 000～10 000 mg/L;土中 SO_4^{2-}:6 000～15 000 mg/L		V_1 - E	H3
V_3 盐碱结晶环境	轻度盐碱结晶		V_3 - E	H3
	重度盐碱结晶(大温差、频繁干湿交替)		V_3 - F	H4

2.4 混凝土样检测分析

2.4.1 综合环境作用等级对混凝土结构强度的影响分析

各调查地点的综合环境作用等级对混凝土的平均碳化深度及抗压强度的影响分析如表2-4所示。分析结果表明,随着环境腐蚀作用强度的提高,混凝土的碳化深度增加、抗压强度下降,这一现状在综合作用等级为 H2 级时便开始不同程度地出现在各地区的混凝土结构物上,在 H3、H4 级时,各地区混凝土结构物均已产生显著的性能劣化。但值得注意的是,采用表面防护处理或高性能混凝土可显著延缓混凝土结构的劣化进程,并且高性能混凝土在应对环境腐蚀作用的效果方面要优于表面防护处置。

表 2-4 环境土样检测分析结果

取样地点	水环境作用等级	土环境作用等级	综合作用等级	混凝土		样品编号[&]
				碳化深度/mm	抗压强度/MPa	
启东	—	<H1	<H1	3.5	20.1	N1
	H1	<H1	H1	2	18.7	N2
	H1	<H1	H1	20	<10	N3
	H2	H3	H3	40	15.7	N4
	—	H3	H3	3	42.2[@]	N5
	H3	—	H3	20	15.6	N6
	H3	H1	H3	30	27.0	
	—	H1	H1	2	26.4	
如东		H3	H3	10	20.2	N7
	H2	H2	H2	4	29.2	
	H1	H2	H2	10	21.5	
	H1	H3	H3	10	10.6	N8
	H3	H3	H3	15	25.2	N9
海安[*]	H3	H3	H3	10	24.4	

取样地点	水环境作用等级	土环境作用等级	综合作用等级	混凝土 碳化深度/ mm	混凝土 抗压强度/ MPa	样品编号&
东台	H3	H3	H3	40	16.8	Y1
	—	H1	H1	10	20.4	Y2
	H3	H2	H3	10	21.5	Y3
	H3	—	H3	20	10.9	Y4
大丰	H2	—	H2	10	17.9	
	—	H1	H1	10	23.0	Y5
	H3	H4	H4	18	18.5	Y6
	—	H2	H2	5	20.4	Y7
田湾	H3	H2	H3	5	21.4	L1
	H2	H3	H3	7.3	13.5	L2
	H2	H3	H3	20	20.3	L3
	H2	H3	H3	1	53.4*	
	—	H1	H1	25	15.2	L4
连云	H3	H3	H3	5	53.8*	L5
	H3	H3	H3	5	35.0*	
赣榆	H3	—	H3	15	27.5	
	H2	H3	H3	30	11.3	L6
灌云	H3	H3	H3	18.5	34.4	L7
	H3	H2	H3	2	40.7#	L8
	—	H1	H1	12	13.6	L9
	H3	H3	H3	1	54.3*	
徐圩	—	H2	H2	10	20.5	
	—	H2	H2	3	31.2#	
	H3	H2	H3	5	30.7#	L10
	H3	H2	H3	3	28.5#	L11
	H1	H1	H1	1	39.2	L12

注：@ 被测混凝土为次新结构；

* 被测混凝土采用的是高性能耐腐蚀混凝土；

\# 被测混凝土采取了表面防护措施；

& 为综合考虑土水环境离子强度和混凝土构件基础性能而筛选出的代表性样品。

2.4.2 环境腐蚀强度引起混凝土性能劣化的机理分析

根据《水工混凝土试验规程》(SL/T 352—2020)检测取样点土水环境及代表性混凝土砂浆的水溶性 Cl^- 离子浓度,同时采用离子色谱仪分析浸取液中 SO_4^{2-} 的浓度。

图 2-1 为土壤及水中 Cl^- 浓度对混凝土中可溶性 Cl^- 的影响。由图 2-1 可知,混凝土中可溶性 Cl^- 的含量基本上随土、水中 Cl^- 浓度的增加呈指数型增加趋势,然而与土、水中各自 Cl^- 的浓度并不存在显著的正相关性,但与土+水中 Cl^- 浓度的数值和存在较为明显的线性正相关性,这说明混凝土中 Cl^- 的浓度源于土与水的共同作用。

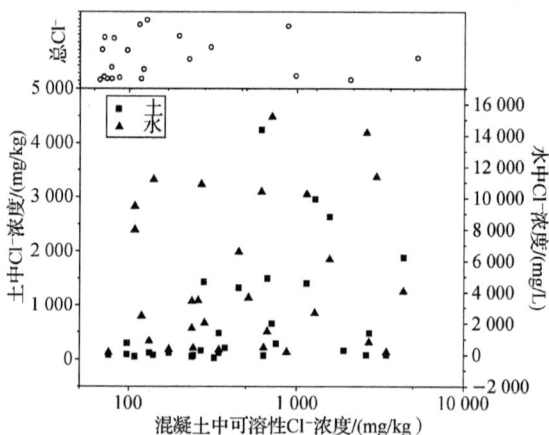

图 2-1 土壤及水中 Cl^- 浓度对混凝土中 Cl^- 的影响

图 2-2 为土壤及水中 SO_4^{2-} 浓度对混凝土中可溶性 SO_4^{2-} 的影响。与 Cl^- 的

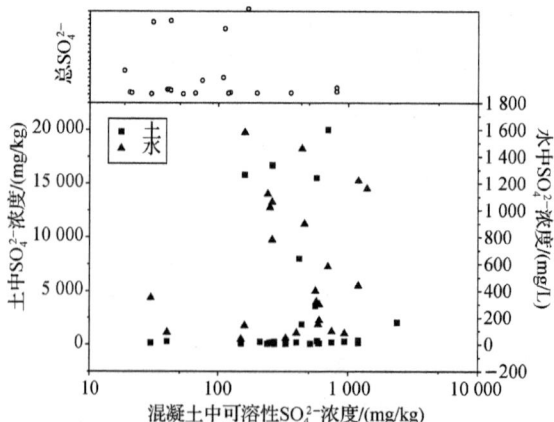

图 2-2 土壤及水中 $SO4^{2-}$ 浓度对混凝土中 SO_4^{2-} 的影响

赋存状况不同,土、水中 SO_4^{2-} 的浓度以及土、水中 SO_4^{2-} 浓度的数值和与混凝土中 SO_4^{2-} 的浓度间并不存在显著的相关性,这说明混凝土中 SO_4^{2-} 的赋存受土水环境影响很小。

图 2-3 为所取水样、环境土样的 Cl^- 与 SO_4^{2-} 浓度,混凝土样品碳化深度和抗压强度以及环境作用等级划分情况。

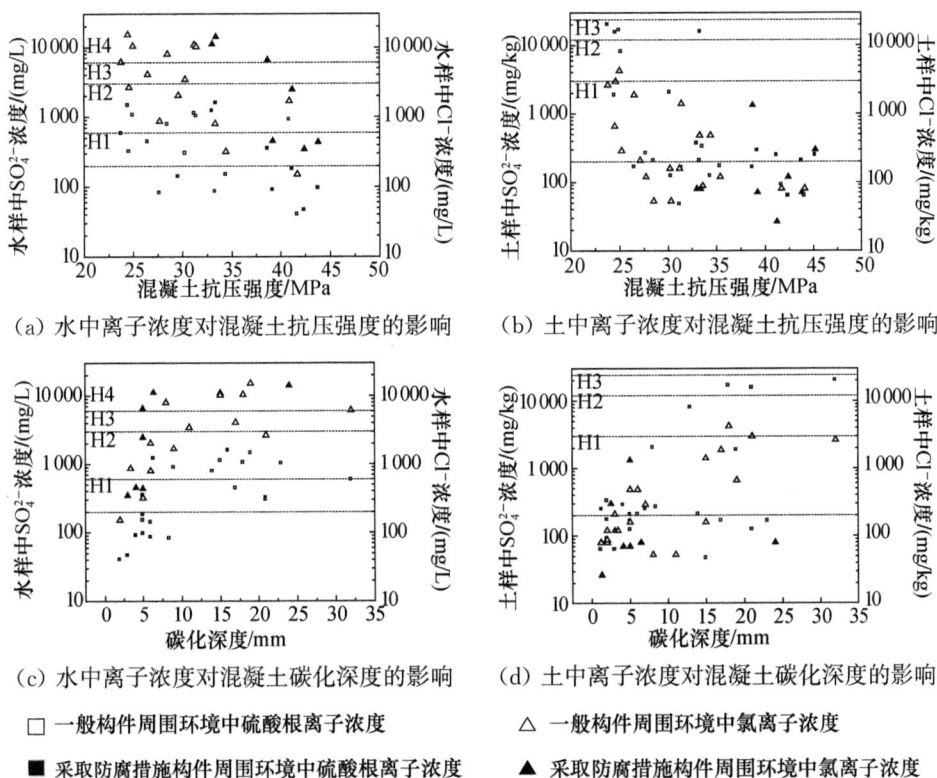

(a) 水中离子浓度对混凝土抗压强度的影响　　(b) 土中离子浓度对混凝土抗压强度的影响

(c) 水中离子浓度对混凝土碳化深度的影响　　(d) 土中离子浓度对混凝土碳化深度的影响

□ 一般构件周围环境中硫酸根离子浓度　　△ 一般构件周围环境中氯离子浓度

■ 采取防腐措施构件周围环境中硫酸根离子浓度　　▲ 采取防腐措施构件周围环境中氯离子浓度

图 2-3 采样点水土环境中 Cl^- 与 SO_4^{2-} 的浓度

测试结果表明,随着土壤、水中 Cl^- 与 SO_4^{2-} 浓度的增加,混凝土样品的碳化深度不断增加,抗压强度不断降低。在同一环境作用等级下,采取防腐措施的构件碳化深度较一般构件降低 $11.8\% \sim 25.0\%$,抗压强度提高 $7.1\% \sim 22.6\%$,抗 Cl^- 与 SO_4^{2-} 侵蚀能力显著优于普通构件。

本次取样调查中,N4 构件(土样中 SO_4^{2-} 含量 266.4 mg/kg)处于 H3 环境作用等级,混凝土外观基本完整,最大碳化深度 8.4 mm,抗压强度 25.7 MPa;而位于同环境作用等级的 L10 构件(土样中 SO_4^{2-} 含量 247.0 mg/kg),其表面采用环氧玻璃丝布进行腐蚀防护,混凝土基础的外观相对完整,最大碳化深度仅 1.3 mm,

抗压强度则达到 41.2 MPa。对于环境作用等级为 H2 和 H3 的区域,Y3 构件(土样中 SO_4^{2-} 含量 1 864.8 mg/kg)由于未采取任何防腐措施,该构件表层砂浆已出现明显脱落痕迹,最大碳化深度为 19.0 mm,抗压强度仅为 21.5 MPa;而同样位于该环境作用等级的 Y5 构件(水样中 SO_4^{2-} 含量 1 220.0 mg/kg),由于其表面覆有环氧煤沥青涂层,混凝土的最大碳化深度仅为 6.4 mm,抗压强度达 33.0 MPa。取样调查的钢筋混凝土构件主要涉及涂布环氧涂层与施用高性能耐蚀混凝土两种防护措施。除上文提及的 H1 环境作用等级中,环氧玻璃丝布对 L10 构件的保护作用外,对于环境作用等级更高的区域,环氧玻璃丝布、环氧煤沥青等涂层防腐措施对钢筋混凝土基础的保护作用仍十分显著。

对于高性能耐腐蚀混凝土的施用,采样点中采用这一工艺的 N10 构件(土样中 SO_4^{2-} 含量 15 826.9 mg/kg)处于 H3 环境作用等级且混凝土外观均相对完好,碳化深度为 16.0 mm,抗压强度为 33.4 MPa。而同样环境作用等级的 H3 构件(土样中 SO_4^{2-} 含量 16 688.8 mg/kg),由于未采取任何防腐措施而出现显著的砂浆剥落、钢筋锈蚀、锈断现象,其最大碳化深度已达 18.0 mm,抗压强度仅为 25.0 MPa。同时,位于入海河岸边的 L12 构件(土样中 SO_4^{2-} 含量 288.1 mg/kg)采用高基础换填土工艺进行防腐处理,基础处混凝土外观相对完整,最大碳化深度仅为 4.1 mm,抗压强度达 39.2 MPa;位于类似地理环境的 L11 构件(土样中 SO_4^{2-} 含量 205.8 mg/kg),混凝土表层砂浆剥落显著,最大碳化深度已达 14.0 mm,抗压强度仅为 28.5 MPa。这说明除上述两种主要防腐措施外,增加基础填土高度也可明显降低环境对钢筋混凝土基础的作用等级。

值得注意的是,虽然 N3 构件(土样中 SO_4^{2-} 含量 62.7 mg/kg)与 Y2 构件(土样中 SO_4^{2-} 含量 62.2 mg/kg)所处的环境作用等级均不到 H1,但由于未使用防腐涂层,Y2 构件混凝土表面砂浆剥落显著且有明显裂隙,抗压强度仅为 N3 构件的63.9%。说明处于较低环境作用等级的钢筋混凝土构件也存在腐蚀破坏的风险,也有必要采取适当的防腐措施以延长使用寿命。

2.4.3 混凝土样品矿物成分定量分析

Mesbah 等的研究结果表明,水泥基材料中水化硅酸钙(CSH)、钙矾石(AFt)的最终碳化产物均为碳酸钙(Cc),而 AFt 碳化的中间产物为碳硫硅钙石(Tha)。对此,采用 X 射线衍射(XRD)分析典型混凝土的矿物成分,并基于 XRD Rietveld 法定量确定砂浆中的 CSH 与 Cc、AFt 与 Tha 的比值,以明确混凝土微观性能的化学动力学因素。

选取环境作用等级<H1 的普通钢筋混凝土构件 N1 和环境作用等级为 H1 的

高性能耐腐蚀混凝土构件 L5 作为成分分析的基准组，选取环境作用等级为 H2、H3、H4 且无防护措施的普通钢筋混凝土构件作为变量组，进行成分定量分析构件的服役运行时间为(15±2)年。

以 N1、Y7 及 Y6 为例，对其进行矿物成分的 XRD 定量分析，结果如图 2-4 所示。对基准组和变量组的组成矿物的定量分析结果见表 2-6。

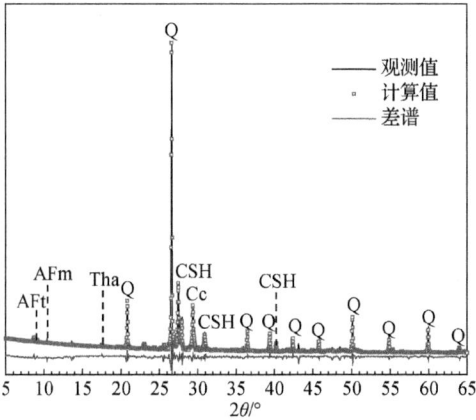

（a）样品 N1 的 XRD 定量分析结果　　　（b）样品 Y7 的 XRD 定量分析结果

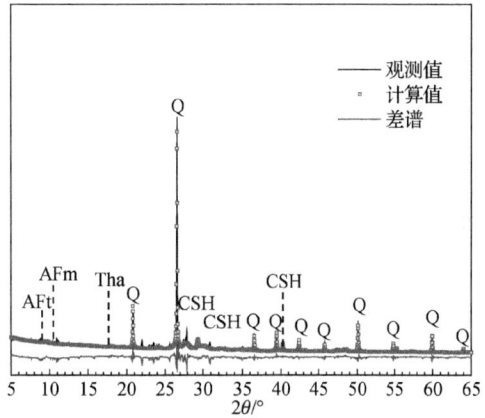

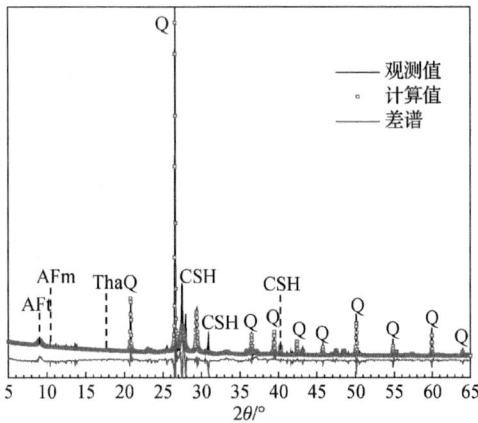

（c）样品 Y6 的 XRD 定量分析结果

注：Q—石英；Cc—碳酸钙；CSH—水化硅酸钙；Tha—碳硫硅钙石；G—二水石膏；AFt—钙矾石；

　　AFm—单硫型水化硫铝酸钙

图 2-4　XRD 定量分析结果

表2-6 典型混凝土反应产物定量分析结果

样品名称	CSH∶Cc	AFt∶Tha
N1	47∶7	0.3∶0
L5	47∶5	1.2∶0.5
Y7	32∶15	0∶1.0
Y2	26∶19	0∶2.0
N4	33∶24	0.1∶0.5
N9	10∶38	0∶0.1
Y6	43∶25	2.8∶0.3
Y3	15∶26	1.8∶0

表2-6中,碳酸钙(Cc)是典型水化产物水化硅酸钙(CSH)和钙矾石(AFt)的中性化产物,而碳硫硅钙石(Tha)和二水石膏(G)则是 AFt 和 CSH 在与碳酸钙共存时,由于 CO_2 和 SO_4^{2-} 侵入导致的孔隙液 pH 值下降而缓慢生成的碳化产物,相应的碳化反应机理方程式如式(2.4.1)~(2.4.4)所示。其中碳硫硅钙石质地松软且不具备胶结能力,而碳酸钙仅在非晶态时具备微弱的胶结能力,它们的持续累积将导致混凝土结构疏松和性能损害。

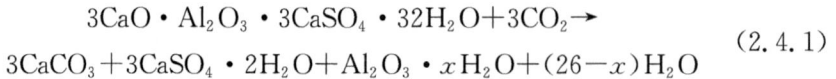

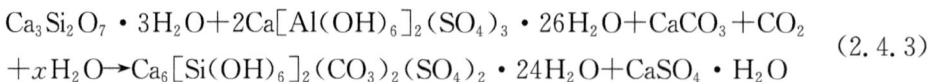

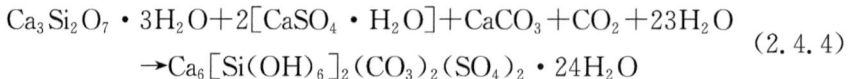

$$3CaO \cdot Al_2O_3 \cdot 3CaSO_4 \cdot 32H_2O + 3CO_2 \rightarrow$$
$$3CaCO_3 + 3CaSO_4 \cdot 2H_2O + Al_2O_3 \cdot xH_2O + (26-x)H_2O \quad (2.4.1)$$

$$Ca_3Si_2O_7 \cdot 3H_2O + 3CO_2 \rightarrow 3CaCO_3 + 2H_2SiO_3 + H_2O \quad (2.4.2)$$

$$Ca_3Si_2O_7 \cdot 3H_2O + 2Ca[Al(OH)_6]_2(SO_4)_3 \cdot 26H_2O + CaCO_3 + CO_2$$
$$+ xH_2O \rightarrow Ca_6[Si(OH)_6]_2(CO_3)_2(SO_4)_2 \cdot 24H_2O + CaSO_4 \cdot H_2O \quad (2.4.3)$$

$$Ca_3Si_2O_7 \cdot 3H_2O + 2[CaSO_4 \cdot H_2O] + CaCO_3 + CO_2 + 23H_2O$$
$$\rightarrow Ca_6[Si(OH)_6]_2(CO_3)_2(SO_4)_2 \cdot 24H_2O \quad (2.4.4)$$

上述水化产物的定量分析结果表明,当江苏省沿海地区的环境综合腐蚀作用强度等级≥H1 时,混凝土中的主要水化产物便开始呈现出显著的碳化趋势,这一结果与混凝土结构的碳化深度一致。需指出,当环境作用等级为 H1、H2 时,AFt 的碳化相较 CSH 更为显著;而当作用等级为 H3 时,各混凝土结构中几乎不含 AFt,且 CSH 开始规模化碳化。这说明碳化反应对水泥土微结构破坏的驱动机制为:骨架型产物 AFt 发生分解,其后引起胶凝性产物 CSH 的分解,并最终导致混凝土基质材料结构强度的显著劣化。值得注意的是,对照组 L5 采用了高性能耐腐蚀混凝土应对强腐蚀环境,混凝土中水化产物的比例优于对照组 N1,说明耐腐蚀高性能混凝土可降低至少两个综合环境作用强度等级。

本次调研所取得的混凝土样品均位于土水变动区或变动区以上。因此,综合混凝土阴离子的分析结果可知:江苏省沿海地区铁塔基础混凝土的劣化主要受到"混凝土由表及里疏松破坏——Cl^-侵蚀"的综合作用。

在沿海地区的水位变动区,混凝土由表及里疏松破坏的主要原因是在水位变动区,环境中过量的 NaCl 结晶膨胀;SO_4^{2-} 和混凝土孔隙液中的 $Ca(OH)_2$ 反应,生成二水石膏、钙矾石等膨胀产物,以及钙矾石转化为单硫型硫铝酸钙导致体积收缩;CO_2 和混凝土孔隙液中的 $Ca(OH)_2$ 反应,生成碳酸钙等胶结能力微弱的中性化产物;另外,还有可能生成碳硫硅钙石,最终导致钢筋保护层混凝土强度显著下降。物理结晶膨胀和化学反应膨胀的单一或共同作用,以及同时存在的混凝土冻融循环破坏风险,导致混凝土由表及里微裂缝增多,加速了混凝土的碳化速率。

2.5　金属构件锈蚀分析

项目调查发现,虽然输电线路铁塔的接地线和铁塔螺帽基本已做过涂层防腐,但它们随着综合环境作用等级强度的增加和使用年限增长,已呈现出不同程度的锈蚀。

接地线锈蚀在环境作用等级为 H1 时(启东 35 kV 吕茅 343 号线)开始发生锈蚀破坏,并且在环境作用等级高于 H3 时,锈蚀越发显著,总体概率接近 100%(45/46)。在离海岸线超过 1 000 m 的腐蚀环境中,接地线的锈蚀从埋地(如东 110 kV 洋光 322 线、灌云 220 kV 河西 2E96 线)和水位变动区部位开始发育,并向上延伸;在濒临海岸线/入海河道的滩涂(如东 110 kV 陆环 748 线、新沂河口闸专用线路、徐圩 220 kV 徐孔 46R7 线)、盐池(如东 35 kV 龙环Ⅴ线、田湾 110 kV 云城 728 线)、海鲜养殖场(大丰 35 kV 第三回路 314 线)等强腐蚀环境中,接地线的锈蚀同时从埋地/水位变动区和盐雾波及区域共同向中部发育;铁塔螺帽的锈蚀主要见于海岸线滩涂、入海河岸、盐池、海鲜养殖场等强腐蚀环境(盐城移动信号塔铁塔基础、东台 220 kV 国东 2W92 线、徐圩输电线路 35 kV 堆燕 313 线),主要由盐雾腐蚀而产生。

3 调查结果分析及腐蚀等级划分

3.1 环境作用等级对钢筋混凝土腐蚀程度的影响

江苏省沿海绝大部分地区属于微冻地区,同时属于炎热干湿交替环境。根据调查取样结果,环境作用等级为 H1 级至 H4 级,主要环境作用等级为 H2 级。环境作用等级典型地点和混凝土构件见表 3-1。

表 3-1 环境作用等级典型地点和混凝土构件

环境作用等级	地 点	典型混凝土构件
＜H1	离海岸线 8 km 外农田、菜地	启东 110 kV 港惠 9HA 线 16 号铁塔
H1	离海岸线 2~8 km 范围内淡水养殖池、河岸及农田	启东 35 kV 吕茅 343 线 02 号铁塔 东台 220 kV 国东 2W92 线 21 号铁塔 田湾 500 kV 田伊 5217 线 005 号铁塔 徐圩 35 kV 堆燕 313 线 46 号铁塔
H2	海堤内滩涂、沿海荒地、沿海水塘、沿海公路填土	如东 110 kV 陆环 748 线 43 号铁塔 如东 35 kV 龙环Ⅴ线 3 号铁塔 大丰 110 kV 围电 820 线 13 号塔 徐圩 220 kV 区香 4E98 线 12 号铁塔
H3	入海河、海水养殖池、盐碱荒地及滩涂、沿海池塘、离涨潮岸线 50 m 以内的陆上室外环境	如东 220 kV 龙港 4H66 线 04 号铁塔 海安 220 kV 蒋仲线 26H6 线 2 号铁塔 田湾 110 kV 云城 728 线 034 号铁塔 三洋港挡潮闸
H4	海水养殖池、盐碱滩涂	如东中电国际 FA08 号风力发电机的钢筋混凝土基础平台

由检测结果可知,环境作用等级 H1 级和 H2 级对钢筋混凝土的腐蚀程度相对较轻(图 1-1、图 1-7、图 1-19、图 1-39、图 1-50 等)。但混凝土仍需采用引气、高密实混凝土,并确保一定的钢筋保护层厚度,目的是提高钢筋混凝土抗冻耐久性和抗碳化耐久性。例如,启东距海岸线约 4 km 处的 35 kV 吕茅 343 线 02 号铁塔

(图1-7)和东台距海岸线约6 km处的220 kV国东2W92线21号铁塔(图1-19)，虽然所处环境作用等级同样为H1级，但由于防腐涂层剥落、长期碳化等因素的影响，铁塔接地线均已锈蚀且混凝土基础表面砂浆剥落显著。而同处相同环境的徐圩35 kV堆燕313线46号铁塔，由于采用高填土的防腐工艺，混凝土基础及接地线保存相对完好(图1-50)。

当环境作用等级达到或超过H2级时，钢筋混凝土结构面临较为严酷的腐蚀环境。对于沿海地区来说，氯离子侵蚀是最主要的腐蚀破坏原因，当同时存在冻融破坏和硫酸盐腐蚀破坏的共同作用时，钢筋混凝土腐蚀破坏加剧，必须采取有效防护措施。

如东35 kV龙环Ⅴ线3号铁塔及龙环Ⅺ线15号铁塔处于H2级环境作用等级，塔基混凝土已严重腐蚀破坏，且钢筋显著锈蚀(见图1-13)。混凝土碳化深度>10 mm，砂浆中氯离子浓度达0.346%，并裸露出部分锈蚀钢筋，回弹检测抗压强度约10 MPa。东台东方绿洲水闸同样处于H2级环境作用等级，混凝土外观基本完整，碳化深度9.2 mm，回弹检测混凝土抗压强度17.9 MPa，表层砂浆中氯离子浓度达0.026%(图1-23)。而同样位于H2级环境作用等级的徐圩220 kV区香4E98线12号铁塔(图1-46)，其表面采用环氧玻璃丝布进行腐蚀防护，尽管检测时防腐涂层已显著破坏，砂浆中氯离子浓度为0.029%，但混凝土基础的外观仍相对完整，碳化深度仅为4.1 mm，回弹检测抗压强度仍有31.2 MPa。

3.2　钢筋混凝土防腐措施的作用

由于连云港土水环境的作用等级相对更高，该地区钢筋混凝土采取了多种钢筋混凝土防护措施，防腐工艺相对南通、盐城两地混凝土基础更为丰富。调研所见防腐措施包括高性能钢筋混凝土基础、钢筋混凝土外包裹环氧玻璃丝布涂层、盐池换土、高填土等措施。钢筋混凝土外包裹环氧玻璃丝布涂层可以减缓腐蚀破坏5年以上，但随着使用时间的延长，由于紫外线老化破坏，环氧玻璃丝布涂层将会出现边角和水位变动区破裂现象。

除上文提及的H2级环境作用等级，环氧玻璃丝布对徐圩220 kV区香4E98线12号铁塔钢筋混凝土基础的保护作用外，对于环境作用等级更高的区域，环氧玻璃丝布、环氧煤沥青等涂层防腐措施对钢筋混凝土基础的保护作用仍十分显著。对于环境作用等级为H3级的区域，位于如东的220 kV龙港4H66线铁塔的混凝土基础为1年内浇筑，尽管如此，由于未采取任何防腐措施，该铁塔混凝土的表层砂浆氯离子浓度已达0.129%，平均碳化深度为10 mm，抗压强度仅为10.6 MPa；

而同样位于 H3 级作用强度的 220 kV 河西 2E96 线 38 号铁塔(图 1 - 30),由于表面覆有环氧玻璃丝布涂层,其露出混凝土的平均碳化深度仅为 2 mm,抗压强度达 40.7 MPa。

对于高性能耐腐蚀混凝土的防腐作用,调研点中采用这一工艺的典型设施有连云港的三洋港挡潮闸(图 1 - 32)、220 kV 香河 2E92 线 69 号铁塔(图 1 - 38),它们均处于 H3 级环境作用等级。上述设施在 E 级环境作用下,混凝土外观均相对完好,其中,挡潮闸的混凝土碳化深度<5 mm,抗压强度 27～54 MPa,表层砂浆氯离子浓度上游区域为 0.024%、下游区域为 0.574%;同时 220 kV 香河 2E92 线 69 号铁塔的表层砂浆氯离子浓度为 0.089 7%,平均碳化深度为 1.1 mm,抗压强度为 53.4 MPa。而同样位于 H3 级环境等级的东台条子泥景区内的小型挡潮闸(图 1 - 21),由于未采取任何防腐措施,挡潮闸的翼墙、闸墩、闸室、扶手等各结构部位均出现显著的砂浆剥落以及钢筋锈蚀、锈断现象,尽管翼墙取样的氯离子浓度为 0.023%,但其平均碳化深度已达 22.4 mm,抗压强度仅有 10.4 MPa。

盐池内填土对环境作用等级 H3 级以下钢筋混凝土的保护效果并不理想。本次调研点中连云港田湾核电站旁 110 kV 云城 728 线 034 号铁塔(图 1 - 34)便位于盐池中,该塔采用填土并包覆浆砌石筑成基础平台的工艺进行腐蚀防护。但由于综合环境作用强度高,铁塔的钢筋混凝土基础、浆砌石基础平台均存在显著的砂浆剥落现象,铁塔的接地钢筋完全锈蚀。对铁塔钢筋混凝土的测试表明,钢筋混凝土基础的平均碳化深度为 7.3 mm,抗压强度为 13.5 MPa,表层砂浆氯离子浓度为 0.235%,且浆砌石砂浆的氯离子浓度更是达到 0.437%。

高填土可明显降低环境对钢筋混凝土基础的作用等级。如位于入海内河河岸边的连云港徐圩新区 35 kV 堆燕 313 线 46 号铁塔(图 1 - 50),该铁塔采用的便是高基础换填土工艺进行防腐处理,塔基混凝土外观相对完整,虽然接地线锈蚀,但表层砂浆氯离子浓度为 0.064%,混凝土平均碳化深度为 1.3 mm,抗压强度达 39.2 MPa;而同样水环境为"入海河水"、土环境为"入海河河岸"的徐圩新区 220 kV 徐孔 46R7 线 41 号铁塔(图 1 - 48),其所处土水环境作用强度已达 E 级,尽管此铁塔采取了防腐措施(绿色桐油漆涂层),混凝土表层砂浆氯离子浓度仅为 0.011%,但接地钢筋已显著锈蚀,混凝土表层砂浆剥落显著,平均碳化深度已达 5.3 mm,抗压强度为 28.5 MPa。

3.3 江苏省沿海地区环境作用等级划分

3.3.1 环境作用等级综合分析

综合表 2 - 1、表 2 - 2、表 3 - 1 的作用等级分析结果,各取样点综合环境作用等级结果见表3-2。水土环境作用等级不同的取样点,以较高作用等级为综合作用等级。

表3-2 水土环境综合作用等级

地区	距海岸线距离/m	水环境	土环境	综合环境作用等级
启东	3 400	—	内河边农田	<H1
	3 400	通海内河	内河边农田	H1
	3 400	通海内河	内河边农田	H1
	1 000	闸塘口	闸塘边	H3
	5 200	—	沿海水沟底泥	H3
	<50	入海口	—	H3
	4 100	荒地水渠	田埂	H3
	3 800	—	农田	H1
海门	<50	入海口	—	H3
如东	<50	—	闸口滩涂	H3
	5 300	农田沟渠	农田	H2
	1 500	滩涂水塘	沿海水塘底淤	H2
	1 100	滩涂沟渠	盐碱荒地	H3
	<50	入海口	闸塘边填土	H3
海安	800	滩涂水塘	盐碱荒地	H3
东台	400	入海口	闸口滩涂	H3
	5 600	—	沿海林地	H1
	700	海边内河	内河河岸	H3
	<50	入海口	—	H3
	<50	入海口	—	H3
大丰	3 600	通海河水	—	H2
	800	—	养殖池土路	H1
	200	养殖场水塘	养殖池土路	H4
	<50	养殖池水塘	—	H3
	5 200	—	农田	H2
	2 000	—	沿海荒地	H2

地区	距海岸线距离/m	水环境	土环境	综合环境作用等级
田湾	700	滩涂边沟	沿海荒地	H3
	800	海边水塘	沿海池塘底淤	H3
	1 250	入海河水	闸口滩涂	H3
	1 100	—	沿海荒地	H1
连云	<50	入海口	闸口滩涂	H3
		入海口	闸口滩涂	H3
赣榆	<50	入海口	—	H3
	<50	入海口	—	H3
	2500	入海河水	闸口滩涂	H3
灌云	<50	入海口	闸口滩涂	H3
		入海口	闸口滩涂	H3
	2900	—	沿海荒地	H1
	7800	海边盐池	沿海水塘底淤	H3
	<50	入海口	闸口滩涂	H3
徐圩	1 300	—	沿海荒地	H2
	4 500	—	沿海公路换填土	H2
	5 200	沿海填土水塘	沿海公路换填土	H3
	6 900	入海河水	入海河河岸	H3
	7 100	临海公路沟渠	沿海公路换填土	H3
	7 900	入海河水	入海河河岸	H1

表 3-2 的结果表明,江苏省沿海地区环境作用等级基本呈"北强南弱"、"海相强,河相次之,陆相最弱"的分布趋势。

3.3.2 南通市

根据环境土样、水样检测结果,并参考所处环境中钢筋混凝土结构状况调查,依据《混凝土结构耐久性设计标准》中环境作用等级划分方法,南通市沿海地区(包含如东县、通州区和启东市)环境作用等级划分见表 3-3。

表 3-3 南通市沿海地区环境作用等级划分

距海岸线距离/m	钢筋混凝土所处位置	部位	综合环境作用等级
0~2 000	海水、通海河水、海边滩涂	水中	H3
		水位变动区	H3
		空气中	H3
	荒地、滩涂高地	土中	H2
		土和空气交界处	H3
		空气中	H2
2 000~6 000	河水、淡水养殖池	水中	H2
		水位变动区	H3
		空气中	H1
	农田	土中、空气中、土和空气交界处	H1
		土水交界处	H2
≥6 000	水沟、河水、鱼塘	水中	H1
		水位变动区	H2
		空气中	H1
	农林用地	全部	<H1

3.3.3 盐城市

盐城市沿海地区(响水县、滨海县、射阳县、大丰区、东台市)环境作用等级划分见表 3-4。

表 3-4 盐城市沿海地区环境作用等级划分

距海岸线距离/m	钢筋混凝土所处位置	部位	综合环境作用等级
0~2 000	海水、通海河水、海边滩涂、盐池、海水养殖池	水中	H3
		水位变动区	H4
		空气中	H3
	荒地、滩涂高地、盐池高地	土中	H2
		土和空气交界处	H3
		空气中	H2

距海岸线距离/m	钢筋混凝土所处位置	部位	综合环境作用等级
2 000～6 000	通海河水	水中	H2
		水位变动区	H3
		空气中	H2
	内河水、淡水养殖池	水位变动区	H2
		水中、空气中	H1
	农田、荒地	土和空气交界处	H2
		土中、空气中	H1
≥6 000	内河水、鱼塘、通海河水	水中	H1
		水位变动区	H2
		空气中	H1
	农林用地	全部	H1

3.3.4　连云港市

连云港市沿海地区(包含连云港市、赣榆区和灌云县)环境作用等级划分见表3-5。

表 3-5　连云港市沿海地区环境作用等级划分

距海岸线距离/m	钢筋混凝土所处位置	部位	综合环境作用等级
0～2 000	海水、通海河水、海边滩涂、盐池	水中	H3
		水位变动区	H4
		空气中	H3
	荒地、滩涂高地、盐池高地	土中	H2
		土和空气交界处	H3
		空气中	H2

距海岸线距离/m	钢筋混凝土所处位置	部位	综合环境作用等级
2 000～6 000	通海河水	水中	H3
		水位变动区	H4
		空气中	H2
	内河水、鱼塘	水位变动区	H2
		水中、空气中	H1
	荒地、农田	土和空气交界处	H1
		土中、空气中	H1
≥6 000	河水、鱼塘、水塘	水位变动区	H2
		水中、空气中	H1
	农林用地、荒地	全部	H1

说明：

（1）距海岸线距离根据现场取样检测结果进行粗略划分，用于说明环境作用等级范围。连云港市为海洋冲刷岸线，海岸滩涂较少；而盐城市为海洋淤积岸线，海岸滩涂面积较大，有部分滩涂、盐池距海岸线距离已超过 2 000 m。细部盐碱环境范围划分应参考中国地图出版社出版的《江苏省地图集》。

（2）水位变动区由于受干湿交替作用的影响，对钢筋混凝土的腐蚀加重，环境作用等级相应提高。

（3）土和空气交界处同样存在干湿交替作用的影响，相应环境作用等级提高。

（4）通海河水由于取样时间的不同，不能真实反映涨落潮引起的河水中盐碱含量的变化，通海河水流域范围的钢筋混凝土结构的环境作用等级应从严掌握。

4 结语和建议

▶ 4.1 结语

1. 根据江苏省沿海地区特性,选定连云港、盐城、南通由北至南三市共 11 个地区作为典型钢筋混凝土等建筑腐蚀情况调研对象,开展了不同服役环境下(包括海岸滩涂、盐池、海水养殖池等)钢筋及钢筋混凝土结构(包括输电线路铁塔、滩涂、挡潮闸等)的锈蚀、碳化、腐蚀等现场情况调研。

2. 依据《水工混凝土水质分析试验规程》(DL/T 5152—2017)以及《水电水利工程岩土化学分析试验规程》(DL/T 5357—2024)对调研地区钢筋及钢筋混凝土结构进行单因素环境等级评定。综合考虑沿海自然环境的多因素侵蚀现状及其水质、土质、结构腐蚀情况的复杂性,以《混凝土结构耐久性设计标准》(GB/T 50476—2019)为基础,提出了以钢筋混凝土结构侵蚀强度为指标的钢筋混凝土综合环境作用等级指标,其中环境作用等级指标 H1、H2、H3、H4 分别对应中度、严重、非常严重、极端严重的钢筋混凝土侵蚀强度。

3. 保护层鼓包、胀裂、冒锈是江苏省沿海地区水闸、挡潮闸等钢筋混凝土结构腐蚀破坏的典型特征,该类型破坏源于钢筋锈蚀产物不断累积而引起结构胀裂。虽然采用环氧玻璃丝布、环氧煤沥青等涂层可以延缓沿海地区钢筋混凝土的腐蚀破坏,但由于表面涂层与基底混凝土线膨胀系数的不同,在长期的紫外线照射、冻融干湿循环等因素的影响下,表面防护层与基底混凝土间将出现显著的脱空、剥落现象,导致防腐措施失效。

4. 导致江苏省沿海地区水闸、挡潮闸等钢筋混凝土构件发生腐蚀破坏的介质主要为 Cl^-、SO_4^{2-} 和 CO_2,同时存在混凝土冻融循环破坏风险。对江苏省沿海地区钢筋混凝土劣化的化学驱动力的分析表明,沿海地区混凝土基础主要受到"混凝土由表及里疏松破坏——Cl^- 侵蚀"的综合作用。在水位变动区,环境中过量的 NaCl 结晶膨胀,SO_4^{2-} 与 CO_2 和混凝土孔隙液中的 $Ca(OH)_2$ 发生反应,生成二水石膏、钙矾石等膨胀产物,以及生成碳酸钙和碳硫硅钙石等胶结能力微弱的中性化产物,这些最终导致钢筋保护层混凝土强度的显著下降。Cl^- 渗透至钢筋表面,致使钢筋钝化膜破坏,钢筋锈胀,混凝土开裂。由于阴离子的尺寸效应,保护层孔隙

液中高浓度的 Cl^- 将抑制 SO_4^{2-} 的溶解,以及与 SO_4^{2-} 侵蚀存在关联的保护层中性化过程。

5. 江苏省海岸线长,且地形复杂,用地类型广泛,在同一地区存在多种环境作用等级。对现场取样进行检测分析,近海岸滩涂、盐池、海水养殖池等综合环境作用等级为 H3 级至 H4 级;距海岸线 2 000～6 000 m 范围内的农田综合环境作用等级通常为 H1 级,淡水养殖池综合环境作用等级为 H2 级;距海岸线 5 000 m 以外地区除通海河水流域范围外,综合环境作用等级一般为 H1 级。

4.2 建议

1. 针对钢筋混凝土结构破坏的典型特征有必要对沿海地区钢筋混凝土结构中的钢筋进行耐腐蚀处理,以从根源上抑制结构的损害。虽然,通过电镀环氧涂层可达到这一目的,但该工艺实施成本高,并且环氧涂层与混凝土间的握裹力性能较差,成为腐蚀介质运移的通道,降低结构安全稳定性。因此,亟须开发新型材料以同时提升钢筋的耐腐蚀性能以及钢筋与混凝土保护层间的握裹力。采用高性能耐腐蚀混凝土,可有效提高钢筋混凝土抗腐蚀耐久性。

2. 环境作用等级≤H1 级时,盐碱腐蚀危害较轻,但需考虑钢筋混凝土的碳化腐蚀破坏作用。当综合环境作用等级为 H2 级至 H3 级时,必须提高钢筋混凝土抗盐碱腐蚀性能,还应考虑盐碱环境中 Cl^- 侵蚀和 SO_4^{2-} 腐蚀可能形成的共同作用影响。

3. 江苏省沿海地区属于微冻地区,不论有无盐碱腐蚀危害,均必须采用抗冻混凝土。当有盐碱腐蚀危害时,应提高钢筋混凝土抗盐碱冻融循环腐蚀性能。

4. 江苏省沿海地区温差和湿度变化范围较大,在水位变动区和土与空气交界处钢筋混凝土腐蚀破坏程度加剧,环境作用等级相应提高。

5. 适当的防腐措施可以提高钢筋混凝土抗盐碱腐蚀耐久性。基础换填可以使钢筋混凝土基础的综合环境作用等级由 H4 级下降至 H3 级,采用换土的方式又可降低钢筋混凝土基础在土中的环境作用等级。

下　篇

沿海钢筋混凝土防腐蚀研究

前　言

上篇针对江苏省南通市、盐城市、连云港市三市共 11 个地区的沿海建筑物腐蚀状况进行了系统性调研以及评判。由于江苏省沿海地区海岸线长,且地形复杂、用地类型广泛,在同一地区存在多种环境作用等级,基本呈"北强南弱"、"海相强,河相次之,陆相最弱"的分布趋势。

下篇以新沂河海口枢纽工程为主要研究项目对象,开展江苏省沿海地区钢筋混凝土腐蚀解决方案研究。针对江苏省沿海地区混凝土保护层鼓包、胀裂、冒锈,江苏省沿海地区水闸、挡潮闸等钢混结构腐蚀破坏的典型特征,开展高性能耐久性混凝土的设计(第 6 章)、增强新老混凝土界面粘结力研究(第 7 章)、钢筋阻锈界面剂研究(第 8 章);针对 Cl^-、SO_4^{2-}、CO_2 以及冻融联合作用机制下钢筋混凝土破坏条件,在开展盐碱环境下钢结构腐蚀与防腐蚀研究的基础上(第 9 章),探究 Cl^-、SO_4^{2-}、CO_2 以及冻融等多因素条件下钢筋混凝土耦合劣化机制(第 10 章);考虑不同腐蚀条件下混凝土结构的破坏形式,探究荷载与腐蚀介质联合作用钢筋混凝土材料的劣化进程与机理(第 11 章);基于上述不同形式的腐蚀破坏机理,通过优化改进菲克(Fick)第二定律,完成钢筋混凝土寿命预测(第 12 章)。

下篇内容以新沂河海口枢纽工程为主要研究对象,所涉及的内容主要包括配合比、粘结材料、阻锈材料的研发;单因素、多因素、环境-荷载等腐蚀破坏机理研究;江苏省沿海地区钢筋混凝土整体的寿命预测三部分,囊括了江苏省沿海地区主要的结构腐蚀破坏形式及解决措施。

该篇内容较多,由于水平有限,部分内容疏漏之处在所难免,敬请读者批评指正。

5 试验基本信息

5.1 工程概况

新沂河海口枢纽工程位于新沂河出海口、连云港市灌云县燕尾港镇南,是沂沭泗流域洪水东调南下工程的重要组成部分。该工程是新沂河洪水入海口门段的控制建筑物,主要包括北深泓闸、中深泓闸、南深泓闸。南、北深泓闸建成于 1999 年,其中南深泓闸共 12 孔,单孔净宽 10 m,设计流量为 2 425 m³/s;北深泓闸共 10 孔,单孔净宽 10 m,设计流量为 2 027 m³/s。中深泓闸建成于 2007 年,共 18 孔,单孔净宽 10 m,设计流量为 3 348 m³/s。

工程主要建设内容包括:拆除重建南、北深泓闸排架和工作桥、交通桥,新建两闸工作便桥;拆除重建北深泓闸下游导流墙;南、北深泓闸闸墩混凝土病害加固修补,混凝土表面防碳化或老化处理,北深泓闸闸室混凝土表面防碳化或冲蚀处理;整修连接管理区和三座深泓闸的道路,新建导流堤顶防汛和日常管理维护巡视通道;南、北深泓闸上游护坡修复及延长防护范围;拆除重建南、北深泓闸启闭机房及桥头堡;完善南、北及中深泓闸水位、流量等量测设施;增设南、北及中深泓闸永久水准基点,完善南、北深泓闸设工程观测设施;南、北及中深泓闸增设下游拦船设施、安全标识标牌;闸门加高维护,更换启闭机和钢丝绳;更新电气设备,增设枢纽工程智能管控。

新沂河海口枢纽南、北深泓闸混凝土腐蚀严重、胀裂露筋,北深泓闸下游导流墙前倾、墙后淤积严重,闸门挡潮高度不足等问题,严重影响工程安全运行。通过本次加固,将彻底消除新沂河海口枢纽南、北深泓闸安全隐患,同时显著提高枢纽防洪挡潮能力。

5.2 试验目的和任务

新沂河海口枢纽处于近海地区,且位于燕尾港化工园区周边,空气和水中均含有较高浓度的腐蚀性有害离子,使得海口控制工程中钢筋混凝土结构容易遭受严重的腐蚀破坏。由于该工程位于化工园区废水的集中排出口,因此该区域水质污染问题非常严重,水质污染造成 pH 值变化较大,有害离子浓度增大和种类增多,水体电阻率降低,多种腐蚀介质耦合条件下钢筋混凝土结构腐蚀破坏速度更快,研究显示严重污染水域腐蚀速度是无污染地区的几倍甚至几十倍。为了提升新沂河海口控制工程钢筋混凝土工程耐腐蚀性能,确保工程有效安全运行,延长工程的服役寿命,项目针对新沂河海口控制工程特殊环境下钢筋混凝土防腐蚀措施开展了研究与工程应用。

本研究一方面结合新沂河海口枢纽除险加固工程的耐久性需求,开展工程腐蚀环境调研,开展高耐久混凝土的优化配制研究,增强新老混凝土界面粘结力研究,钢筋阻锈界面剂研究以及钢结构防腐蚀研究,切实提升新沂河海口枢纽南、北深涨闸钢筋混凝土及钢结构的耐久性;另一方面结合新沂河海口枢纽服役环境特性,开展多因素耦合条件下耐腐蚀混凝土性能劣化进程及机理研究。

5.3 试验依据

试验主要依据的规程、规范和文件如下:

GB 175《通用硅酸盐水泥》;

GB/T 8076《混凝土外加剂》;

GB/T 1596《用于水泥和混凝土中的粉煤灰》;

DL/T 5055《水工混凝土掺用粉煤灰技术规范》;

GB/T 18046《用于水泥、砂浆和混凝土中的粒化高炉矿渣粉》;

GB/T 14684《建设用砂》;

GB/T 14685《建设用碎石、卵石》;

SL/T 352《水工混凝土试验规程》;

SL 677《水工混凝土施工规范》;

DB 32/T 2333《水利工程混凝土耐久性技术规范》;

GB/T 50476《混凝土结构耐久性设计标准》。

6 工程用高耐久混凝土

新沂河海口枢纽工程处于近海地区,由于其周围空气和水中均含有较高浓度的腐蚀有害离子、水体 pH 值变化较大等问题,造成该工程钢筋混凝土结构很容易遭到多介质作用下的腐蚀。其中,混凝土作为钢筋的外保护层,其在隔绝氯离子侵蚀,阻止二氧化碳渗透等方面起着重要的作用。因此,本章结合当地的冻融、碳化、抗氯离子等指标参数,基于配合比设计原则,选用耐腐蚀性材料,设计高耐久混凝土配合比方案,并基于其力学性能、变形性能、耐久性能,完成高耐久性混凝土配合比优化。

6.1 混凝土技术要求

本研究主要针对结构设计强度等级分别为 C35 和 C50 的混凝土进行配合比优化设计。

C35 混凝土技术要求如下:

(1) 坍落度:16.0～22.0 cm;

(2) 凝结时间:≤24 h;

(3) 28 d 抗压强度:≥35.0 MPa;

(4) 56 d 氯离子电通量:≤1 000 C;

(5) 56 d 氯离子扩散系数:≤4.5×10^{-12} m^2/s;

(6) 56 d 抗渗等级:≥W8;

(7) 56 d 抗冻等级:≥F100;

(8) 56 d 抗碳化性能等级:T-Ⅱ(10 mm≤d<20 mm)。

C50 混凝土技术要求如下:

(1) 坍落度:16.0～22.0 cm;

(2) 凝结时间:≤24 h;

(3) 28 d 抗压强度:≥50.0 MPa。

6.2 混凝土配合比设计方案

6.2.1 配合比设计原则

混凝土配合比设计思路以耐久性技术要求为主,兼顾混凝土工作性能和各项基本物理力学性能。

通过混凝土配合比优化配制,在满足混凝土结构强度的前提下,提升混凝土抗环境腐蚀耐久性。

混凝土配合比设计原则:

(1)满足结构设计强度要求

混凝土结构强度设计等级分别为 C35 和 C50。

(2)满足混凝土耐久性技术指标要求

本项目工程处于连云港地区的新沂河出海口,为微冻地区(GB/T 50476)或者说温和地区(SL 654)海洋氯化物环境。目前,国标、水利行业标准、地方标准对海洋环境下 50 年设计使用年限钢筋混凝土耐久性要求的规定见表 6-1。

表 6-1 海洋环境下 50 年设计使用年限钢筋混凝土耐久性要求

规范	GB/T 50476—2019	SL 654—2014	DB 32/T 2333—2013
环境作用等级	II-D	温和	II-D
抗冻指标	抗冻耐久性指数 $DF \geqslant 60\%$	抗冻等级 F100	抗冻等级 F100
环境作用等级	III-E	四/五	III-E
氯离子扩散系数 $D_{RCM}/(10^{-12}\,\mathrm{m^2/s})$	$\leqslant 6.0(28\ \mathrm{d})$	$< 4.0(28\ \mathrm{d})$	$\leqslant 4.5(84\ \mathrm{d})$
电通量指标/C	—	$< 800(56\ \mathrm{d})$	—
环境作用等级	I-C	—	I-C
抗碳化指标	—	—	$< 20\ \mathrm{mm}$
混凝土抗渗等级	—	—	水力梯度 $30 \leqslant i < 50$
抗渗指标	—	—	抗渗性能等级 $\geqslant$ W8

由表 6-1 可知,目前有关标准规范对海洋环境下 50 年设计使用年限钢筋混

凝土耐久性的指标要求不尽相同,主要差别在于对氯离子扩散系数的规定有所不同。本研究根据从严原则,以混凝土 28 d 氯离子扩散系数 $<4.0\times10^{-12}\,m^2/s$ 进行控制;56 d 电通量指标按 $<800\,C$ 进行控制。

6.2.2　耐腐蚀材料的选用

通过对新沂河海口控制工程所处环境的调研分析可知,钢筋混凝土主要受海洋环境中的氯盐侵蚀。而具有较高潜在活性的矿渣,作为水泥掺合料能在水泥水化反应之后,逐步进行二次水化,并在很长时期内维持这种反应。矿渣的二次水化,使混凝土随龄期的增加越来越密实。同时,由于掺加大掺量矿渣的混凝土能够吸收大部分侵入混凝土内部的氯离子(其中一部分为物理吸附作用,另一部分形成复盐),因此使扩散到混凝土内部的氯离子失去"游离"性质,难以到达钢筋的周围。同样,在水泥胶材中掺加粉煤灰后,粉煤灰的二次水化作用,在相当长的时间内使得混凝土越来越致密,从而减少氯离子的侵入,将氯离子对钢筋混凝土的侵蚀作用控制在一个极低的限度。

根据南京水利科学研究院在海南八所港、宁波北仑港等地开展的长期海工高耐久混凝土暴露试验的结果,将具有较高潜在活性的矿渣粉复合多组分的防腐混合材作为掺合料配制的海工高耐久混凝土具有较高的体积稳定性和抗氯盐侵蚀性能。

6.2.3　配合比设计方案

新沂河海口枢纽工程混凝土配合比设计研究的主要思路就是以耐久性技术要求为主,兼顾混凝土工作性能和各项基本物理力学性能。采用的技术路线就是利用大掺量掺合料,即用粉煤灰和矿渣微粉取代部分水泥,优选混凝土外加剂,通过混凝土配合比优化配制,在满足混凝土结构强度的前提下,提升混凝土耐久性能。

6.3　原材料

试验所采用的原材料由新沂河海口枢纽工程施工现场提供,并对各原材料的性能分别进行了检测。

6.3.1　水泥

水泥为 P・O 42.5 普通硅酸盐水泥,按《通用硅酸盐水泥》(GB 175—2023)的要求,对水泥的凝结时间及水泥胶砂抗压强度、抗折强度等有关指标进行了检验,水泥的物理力学性能见表 6‑2。

表 6-2　水泥的物理及力学性能

原材料	标准稠度用水量/%	抗压强度/MPa		抗折强度/MPa		凝结时间/min		安定性
		3 d	28 d	3 d	28 d	初凝	终凝	
P·O 42.5	27.6	25.9	52.1	5.9	9.2	215	285	合格
GB 175—2023	—	≥17.0	≥42.5	≥4.0	≥6.5	≥45	≤600	合格

表 6-2 的结果表明,水泥的有关性能指标均满足《通用硅酸盐水泥》(GB 175—2023)中有关普通硅酸盐水泥的要求。

6.3.2　粉煤灰

粉煤灰按《用于水泥和混凝土中的粉煤灰》(GB/T 1596—2017)的要求进行了检验,其理化性能见表 6-3。

表 6-3　粉煤灰的理化性能

材料	含水量/%	密度/(g/cm³)	细度/%	需水量比/%	烧失量/%	活性指数/%
粉煤灰	0.2	2.31	10.8	96	1.6	74.1
GB/T 1596—2017 I 级	≤1.0	≤2.6	≤12.0	≤95	≤5.0	≥70.0
GB/T 1596—2017 II 级	≤1.0	≤2.6	≤30.0	≤105	≤8.0	≥70.0

由表 6-3 的结果可以看出,试验所用粉煤灰符合《用于水泥和混凝土中的粉煤灰》(GB/T 1596-2017)所规定的 II 级灰要求。

6.3.3　矿渣粉

矿渣粉按《用于水泥、砂浆和混凝土中的粒化高炉矿渣粉》(GB/T 18046—2017)的要求,对其有关性能进行了检验,结果见表 6-4。

表 6-4　矿渣粉的物理性能

物理性能	含水量/%	密度/(g/cm³)	比表面积/(m²/kg)	流动度比/%	活性指数/%	
					7 d	28 d
矿渣粉	0.07	2.91	436	100	78	105
S95(GB/T 18046—2017)	≤1.0	≥2.8	≥400	≥95	≥75	≥95

根据《用于水泥、砂浆和混凝土中的粒化高炉矿渣粉》(GB/T 18046—2017)所规定的 S95 级矿渣粉的性能要求,该矿渣粉满足 S95 级的性能要求。

6.3.4 细骨料

细骨料为河砂,其物理性能检测结果见表 6－5,筛分结果见图 6－1。

表 6－5 细骨料的物理性能

材料	细度模数	表观密度/（kg/m³）	含泥量/%	泥块含量/%	坚固性/%	云母含量/%	饱和面干吸水率/%
河砂	2.3	2 650	1.9	0	4.7	0	0.7
SL 677—2014	2.2～3.0	≥2 500	≤3.0	不允许	≤8.0	≤2.0	—

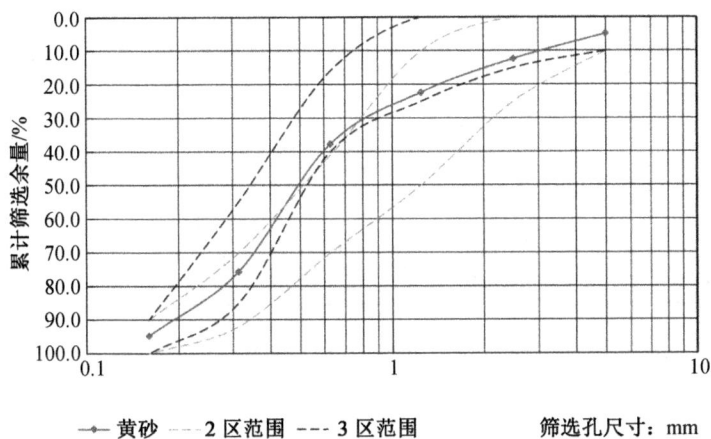

黄砂 —— 2 区范围 --- 3 区范围　　　　筛选孔尺寸：mm

图 6－1 砂筛分曲线

由表 6－5 及图 6－1 可知,该河砂属于 3 区的Ⅱ类中砂。细骨料性能指标符合《水工混凝土施工规范》(SL 677—2014)所要求的天然砂品质要求。

6.3.5 粗骨料

粗骨料为二级配人工碎石,粒径范围分别为 5～20 mm 的小石和 20～40 mm 的中石。碎石的表观密度、压碎值等指标见表 6－6。

表 6-6   粗骨料的主要性能指标

粗骨料	表观密度/(kg/m³)	含泥量/%	泥块含量/%	坚固性/%	软弱颗粒含量/%	针片状颗粒含量/%	饱和面干吸水率/%	压碎指标/%
中石	2 720	0.5	0	4.2	3.2	8.5	0.2	8.5
小石	2 710	0.7	0	4.5	3.9	7.4	0.3	8.5
SL 677—2014	≥2 550	≤1.0	不允许	≤5	≤5	≤15	—	≤10

表 6-6 的结果表明,中石与小石的性能指标符合《水工混凝土施工规范》(SL 677—2014)所要求的碎石品质要求。

6.3.6   减水剂

混凝土减水剂为聚羧酸高性能减水剂,其性能检测结果见表 6-7。

表 6-7   高性能减水剂性能

外加剂	掺量/%	减水率/%	泌水率比/%	含气量/%	凝结时间差/min 初凝	凝结时间差/min 终凝	抗压强度比/% 7 d	抗压强度比/% 28 d	收缩率比/%
聚羧酸减水剂	1.5	27.8	26	4.5	+125	+110	149	135	102
GB 8076—2008	—	≥25	≤70	≤6.0	≥+90	—	≥140	≥130	≤110

表 6-7 中的性能检测结果表明,该外加剂属合格产品。

6.3.7   耐蚀剂

耐蚀剂由南京水利科学研究院自行研制。针对氯盐和硫酸盐的中、强腐蚀环境,该产品可提高混凝土早期强度、体积稳定性、耐盐碱腐蚀性能。

表 6-8   耐蚀剂的品质指标

材料	细度(45 μm 筛筛余)/%	含水量/%	烧失量/%	28 d 活性指数/%
耐蚀剂	≤12	≤1.0	≤8.0	≥75

6.4   高耐久混凝土

6.4.1   混凝土试验配合比

本次试验混凝土的结构强度设计等级分别为 C35 和 C50,强度保证率为 95%。

C35 混凝土的配制强度 $f_{cu,0}=f_{cu,k}+t_6=35.0+1.645\times4.5\approx42.4(MPa)$。

C50 混凝土的配制强度 $f_{cu,0}=f_{cu,k}+t_6=50.0+1.645\times5.5=59.0(MPa)$。

拌合物的坍落度控制在 160～220 mm 范围内,混凝土试验主要按《水工混凝土试验规程》(SL/T 352—2020)进行。

水胶比必须同时满足混凝土结构强度和耐久性的要求。

(1) 按强度要求选择水胶比

根据设计要求的坍落度,试验所使用的原材料,拌制数种不同水胶比的混凝土拌合物,进行标养 28 d 抗压强度试验。根据试验结果,绘制 28 d 强度与胶水比关系图,按要求的配制强度计算水胶比。

(2) 按耐久性要求规定的最大水胶比

相关规范对海洋环境下 50 年设计使用年限钢筋混凝土配合比要求见表 6-9、表 6-10 和表 6-11。

表 6-9　海洋环境下 50 年设计使用年限钢筋混凝土配合比要求(1)

GB/T 50476—2019				DB 32/T 2333—2013			
环境作用等级	强度等级	最大水胶比	保护层厚度/mm	环境作用等级	强度等级	最大水胶比	保护层/mm
Ⅲ-C	C40	0.42	35(板、墙)40(梁、柱)	Ⅲ-C	C35	0.50	50
Ⅲ-D	C40	0.42	35(板、墙)40(梁、柱)	Ⅲ-D	Ca35	0.45	55
Ⅲ-E	C45	0.40	60(板、墙)55(梁、柱)	Ⅲ-E	C45	0.40	60

注:当满足规定的氯离子扩散系数时,C50 混凝土所对应的最大水胶比可提高至0.40。

表 6-10　海洋环境下 50 年设计使用年限钢筋混凝土配合比要求(2)

SL 654—2014			
环境作用等级	强度等级	最大水胶比	保护层厚度/mm
五	C35	0.40	50(板、墙)、60(梁、柱)

表 6-11　钢筋混凝土配合比最大胶材用量规定

DB 32/T 2333—2013			SL 654—2014			
混凝土强度等级	最大水胶比	胶材用量/(kg/m³)	环境作用等级	混凝土最低强度等级	最大水胶比	最小水泥用量/(kg/m³)
C35	0.50	300≤C≤400	五	C35	0.40	360
Ca35	0.45	320≤C≤420	—	—	—	—
C45	0.40	340≤C≤450	—	—	—	—

注：1. 氯化物环境中钢筋混凝土应采用掺有矿物掺合料的混凝土，处于四类、五类氯化物环境下的钢筋混凝土，宜采用大掺量矿物掺合料混凝土；

2. 当混凝土中加入优质活性掺合料或能提高耐久性的外加剂时，可适当减小最小水泥用量。

同时，DB 32/T 2333—2013 对掺合料最大掺量也进行了规定，见表 6-12。

表 6-12　混凝土中矿物掺合料最大掺量

环境作用等级	水胶比	硅酸盐水泥		普通硅酸盐水泥	
		粉煤灰	矿渣	粉煤灰	矿渣
Ⅱ-D、Ⅲ-E	≤0.40	35%	55%	20%	40%

根据上述规范中有关海洋环境下 50 年设计使用年限钢筋混凝土配合比要求，本试验配合比的最大水胶比控制为 0.40，由于在混凝土原材料确定的情况下，混凝土强度由混凝土水胶比确定，因此在本试验中，混凝土的强度只作为结构强度参数，不作为耐久性指标参数。

将按结构强度要求得出的水胶比应与按耐久性要求得出的水胶比进行比较，取其较小值作为配合比的设计依据。

根据所用的砂石情况、要求的坍落度值和所用的减水剂品种，经试拌并结合经验选用水量。根据选定的水胶比和用水量计算相应的胶凝材料用量，选取数种不同的砂率，进行混凝土试拌，测定其坍落度，观察其和易性，选择坍落度相对较大、和易性较好的砂率作为最佳砂率。

对于本试验混凝土用水量取 150～160 kg/m³；砂率取 36%～40%。

根据坍落度要求和施工材料的条件，配制数种不同水胶比的高耐久混凝土。混凝土配合比见表 6-13。

表 6-13 不同水胶比的高耐久混凝土配合比及拌合物性能

试件编号	胶凝材料掺量	砂率/%	水胶比	混凝土原材料用量/（kg/m³）							坍落度/mm	含气量/%
				水泥	粉煤灰	矿渣粉	砂	小石	中石	水	减水剂	耐蚀剂		
G33	55%C+10%F+30%S+5%R	37	0.33	250	45	136	666	447	670	150	6.82	23	205	4.1
G37	55%C+10%F+30%S+5%R	38	0.37	233	42	127	670	449	674	157	6.36	21	210	4.2
G40	55%C+10%F+30%S+5%R	38	0.40	217	40	119	698	449	673	158	5.92	20	215	4.0

注：表中"C"表示水泥，"F"表示粉煤灰，"S"表示矿渣粉，"R"表示耐蚀剂。

表 6-16 高耐久混凝土试验配合比及拌合物性能

试件编号	强度等级	胶凝材料掺量	砂率/%	水胶比	混凝土原材料用量/（kg/m³）							坍落度/mm	含气量/%	初凝时间/h	终凝时间/h
					水泥	粉煤灰	矿渣粉	砂	小石	中石	水	减水剂	耐蚀剂				
XP350		90%C+10%F	37	0.40	356	40	0	700	450	676	158	5.92	—	195	4.4	11.6	15.4
XG351	C35	55%C+10%F+30%S+5%R	37	0.40	217	40	119	698	449	673	158	5.92	20	215	4.0	13.7	18.6
XG501	C50	55%C+10%F+30%S+5%R	38	0.33	250	45	136	666	447	670	150	6.82	23	205	4.1	12.8	17.2

注：表中"C"表示水泥，"F"表示粉煤灰，"S"表示矿渣粉，"R"表示耐蚀剂。

不同水胶比的高耐久混凝土的强度性能试验结果见表 6-14。绘制混凝土 7 d 和 28 d 抗压强度与胶水比关系曲线,结果如图 6-9 所示。

表 6-14　不同水胶比的高耐久混凝土配合比强度试验结果

试件编号	水胶比	抗压强度/MPa	
		7 d	28 d
G33	0.33	46.8	62.8
G37	0.37	39.8	54.7
G40	0.40	35.1	47.9

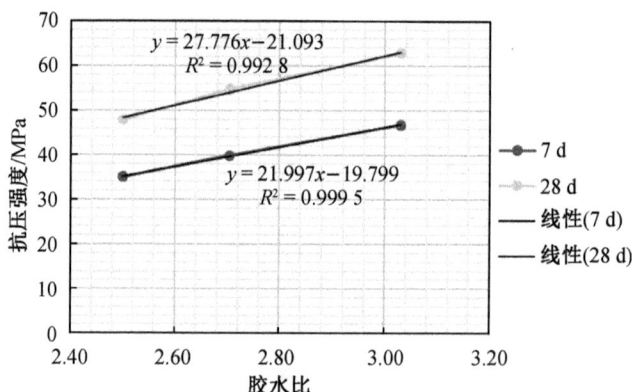

图 6-2　高耐久混凝土抗压强度与胶水比的关系曲线

由表 6-14 和图 6-2 的结果可知,对高耐久混凝土而言,随着水胶比的增大,混凝土的强度是随之减小的,混凝土的抗压强度与其胶水比呈线性关系。

根据混凝土抗压强度与胶水比的线性关系(图 6-2),可知满足高耐久混凝土配制强度的水胶比。将按结构设计强度要求得出的水胶比与按耐久性要求得出的水胶比进行比较,取其较小值作为配合比的最终水胶比,结果见表 6-15。

表 6-15　混凝土配合比的水胶比取值

结构设计强度	满足 50 年耐久性的规范要求	水胶比取值
C35	水胶比≤0.40	0.40
C50		0.33

由表 6-16 中的混凝土配合比的水胶比取值,C35 和 C50 的高耐久混凝土的配合比见表 6-16。同时,配制一组掺 10%粉煤灰的 C35 普通混凝土与 C35 高耐久混凝土并进行性能对比。

6.4.2 力学性能

混凝土试件成型后,分别测试了抗压强度和极限拉伸性能。

1. 抗压强度

不同龄期试验配合比的抗压强度性能分别见表 6-17 和图 6-3、图 6-4。

表 6-17 混凝土的抗压强度性能

试件编号	抗压强度/MPa		
	3 d	7 d	28 d
XP350	25.8	35.4	49.7
XG351	26.6	35.1	47.9
XG501	36.9	46.8	62.8

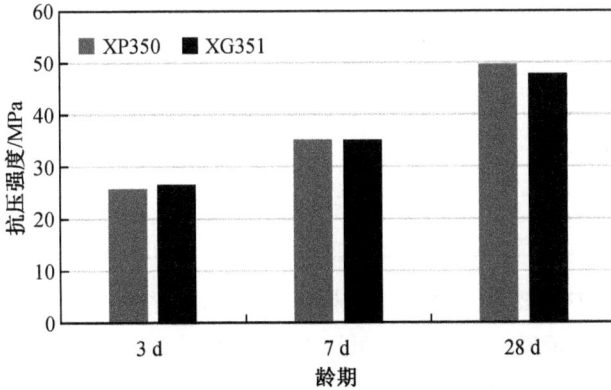

图 6-3 同水胶比条件下普通混凝土和高耐久混凝土的抗压强度性能

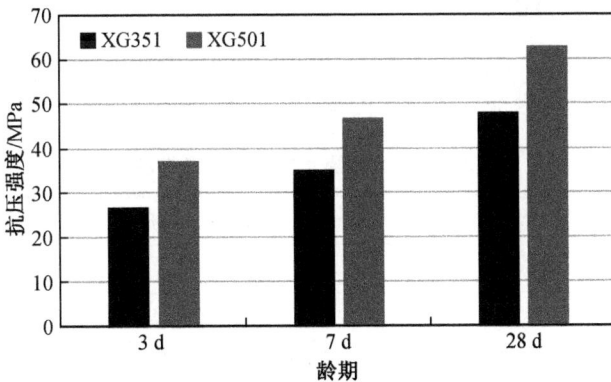

图 6-4 不同水胶比高耐久混凝土的抗压强度

由表 6-17 和图 6-3、图 6-4 的性能结果可知,在相同水胶比条件下,掺加了大掺量掺合料的高耐久混凝土各龄期的抗压强度与普通混凝土相当。本方案中的高耐久混凝土中掺加了 5% 的耐蚀剂,耐蚀剂除了可提高混凝土的耐盐碱腐蚀性能,还具有提高高耐久混凝土早期强度的作用。因此,在掺加了 40% 掺合料的情况下,高耐久混凝土早期 3 d 强度甚至比同水胶比的普通混凝土还高。

对高耐久混凝土而言,随着水胶比的降低以及龄期的增加,其抗压强度随之增加;无论是 C35 还是 C50 混凝土,本试验优化配制的高耐久混凝土的 28 d 抗压强度均满足配制强度的要求。

2. 极限拉伸性能

高耐久混凝土和普通混凝土的极限拉伸性能试验结果见表 6-18。

表 6-18　混凝土的极限拉伸性能

试件编号	28 d		
	轴拉强度/MPa	极限拉伸值/10^{-6}	轴拉弹性模量/GPa
XP350	3.78	110	44.3
XG351	4.53	138	38.4

从表 6-18 中的极限拉伸性能结果来看,同水胶比条件下,高耐久混凝土的轴拉强度和极限拉伸值较普通混凝土明显提高,而轴拉弹性模量降低,故高耐久混凝土相比普通混凝土具有更好的抗裂性。

6.4.3　变形性能

在 20 ℃恒温条件下,比较两种不同的干燥养护制度变化条件下高耐久混凝土和普通混凝土的变形性能。混凝土的变形性能试验结果见表 6-19 和图 6-5。

表 6-19　混凝土的干缩变形性能

试件编号	干燥养护制度变化条件	变形值/10^{-6}						
		1 d	5 d	7 d	14 d	15 d	21 d	28 d
XG351	干缩室	−68	−225	−241	−333	—	—	−376
XP350	(湿度 60%)	−59	−163	−193	−298	—	—	−373
XG351	先水中养护 14 d	248	225	231	190	120	77	−16
XP350	后置于干缩室	111	112	115	95	6	−98	−180

（a）干缩室

（b）先水中 14 d 后干缩室

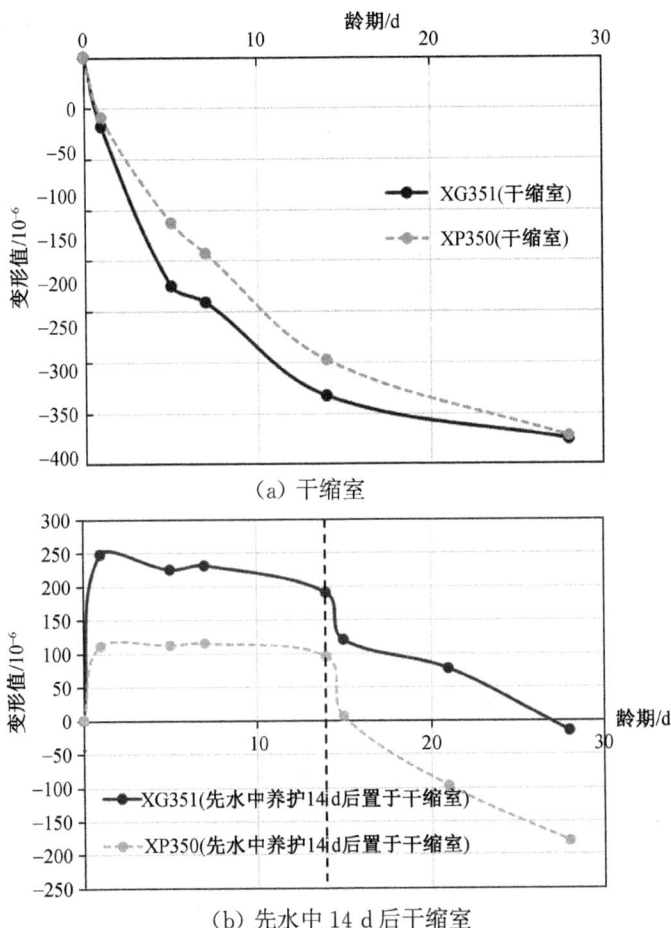

图 6-5　混凝土的变形随龄期变化的关系曲线

由表 6-19 和图 6-5 的试验结果可知，当混凝土拆模即放入干缩室后，在相同的水胶比条件下，高耐久混凝土的早期收缩值比普通混凝土略大，至 28 d 时收缩值已与普通混凝土相当；当混凝土在水中养护时，混凝土表现为膨胀变形，同龄期高耐久混凝土的膨胀值比普通混凝土大 100 微应变以上；当混凝土在水中养护 14 d 后再放入干缩室，混凝土发生明显的干燥收缩，且普通混凝土干缩的速度比高耐久混凝土快，至 28 d 时，普通混凝土和高耐久混凝土均表现为收缩变形，普通混凝土的干缩值比高耐久混凝土大 164 微应变。

混凝土在不同的干燥养护制度变化条件下的变形性能结果表明，在保障混凝土充分养护的条件下，同水胶比的高耐久混凝土的收缩将比普通混凝土明显减小。同时结合高耐久混凝土与普通混凝土的轴拉强度、极限拉伸值、轴拉弹性模量结果,从抗裂性角度分析,在充分养护条件下,高耐久混凝土的开裂风险较普通混凝土也将降低。

6.4.4 耐久性能

1. 抗渗性能

混凝土养护 28 d 的抗渗性能试验结果见表 6-20。

将水压力逐级加压至 1.3 MPa 时,混凝土试件无一透水,混凝土抗渗性能优异。相对而言,掺加大掺量掺合料的高耐久混凝土比普通混凝土渗水高度小。混凝土 28 d 的抗渗等级均已达到 W12。

表 6-20　混凝土的抗渗性能

试件编号	龄期/d	水压力/MPa	渗水高度/mm	抗渗等级
XP350	28	1.3	37	W12
XG351	28	1.3	24	W12

2. 抗冻性能

混凝土养护 28 d 的抗冻性能见表 6-21。

表 6-21　混凝土的抗冻性能

混凝土	龄期/d	冻融循环				抗冻等级
		50 次		100 次		
		质量损失率/%	相对动弹模/%	质量损失率/%	相对动弹模/%	
XP350	28	0	97	0.05	83	F100
XG351	28	0	99	0.02	86	F100

由表 6-21 的试验结果可知,混凝土 28d 的抗冻等级达 F100。

3. 抗碳化性能

混凝土养护 56 d 的抗碳化性能试验结果见表 6-22。

表 6-22　混凝土的抗碳化性能

试件编号	龄期/d	混凝土碳化深度/mm			
		7 d	14 d	28 d	56 d
XP350	56	5	7	12	16
XG351	56	4	7	8	11

4. 抗氯离子渗透性能

混凝土 28 d 龄期时的抗氯离子渗透性能的试验结果见表 6-23。

表 6-23 混凝土抗氯离子渗透性能

试件编号	龄期/d	抗氯离子渗透性能	
		氯离子扩散系数 (RCM 法)/(10^{-12} m²/s)	电通量/C
XP350	28	9.5	2 112
XG351	28	3.4	514

由表 6-23 的试验结果可知,同水胶比条件下,高性能混凝土的抗氯离子渗透性能比普通混凝土显著提高。高性能混凝土在 28 d 龄期时的氯离子扩散系数和电通量已满足设计技术指标要求和相关规范最严要求。

6.4.5 耐久性年限计算

1. 寿命预测模型

目前尚没有统一的钢筋混凝土耐久性失效标准。由于钢筋锈蚀时间具有不确定性,并且氯离子诱发的钢筋锈蚀通常是破坏作用很大的点状腐蚀,其对钢筋断面的衰减速率变化莫测,因此为保证结构安全,通常将钢筋发生锈蚀的时间作为设计寿命的终点。已有大量的工程实例依据上述钢筋锈蚀与耐久性状态理论,并充分考虑工程结构的重要性,维护、维修难度与费用等诸多因素,确定混凝土结构耐久性的失效标准。Browne 以钢筋开始锈蚀为耐久性极限状态,根据菲克扩散定律建立氯离子扩散模型;Bazant 以混凝土表面锈胀开裂为寿命终结标志,基于钢筋锈蚀机理和弹性力学理论建立海洋环境中构件使用寿命预测的数学模型。DuraCrete 是欧共体资助的有关混凝土结构耐久性的联合研究项目,依据菲克(Fick)第二定律,是以性能和可靠度为基础的设计方法。该方法采用概率可靠度方法进行计算,求得一定使用年限下不同保护层厚度的钢筋开始发生锈蚀的失效概率。DuraCrete 耐久性设计指南则将钢筋锈蚀发展到混凝土保护层顺筋开裂宽度达到 1 mm 的时间定义为结构的使用寿命。

自 20 世纪 70 年代初开始,Fick 第二定律被普遍用于计算氯离子侵入混凝土的深度并预测钢筋锈蚀年限,计算模型见式(6.4.1)。

$$c(x,t)=C_s\left(1-\mathrm{erf}\frac{x}{2\sqrt{Dt}}\right) \tag{6.4.1}$$

式中:$c(x,t)$——经过时间 t,混凝土中深度 x 处的氯离子含量。用于寿命预测时,出于偏安全的考虑,可参照浪溅区临界氯离子浓度取值。

C_s——混凝土表层氯离子含量。

D——混凝土中氯离子的扩散系数($10^{-12}\,\mathrm{m^2/s}$)。

t——设计寿命(s)。

Fick 第二定律是目前描述氯离子入侵混凝土机理最多的模型。但是,近年来,考虑各种影响因素,确定该模型的边界条件由简单向复杂转变。美国混凝土协会365 委员会(使用寿命预测委员会)组织研究开发的 Life-365 计算程序,企图逐步发展成为一种"标准"的寿命预测模型。程序以 Fick 第二定律为基础。模型设定了一些重要参数。此外,日本土木学会标准采用的计算模型也是用误差函数表示的 Fick 公式解析。

2. 寿命预测

本研究以 Fick 第二定律为基础,考虑扩散系数的经时变化,引入现有经验参数,建立耐久性混凝土的寿命预测模型,主要依据《海港工程高性能混凝土质量控制标准》(JTS 257—2—2012)相关规定进行建模。

海洋环境下混凝土结构钢筋锈蚀劣化进程所经历的时间,可分为三个阶段:混凝土中钢筋开始锈蚀阶段(t_i)、混凝土保护层锈胀开裂阶段(t_c)、混凝土功能明显退化阶段(t_d),混凝土结构使用年限(t_e)是这三个阶段时间和,即:

$$t_e = t_i + t_c + t_d \qquad (6.4.2)$$

其中

$$t_i = \frac{c^2}{4D_t \left[\mathrm{erf}^{-1}\left(1 - \frac{C_{cr} - C_0}{\gamma C_s - C_0}\right) \right]^2} \qquad (6.4.3)$$

式中:c——混凝土保护层厚度(mm);

D_t——混凝土氯离子有效扩散系数($10^{-12}\,\mathrm{m^2/s}$);

erf——误差函数;

C_{cr}——混凝土中钢筋开始发生锈蚀的临界氯离子浓度(%);

C_0——混凝土中的初始氯离子浓度(%);

γ——氯离子双向渗透系数,角部区取 1.2,非角部区取 1.0;

C_s——混凝土表层氯离子浓度(%)。

用公式(6.4.4)计算 t_c:

$$t_c = \frac{0.012\frac{c}{d} + 0.00084 f_{cu,k} + 0.018}{\lambda_1} \qquad (6.4.4)$$

式中：c——混凝土保护层厚度（mm）；

　　　d——钢筋原始直径（mm）；

　　　$f_{cu,k}$——混凝土立方体抗压强度标准值（MPa）；

　　　λ_1——保护层开裂前钢筋平均腐蚀速度（mm/a）。

用公式（6.4.5）计算 t_d：

$$t_d = \left(1 - \frac{3}{\sqrt{10}}\right) \times \frac{d}{2\lambda_2} \tag{6.4.5}$$

式中：t_d——自保护层开裂到钢筋减小到截面积减小到原截面积 90% 所经历的时间（a）；

　　　d——钢筋原始直径（mm）；

　　　λ_2——保护层开裂后钢筋平均腐蚀速度（mm/a）。

模型中混凝土表层氯离子含量 C_s 借鉴美国 Life-365、英国 Bamforth、日本土木工程学会标准、欧洲 DuraCrete（见表 6-24）和我国交通运输部规程《海港工程高性能混凝土质量控制标准》（JTS 257—2—2012）的规定，最为恶劣环境下考虑取值 0.9%。

表 6-24　混凝土表层氯离子浓度取值（按混凝土质量百分比计，%）

环境	美国 Life-365	英国 Bamforth	日本土木工程学会标准	欧洲 DuraCrete
浪溅区	0.80	0.90	0.65	0.54

参考《海港工程高性能混凝土质量控制标准》（JTS 257—2—2012），我国北方地区临界氯离子浓度取值 0.06%，华东地区临界氯离子浓度取值 0.054%，江苏省沿海地区地处北方与华东过渡区，此处临界氯离子浓度取值为 0.058%（按混凝土质量百分比计）。

扩散系数 D 受环境氯离子作用时间或年限的增长而减小，符合指数衰减规律［见式（7.4.6）］，其中衰减系数 n 值与胶凝材料种类、掺量及不同环境条件有关，一般取值范围为 0.3～0.9。

$$D(t) = D_i \left(\frac{t_i}{t}\right)^n \tag{6.4.6}$$

式中：D_i——历经环境作用时间 t_i 测得的扩散系数；

　　　n——衰减系数。

根据前期研究成果，并参考《海港工程高性能混凝土质量控制标准》（JTS 257—2—2012）的规定，本书综合取值 0.5。

根据试验所得氯离子扩散系数及上述公式,计算不同保护层厚度下钢筋混凝土的寿命。具体计算结果如表 6-25 所示。

表 6-25　混凝土耐久性年限计算

编号	腐蚀环境	腐蚀环境等级	保护层厚度/ mm	氯离子扩散系数 D/ ($10^{-12}\,\mathrm{m^2/s}$)	寿命预测/ a
XP350	氯盐强腐蚀	Ⅲ-D/Ⅲ-E	50	$8{\leqslant}D{\leqslant}12$	30～40
XG351			50	$3{\leqslant}D{\leqslant}6$	60～120

6.5　小结和建议

6.5.1　推荐参考配合比

1. 配合比基本参数

根据工程钢筋混凝土结构强度要求和耐久性要求,结合高耐久混凝土配合比优化试验结果以及综合抗裂分析,高耐久混凝土配合比最终采用双掺方案,即在掺入 5% 耐蚀剂的条件下,胶凝材料中掺加 10% 粉煤灰和 30% 矿渣,其中混凝土最大水胶比控制为 0.40。

2. 原材料要求

水泥选择强度等级不低于 42.5 的硅酸盐水泥或者普通硅酸盐水泥;

掺合料选择Ⅱ级及以上粉煤灰和 S95 级矿渣粉;

细骨料选择天然河砂,细度模数在 2.3～3.0 范围,粗骨料选择 5～20 mm 和 20～40 mm 的二级配人工碎石;

减水剂选择减水率不低于 25% 的高性能减水剂。

同时,上述混凝土原材料各项指标必须满足相关规范要求。

3. 耐久性指标

28 d 氯离子扩散系数应不大于 $4.0{\times}10^{-12}\,\mathrm{m^2/s}$(保护层厚度为 60 mm);

56 d 氯离子电通量≤800 C;

56 d 抗渗等级≥W12;

56 d 抗冻等级≥F100;

56 d 抗碳化性能等级:T-Ⅱ($10\,\mathrm{mm}{\leqslant}d{<}20\,\mathrm{mm}$)。

4. 高耐久混凝土参考配合比

满足设计指标要求的 C35 和 C50 高耐久混凝土参考配合比见表 6-26。

表 6－26   高耐久混凝土参考配合比

强度等级	混凝土原材料用量/(kg/m³)									坍落度/mm	含气量/%
	水	水泥	粉煤灰	矿渣粉	耐蚀剂	砂	小石	中石	减水剂		
C35	158	217	40	120	20	698	450	672	5.92	205	4.0
C50	150	250	45	136	23	666	448	670	6.82	200	4.1

6.5.2   建议

为了保证高耐久混凝土具有较好的抗裂性能,建议施工现场混凝土潮湿养护时间不少于 14 d。

7 增强新老混凝土界面粘结力研究

对既有混凝土结构的加固是工程领域的一项重要课题,而其中确保新混凝土与既有混凝土有效连接是加固的关键。大量工程实践和试验研究显示,新老混凝土复合结构最脆弱部位就是两者的连接界面区域,该区域的破坏往往早于整体构件。连接界面的力学性能将直接影响加固结构的可靠度和耐久性,而合适界面剂的引入则能够有效地改善混凝土的界面性质,提高新老混凝土界面的相关力学性能。因此,本章通过对比分析丙乳、油性环氧、水性环氧三种界面剂作用下的新老混凝土的工作性、抗压强度、粘结强度、耐久性能等性能,结合 SEM – EDS 微观结构分析,确定新老混凝土最佳界面剂及其使用配合比。

7.1 界面剂及相关原材料

7.1.1 界面剂

1. 丙乳

选用 MSN 型丙烯酸酯类聚合物乳液,其物理性能与红外分别如表 7 – 1、图 7 – 1 所示。红外表征的结果表明,其主要化学基团包括甲基、亚甲基、丙烯基、异丙基及丙烯酸正丁酯。

表 7 – 1 MSN 型丙烯酸酯类聚合物乳液性能

固含量/%	密度/(g/cm³)	粘度/(mPa·s)	pH 值	平均粒径/nm
45	0.94	3.60	7.8	58.4

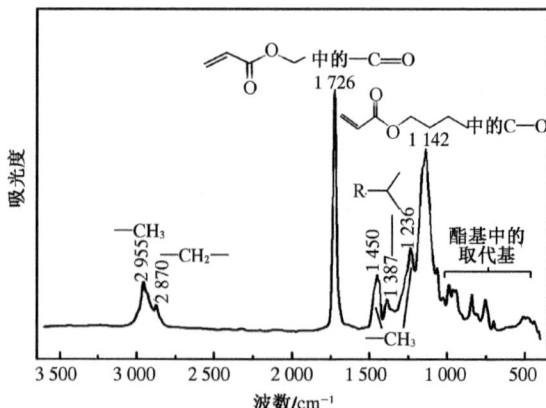

图 7 – 1 MSN 型丙烯酸酯类聚合物乳液红外图谱

丙乳是一种优秀的高分子聚合物。丙乳与水泥、砂子混合形成的丙乳砂浆可在潮湿基材表面施工,不需干燥,可用于水工建筑物过流面的抗冲磨损、抗气蚀与抗冻融保护以及破坏后的修复,在混凝土建筑物的缺陷修补以及补强与加固处理中起到重要作用。

2. 油性环氧和固化剂

选用某公司生产的 WE-8228 油性环氧树脂(图 7-2)、WE-8309 油性环氧固化剂。

图 7-2　WE-8228 油性环氧树脂

WE-8228 树脂是一种油性环氧树脂,其固含量为 60%,性能见表 7-2。具有以下产品优点:① WE-8228 油性环氧树脂具有非常低的气味,零 VOC,无诱导感应时间,存储稳定性好;② 固化物光泽好,表面美观,厚涂抗开裂性能优异等。

表 7-2　WE-8228 树脂产品指标

项目	范围
外观	乳白色液体
25 ℃粘度/(mPa·s)	300~500
环氧值/(mol/100 g)	0.43~0.47
密度/(g/cm³)	1.07
pH 值	6~7.5
固含量/%	58~62

WE-8228 主要用于环氧密封底漆,环氧混凝土、砂浆,环氧地坪、环氧沥青,高固环氧材料以及环氧胶黏剂等施工中。

WE-8309 是一种改性胺类油性环氧固化剂(图 7-3),主要用于环氧面漆、环氧富锌底漆以及环氧底面一体材料的施工,其具体性能见表 7-3。

图 7 - 3   WE - 8309 环氧固化剂

表 7 - 3   WE - 8309 产品指标

项目	范围
胺值/(mgKOH/g)	150～200
25 ℃粘度/(mPa・s)	8 000～18 000
活泼氢当量(计算值)	190
加德纳色度	≤12
固含量/%	78～82

3. 水性环氧和固化剂

选用连云港市靓都涂料厂生产的水性环氧树脂和固化剂。靓都水性环氧树脂乳液产品性能见表 7 - 4,水性环氧固化剂性能见表 7 - 5。

表 7 - 4   靓都水性环氧树脂产品指标

项目	范围
外观	白色乳状物,无可视粗颗粒和异物
不挥发物/%	≥50
25 ℃粘度/(mPa・s)	900
环氧值/(mol/100 g)	0.15～0.25
密度/(g/cm³)	1.05

表7-5 靓都水性环氧固化剂产品指标

项目	范围
外观	淡黄色均匀流体
25 ℃黏度/(mPa·s)	3 000～4 000
活泼氢当量(固体分)	120～240
比重	1.02～1.09
pH 值	7～10
固含量/%	48～52
配比(100 g 靓都环氧树脂)	10 g

7.1.2 其他原材料

水泥为海螺牌的 P·O 52.5。测定其氧化物质量分数见表7-6,水泥的物理力学性能测试结果见表7-7、表7-8。表7-7 和表7-8 的结果表明,水泥的物理力学性能指标满足国标《通用硅酸盐水泥》(GB 175—2023)中有关普通硅酸盐水泥的要求。

表7-6 水泥氧化物质量分数　　单位:%

水泥	氧化物						烧失量 (950 ℃)
	SiO_2	Al_2O_3	Fe_2O_3	CaO	MgO	SO_3	
海螺 P·O 52.5	23.67	6.76	3.42	60.12	2.16	2.65	1.8

表7-7 水泥物理性能

水泥	45 μm 筛 筛余/%	标准稠度 用水量/%	初凝时间/ min	终凝时间/ min
海螺 P·O 52.5	5.8	26.1	170	260
GB 175—2023 规定值	≤30.00	—	≥45	≤600

表7-8 水泥力学性能

天数	抗压强度/MPa		抗折强度/MPa	
	3 d	28 d	3 d	28 d
海螺 P·O 52.5	30.0	58.1	6.9	10.7
GB 175—2023 规定值	P·O 52.5≥23.0	P·O 52.5≥52.5	P·O 52.5≥4.0	P·O 52.5≥7.0

7.2 工作性与抗压强度

7.2.1 工作性

1. 丙乳

根据需要配制可粘结的流态浆体的工作性,丙乳净浆配合比的设计和试验现象见表7-9。

表7-9 丙乳净浆配合比初选

编号	丙乳	水泥	试验现象
B1	1	1.7	稀,液固分离
B2	1	1.8	稀,液固分离
B3	1	1.9	合适,流态浆体
B4	1	2.0	合适,流态浆体
B5	1	2.1	合适,流态浆体
B6	1	2.2	稍干
B7	1	2.3	干

当掺量为丙乳:水泥>1:1.7时,丙乳净浆过稀;当掺量为丙乳:水泥<1:2.3时,丙乳净浆太干,界面剂容易开裂。故从选取丙乳净浆粘结材料的工作性出发,后续丙乳净浆选取B3、B4、B5三种配合比进行分析。

2. 油性环氧和固化剂

根据厂家技术人员推荐的环氧树脂与固化剂之间的三种最优配合比,从需要配制的可粘结的流态浆体的工作性出发,设计合适的油性环氧配合比。对于油性改性环氧树脂的合成及性能研究,确定稀释剂用量为5%,配合比初选见表7-10。

表7-10 油性环氧材料配合比初选

编号	环氧树脂	固化剂	水泥	稀释剂
YH1	10	6	30	2
YH2	10	6	40	3
YH3	10	6	50	3
YH4	10	10	30	3
YH5	10	10	40	3
YH6	10	10	50	4
YH7	10	14	40	2
YH8	10	14	50	3
YH9	10	14	60	4

3．水性环氧和固化剂

根据厂家给出的最优环氧树脂和固化剂配合比为 9∶1，从需要配制的可粘结的流态浆体的工作性出发，设计合适的水性环氧材料配合比，见表 7-11。

表 7-11 水性环氧材料配合比初选

编号	环氧树脂	固化剂	水泥	水
SH1	9	1	20	1
SH2	9	1	20	3
SH3	9	1	20	5
SH4	9	1	30	8
SH5	9	1	30	12
SH6	9	1	30	16
SH7	9	1	40	10
SH8	9	1	40	14
SH9	9	1	40	18

7.2.2 抗压强度

1．试验方案

参照《水泥胶砂强度检验方法（ISO 法）》（GB/T 17671—2021），依据已经确定的配合比成型试件，抗折抗压试件尺寸是 40 mm×40 mm×160 mm，使用钢制模具，装模前给模具内壁涂脱模剂，使用 SJ-15 型砂浆搅拌机进行搅拌，装模后在振实台上成型，并分别养护 7 d、28 d。待试件到试验龄期时将试体从水中取出，使用水泥胶砂抗折抗压试验机将其折断后每截再进行抗压强度试验。具体的抗压试验试件制备见图 7-4。

图 7-4 抗折抗压试验试件成型

按照规范《水泥胶砂强度检验方法（ISO 法）》（GB/T 17671—2021），每种配合比的丙乳净浆成型两组试件，每组 3 块，共计 18 块，分别养护 7 d、28 d。到达龄期进行抗压试验，试验如图 7-5 所示。

图7-5　抗压试验

2．试验结果分析

（1）丙乳

丙乳净浆试件的抗压强度见表7-12和图7-6。

表7-12　丙乳净浆试件的抗压强度　　　　　　　单位：MPa

编号	7 d抗压强度	28 d抗压强度
B3	26.9	34.9
B4	29.7	37.6
B5	32.6	41.5

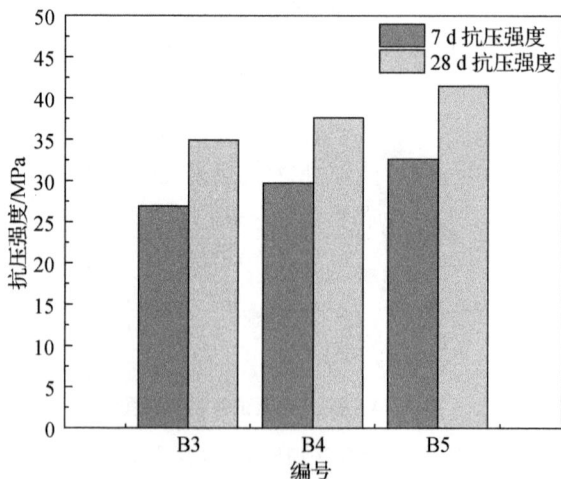

图7-6　丙乳净浆试件的抗压强度

由表 7－12 和图 7－6 可知,B5 配合比 7 d、28 d 抗压强度都要比 B4 高,7 d 抗压强度为 32.6 MPa,28 d 抗压强度达到 41.5 MPa,三种配合比材料中 B3 的 7 d 和 28 d 抗压强度均最低。

（2）油性环氧和固化剂

油性环氧树脂和固化剂按不同配合比成型两组试件,每组 3 块,共计 54 块,分别养护 7 d、28 d,到达龄期进行抗压试验。油性环氧材料的抗压强度见表 7－13 和图 7－7。

表 7－13　油性环氧材料的抗压强度　　　　　　　　　单位:MPa

编号	7 d 抗压强度	28 d 抗压强度
YH1	57.6	72.1
YH2	48.9	60.9
YH3	41.6	52.4
YH4	64.5	84.3
YH5	76.2	97.7
YH6	69.7	89.1
YH7	72.2	93.1
YH8	74.9	96.5
YH9	67.9	85.4

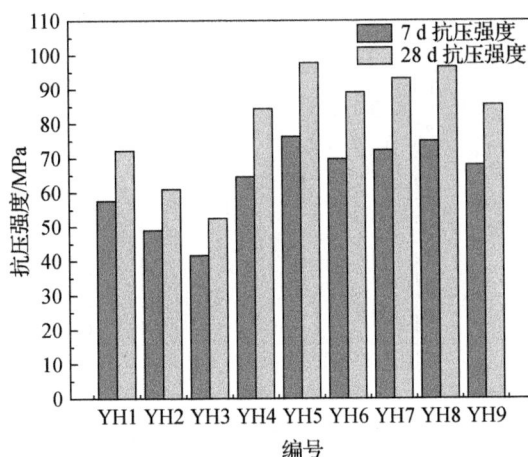

图 7－7　油性环氧试件的抗压强度

从表 7-13 和图 7-7 中可以看出,选取的不同配合比的油性环氧材料抗压强度都很高,其中 YH5 配合比的油性环氧材料的抗压强度最高,7 d 抗压强度为 76.2 MPa,28 d 抗压强度为 97.7 MPa;YH8 配合比的油性环氧材料的抗压强度次之;YH3 配合比的油性环氧材料的抗压强度与其他相比均最小,7 d 抗压强度为 41.6 MPa,28 d 抗压强度为 52.4 MPa。

(3) 水性环氧和固化剂

水性环氧树脂和固化剂按不同配合比成型两组试件,每组 3 块,共计 54 块,分别养护 7 d、28 d,到达龄期进行抗压试验。具体的抗压强度见表 7-14 和图 8-8。

表 7-14　水性环氧材料的抗压强度　　　　单位:MPa

编号	7 d 抗压强度	28 d 抗压强度
SH1	54.4	69.7
SH2	51.2	65.6
SH3	49.3	63.2
SH4	42.1	54.0
SH5	33.6	43.1
SH6	29.7	38.1
SH7	44.7	57.3
SH8	32.5	41.7
SH9	24.9	31.9

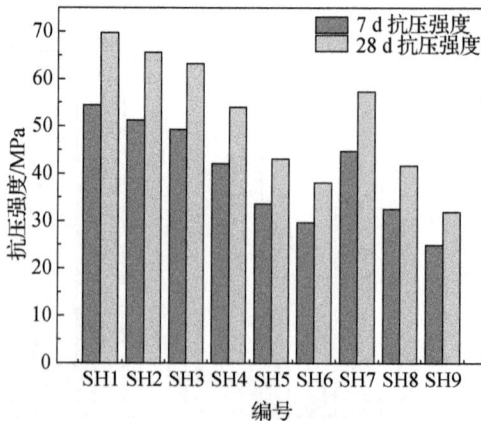

图 7-8　水性环氧试件的抗压强度

从表 7-14 和图 7-8 中可以看出,SH1 配合比的水性环氧材料的抗压强度最高,7 d 抗压强度为 54.4 MPa,28 d 抗压强度达到 69.7 MPa;SH2 配合比的水性环氧材料的抗压强度次之;SH9 配合比的水性环氧材料的 7 d 和 28 d 抗压强度最低,7 d 抗压强度为 24.9 MPa,28 d 抗压强度为 31.9 MPa。

7.3　新老混凝土粘结强度试验

粘结强度试验和拉拔强度试验可以共同反映丙乳净浆材料与砂浆的附着力,通过两种试验分别测试三种配合比的丙乳净浆材料与砂浆的粘结效果。

7.3.1　试件制备与试验方案

1. 粘结强度试验

粘结强度试验试件制备见图 7−9。

图 7−9　粘结强度试验试件成型

参照《水运工程混凝土试验检测技术规范》(JTS/T 236—2019)成型合格的"8"字形水泥砂浆试件,将近似"O"形试件放置于边壁涂有脱模剂的抗拉试模中的一半内,确保断裂界面涂有粘结材料。在试模另一半浇注修补材料,浇筑后在振实台上充分振实后抹平,放置到标准养护室,24 h 后拆模养护 28 d。

2. 拉拔强度试验

参照《预应力钢筒混凝土管防腐蚀技术》(GB/T 35490—2017)成型和养护试件,每种配合比成型一组试件,每组 3 块,共计 9 块。待试件到达龄期时,表面经过涂装和干燥,使用附着力试验仪进行试验。用于测试砂浆与界面剂粘结强度的拉力试验机如图 7−10 所示。

粘结强度试验步骤应满足下列要求:

(1)取出养护好的试件,将其通过拉头安装在试验机上,并轻轻旋转试件,使球面接触良好。

(2)开动试验机,进行加荷,加荷速度控制在 0.05 MPa/s。

粘结强度应按下式计算,精确至 0.1 MPa。

$$f_m = \frac{P}{A}$$

(7.3.1)

图 7-10　拉力试验机

式中：f_m——砂浆试件的粘结强度（MPa）；

　　　P——试件拉断荷载（N）；

　　　A——试件的受拉面积（mm²），为 500 mm²。

修补砂浆粘结强度试验结果以 3 个试件为一组，取平均值，计算结果精确至 0.1 MPa。

7.3.2　不同界面剂对新老混凝土的影响

1. 丙乳对新老混凝土粘结强度的影响

（1）粘结强度试验

每种配合比成型一组试件，每组 3 块，共计 9 块。待试件到达试验龄期时，从养护室取出，使用拉力试验机进行试验，如图 7-11 所示，丙乳净浆与砂浆粘结强度见表 7-15。

（2）拉拔强度试验

配制不同净浆，涂于混凝土表面，待涂层到达龄期时，使用附着力试验仪进行试验，试验拉拔强度见表 7-16。

图 7-11　界面剂与砂浆粘结试验

表 7-15　丙乳净浆材料与砂浆 28 d 粘结强度

单位：MPa

编号	28 d
B3	1.9
B4	2.2
B5	2.4

表 7-16　丙乳净浆材料 28 d 拉拔强度

单位：MPa

编号	28 d
B3	1.7
B4	1.7
B5	1.9

（3）数据分析

在"8"字模粘结强度试验结果中,选取的三种配合比均符合标准要求,且 B5 配合比的界面剂 28 d 粘结强度最大,达到 2.4 MPa,B4 次之,B3 最小,28 d 粘结强度为 1.9 MPa。拉拔强度试验中,B5 配合比的界面剂拉拔强度同样最大,B3 和 B4 配合比的界面剂拉拔强度相同。总结上述两个试验结果,从材料与附着力角度考虑,B5 配合比的界面剂丙乳净浆与砂浆粘结效果最好。

2. 油性环氧与砂浆附着力

粘结强度试验和拉拔强度试验可以共同反映油性环氧材料与砂浆的附着力,通过两种试验分别测试九种配合比油性环氧材料与砂浆的粘结效果。

（1）粘结强度试验

每种配合比成型一组试件,一组 3 块,共计 27 块,养护龄期为 28 d。待试件到达试验龄期时,从养护室取出,使用拉力试验机进行试验,油性环氧材料与砂浆粘结强度见表 7-17。

（2）拉拔强度试验

配制不同浆体,涂于混凝土表面,待涂层到达龄期时,使用便捷式附着力试验仪进行试验,试验拉拔强度见表 7-18。

表 7-17　油性环氧材料与砂浆 28 d 粘结强度　单位:MPa

编号	28 d
YH1	0.4
YH2	0.3
YH3	0.3
YH4	0.4
YH5	0.6
YH6	0.4
YH7	0.4
YH8	0.5
YH9	0.1

表 7-18　油性环氧材料 28 d 拉拔强度　单位:MPa

编号	28 d
YH1	粘结胶拉坏
YH2	3.7
YH3	3.2
YH4	粘结胶拉坏
YH5	粘结胶拉坏
YH6	粘结胶拉坏
YH7	粘结胶拉坏
YH8	粘结胶拉坏
YH9	粘结胶拉坏

（3）数据分析

从表 7-17、7-18 中可以看出，粘结强度试验中，九种不同配合比的油性环氧材料粘结强度都很低，主要是由于油性环氧材料与潮湿的界面粘结特别弱；而在拉拔强度试验中，除了 YH2 和 YH3 两种配合比的界面剂能够测得数据外，其他七种配合比的界面剂由于拉力过大，导致粘结胶拉坏，YH3 配合比的拉拔强度比 YH2 小一些。从附着力角度考虑，九种配合比的油性环氧性能都很优异，但在做新老界面粘结时，强度太低。

3. 水性环氧材料与砂浆附着力

（1）粘结强度试验

每种配合比成型一组试件，每组 3 块，共计 27 块，养护龄期为 28 d。待试件到达龄期，从养护室取出，使用拉力试验机进行试验，水性环氧材料与砂浆粘结强度见表 7-19。

（2）拉拔强度

配制不同净浆，涂于混凝土表面，待涂层到达龄期时，使用便捷式附着力试验仪进行试验，试验拉拔强度见表 7-20。

表 7-19　水性环氧材料与砂浆 28 d 粘结强度
单位：MPa

编号	28 d
SH1	3.7
SH2	3.6
SH3	3.4
SH4	3.4
SH5	3.1
SH6	2.9
SH7	3.6
SH8	3.3
SH9	2.7

表 7-20　水性环氧材料 28 d 拉拔强度
单位：MPa

编号	28 d
SH1	3.2
SH2	3.2
SH3	3.0
SH4	3.1
SH5	2.8
SH6	2.4
SH7	3.1
SH8	2.9
SH9	2.3

（3）数据分析

从表 7-19、7-20 中可以看出，粘结强度试验中，九种配合比水性环氧材料 28 d 粘结强度最大的是 SH1，它的 28 d 粘结强度为 3.7 MPa，粘结强度最小的是 SH9，28 d 粘结强度为 2.7 MPa；在拉拔强度试验中，SH1 和 SH2 配合比的界面剂拉拔强度为 3.2 MPa,试验拉拔强度最大,附着力最大,SH9 配合比的界面剂抗拔强度最小,为 2.3 MPa。

7.4　界面剂耐腐蚀性研究

界面剂的耐腐蚀性研究通过氯离子电迁移试验法以及氯离子电通量法进行测试分析,具体的试验过程如下。

7.4.1　耐腐蚀性试验及方案

1. 试件制备

氯离子渗透试验试件制备如图 7-12 所示。

图 7-12　氯离子渗透试验试件成型

(1) 电迁移试验法(RCM 法)

按照配合比,使用 SJ-15 型砂浆搅拌机对材料进行搅拌,用电通量试模成型试件,成型前在模具内壁涂抹脱模剂,装模后在振实台上成型,试件直径为(100 ± 1) mm,厚度为(50 ± 2) mm,试件成型后立即用塑料薄膜覆盖并移至标准养护室,24 h 后拆模,到达 14 d、28 d 养护龄期后进行试验。

(2) 电通量法

按照配合比,使用 SJ-15 型砂浆搅拌机进行搅拌,用电通量试模成型试件,成型前在模具内壁涂抹脱模剂,装模后在振实台上成型,试件直径为(100 ± 1)mm,厚度为(50 ± 2)mm ,试件成型后移至标准养护室,24 h 后拆模,到达 14 d、28 d 养护龄期后进行后续试验。

2. 试验方案

(1) 氯离子电通量测试方案

用于测试氯离子渗透试验的电通量测试仪如图 7-13 所示。

图 7-13　电通量测定仪

试验前将养护完成的试件放入 NEL-VJA 型混凝土智能真空饱水机进行真空饱水,如图 7-14 所示。电通量试验真空饱水选用蒸馏水,试件放入后,扭紧螺丝,启动真空泵,在 5 min 内将真空干燥器中的绝对压强减少至 1.0 kPa,保持该真空度 3 h 后,维持这一真空度,再继续浸泡(18±2)h。

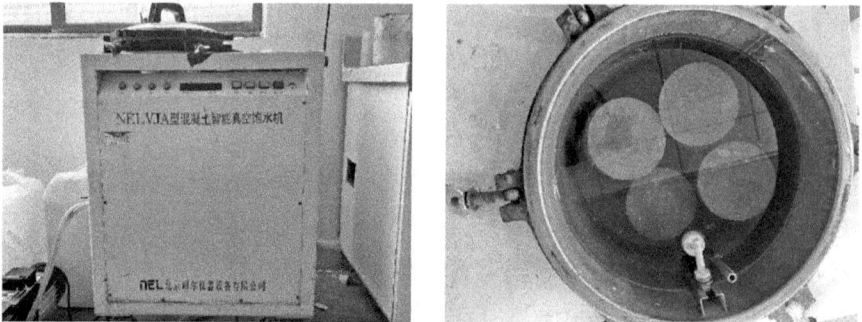

图 7-14　NEL-VJA 型混凝土智能真空饱水机

从真空饱水机中取出试件,用橡胶皮套密封侧边进行试验,记录电流初始读数,通电并保持试验槽中充满溶液,每隔 15 min 记录一次电流值,直至通电 6 h。

试验结果的计算及处理应满足下列要求:

① 绘制电流与时间的关系图,以光滑曲线连接各点数据,对曲线进行面积积分,得到电通量试验 6 h 通过的电量。

② 当试件直径不等于 95 mm 时,将所得电量按截面面积比的正比关系换算成直径为 95 mm 的标准值,按下式进行换算:

$$Q_s = Q_X \times \left(\frac{95}{X}\right)^2 \qquad (7.4.1)$$

式中:Q_s——通过直径为 95 mm 的试件的电通量(C);

Q_X——通过直径为 X 的试件的电通量(C);

X——试件的实际直径(mm)。

③ 将同组 3 个试件的算术平均值作为该组试件的电通量测定值,当最小值或者最大值与中间值的差值超过中间值的 20% 时,取中间值作为该组试件的电通量测定值,否则,试验数据无效。

(2) 氯离子扩散系数测试

试验所用氯离子扩散系数测定仪如图 7－15 所示。

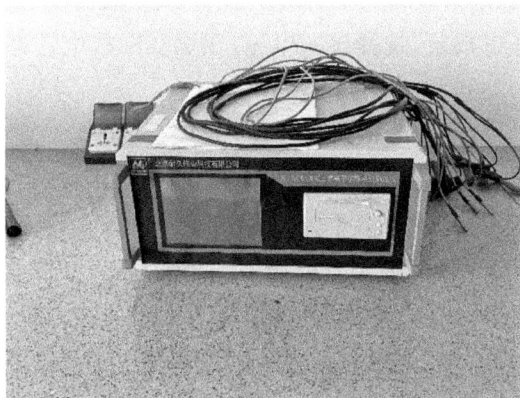

图 7－15　混凝土氯离子扩散系数测定仪

试验前将养护完成的试件放入 NEL－VJA 型混凝土智能真空饱水机进行真空饱水。其中,初始电流、电压与试验时间的关系见表 7－21。

表 7－21　初始电流、电压与试验时间的关系

初始电流 I_0/mA	试验电压 U/V	初始电流 I_0/mA	试验时间 t/h
$I_0 < 5$	60	$I_0 < 10$	96
$5 \leqslant I_0 < 10$	60	$10 \leqslant I_0 < 20$	48
$10 \leqslant I_0 < 15$	60	$20 \leqslant I_0 < 30$	24
$15 \leqslant I_0 < 20$	50	$25 \leqslant I_0 < 35$	24
$20 \leqslant I_0 < 30$	40	$25 \leqslant I_0 < 40$	24
$30 \leqslant I_0 < 40$	35	$35 \leqslant I_0 < 50$	24
$40 \leqslant I_0 < 60$	30	$40 \leqslant I_0 < 60$	24
$60 \leqslant I_0 < 90$	25	$50 \leqslant I_0 < 75$	24

初始电流 I_0/mA	试验电压 U/V	初始电流 I_0/mA	试验时间 t/h
$90 \leqslant I_0 < 120$	20	$60 \leqslant I_0 < 80$	24
$120 \leqslant I_0 < 180$	15	$60 \leqslant I_0 < 90$	24
$180 \leqslant I_0 < 360$	10	$60 \leqslant I_0 < 120$	24
$I_0 \geqslant 360$	5	$I_0 \geqslant 120$	6

电迁移试验应满足下列要求：

① 调整电压到(30 ± 0.2)V，记录通过每个试件的初始电流，根据初始电流值的范围，按表 7-21 的规定，选择试验电压，根据实际的电迁移试验电压选择电迁移试验时间。

② 试验结束后，测量氢氧化钠溶液的最终温度。

氯离子渗透深度测定应满足下列要求：

① 取出试件用压力试验机沿轴向劈成两半。

② 将显色指示剂喷涂在劈开的断面。

③ 用两脚规和游标卡尺测量白色氯化银标示的渗透深度，从中间向两边每隔 10 mm 测量一个数据，精确到 0.1 mm，共测得 7 个数据，测量位置如图 7-16 所示。

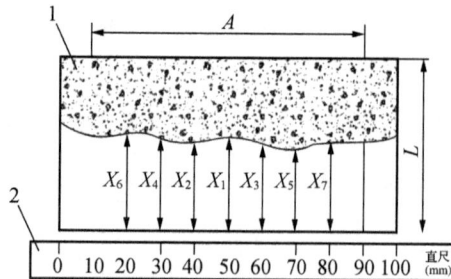

1—试件边缘部分；2—直尺；A—测量范围；L—试件厚度；$X_1 \sim X_7$—氯离子渗透深度测点值。

图 7-16　显色分界线位置编号

试验结果计算及评定应满足下列要求：

① 混凝土非稳态氯离子扩散系数按式(7.4.2)进行计算，精确到 0.1×10^{-12} m^2/s。

$$D_{nssm} = \frac{0.023\,9(273+T)L}{(U-2)t}\left[X_d - 0.0238\sqrt{\frac{(273+T)LX_d}{U-2}}\right] \quad (7.4.2)$$

式中:D_{nssm}——混凝土非稳态氯离子扩散系数(m^2/s);

T——阳极溶液的初始温度和最终温度的平均值(℃);

L——试件厚度(mm);

U——试验电压(V);

X_d——氯离子渗透深度的平均值(mm),精确到 0.1 mm;

t——试验持续时间(h)。

② 将同组 3 个试件的算术平均值作为该组试件的电通量测定值,当最小值或者最大值与中间值的差值超过中间值的 15%时,取中间值作为该组试件的电通量测定值,否则,试验数据无效。

7.4.2 抗氯离子渗透性分析

1. 丙乳

(1) 抗氯离子渗透试验(RCM 法)

通过抗氯离子渗透试验测试丙乳净浆抗氯离子渗透性。参照《水运工程混凝土试验检测技术规范》(JTS/T 236—2019),成型和养护丙乳净浆试件,每种配合比成型一组试件,每组 3 块,共计 9 块试件,待试件到达 28 d 养护龄期后,经过真空饱水进行抗氯离子渗透试验,如图 7-17 所示。

图 7-17 抗氯离子渗透试验(RCM 法)

(2) 数据分析

参照《混凝土质量控制标准》(GB 50164—2011),氯离子渗透判定等级划分见表 7-22。通过抗氯离子渗透试验测得三种配合比的丙乳净浆的氯离子迁移系数结果见表 7-23。

表 7-22 RCM 法测定氯离子渗透判定等级标准

等级	RCM-Ⅰ	RCM-Ⅱ	RCM-Ⅲ	RCM-Ⅳ	RCM-Ⅴ
氯离子迁移系数/(10^{-12} m²/s)	RCM≥4.5	3.5≤RCM<4.5	2.5≤RCM<3.5	1.5≤RCM<2.5	RCM<1.5

表 7-23 丙乳净浆材料 28 d 的氯离子迁移系数   单位:10^{-12} m²/s

编号	B3	B4	B5
28 d	2.35	1.42	1.31

测试三种配合比的丙乳净浆的氯离子迁移系数,对比表 7-22 与表 7-23 可知,B5 配合比的 28 d 氯离子迁移系数最小,有着很好的抗氯离子渗透性能,B4 次之,B3 相比最差,但是氯离子迁移系数也较低。选取的三种配合比的丙乳净浆,它们总体的抗氯离子渗透性能良好。

配合比对比分析:考虑界面剂可喷涂的工作性选取的三种配合比的丙乳净浆材料,分别从上述各个角度进行对比分析。总结发现,B5 配合比的丙乳净浆材料在强度、抗氯离子渗透性和与砂浆附着力的比较中,都要优于另外两种配合比。因此,丙乳净浆材料选用 B5 配合比,后续用来进行不同材料间的比对。

2. 油性环氧

(1) 抗氯离子渗透试验

通过抗氯离子渗透试验测试油性环氧材料不同配合比抗氯离子渗透性。成型和养护油性环氧材料试件,每种配合比成型一组试件,每组 3 块,共计 27 块试件,待试件到达 28 d 养护龄期后,经过真空饱水进行抗氯离子渗透试验。

(2) 数据分析

氯离子渗透判定等级标准见表 7-22,通过抗氯离子渗透试验测得九种配合比油性环氧材料的氯离子迁移系数结果见表 7-24。

表 7-24 油性环氧材料 28 d 的氯离子迁移系数

编号	28 d 氯离子迁移系数/(10^{-12} m²/s)
YH1	0.92
YH2	0.99
YH3	1.05
YH4	0.85

编号	28 d氯离子迁移系数/($10^{-12}\mathrm{m}^2/\mathrm{s}$)
YH5	0.67
YH6	0.78
YH7	0.73
YH8	0.69
YH9	0.83

对于选取的九种油性环氧配比材料,YH5 配合比的 28 d 氯离子迁移系数最小,抗氯离子渗透性能最好;YH3 配合比的 28 d 氯离子迁移系数最大,抗氯离子渗透性能最差。但是对比规范氯离子渗透判定等级标准发现,YH3 配合比的 28 d 氯离子迁移系数小于 $1.5\times10^{-12}\mathrm{m}^2/\mathrm{s}$,抗氯离子渗透性很好,这说明经过工作性的考虑,选取的油性环氧材料配合比均有着很好的抗氯离子渗透性能。

配合比对比分析:依据界面剂可喷涂工作性设计的九种配合比油性环氧材料,经过多个性能的对比分析发现,YH5 配合比的油性环氧材料在强度、抗氯离子渗透性和与砂浆附着力的比较中,都要优于另外八种配合比。相比较而言,YH3 在九种配合比中虽然各项性能相对最弱,但仍远远满足规范要求,后续选用 YH3 和 YH5 这两种配合比进行不同材料间的比对。

3. 水性环氧

(1)抗氯离子渗透试验

通过抗氯离子渗透试验测试水性环氧材料不同配合比抗氯离子渗透性。每种配合比成型一组试件,每组 3 块,共计 27 块试件,待试件到达 28 d 养护龄期后,经过真空饱水进行抗氯离子渗透试验。

(2)数据分析

氯离子渗透判定等级标准见表 7-22,通过抗氯离子渗透试验测得九种配合比水性环氧材料的氯离子迁移系数结果见表 7-25。

表 7-25　水性环氧材料 28 d 的氯离子迁移系数

编号	28 d氯离子迁移系数/($10^{-12}\mathrm{m}^2/\mathrm{s}$)
SH1	1.41
SH2	1.56
SH3	1.83

编号	28 d氯离子迁移系数/(10^{-12} m²/s)
SH4	1.73
SH5	1.79
SH6	2.48
SH7	1.81
SH8	2.51
SH9	2.74

在选取的九种水性环氧配合比材料中,SH1 配合比的 28 d 氯离子迁移系数最小,抗氯离子渗透性能最好,28 d 氯离子迁移系数为 $1.41×10^{-12}$ m²/s;SH9 配合比的 28 d 氯离子迁移系数最大,抗氯离子渗透性能最差。

配合比对比分析:依据界面剂可喷涂的工作性设计的九种配合比的水性环氧材料,经过多个性能的对比分析发现,SH1 配合比的水性环氧材料在强度、抗氯离子渗透性与砂浆附着力的比较中,都要优于其他八种配合比。因此,水性环氧材料选用 SH1 配合比,后续用来进行不同材料间的比对。

7.5 综合对比与微观结构分析

7.5.1 抗压强度比对

经过上述界面材料配合比性能的筛选,确定丙乳净浆界面剂选用 B5 配合比,水性环氧界面剂选用 SH1 配合比,本着经济性的考量,选取油性环氧组内性能最好的 YH5 配合比和性能最差的 YH3 配合比进行可喷涂界面剂间的最终筛选。

为了方便直观比较,将选择的四种配合比材料的抗压强度进行汇总,见表 7-26 和图 7-18。

表 7-26　四种配合比材料的抗压强度

编号	7 d抗压强度/MPa	28 d抗压强度/MPa
B5	32.6	41.5
YH5	76.2	97.7
YH3	41.6	52.4
SH1	54.4	69.7

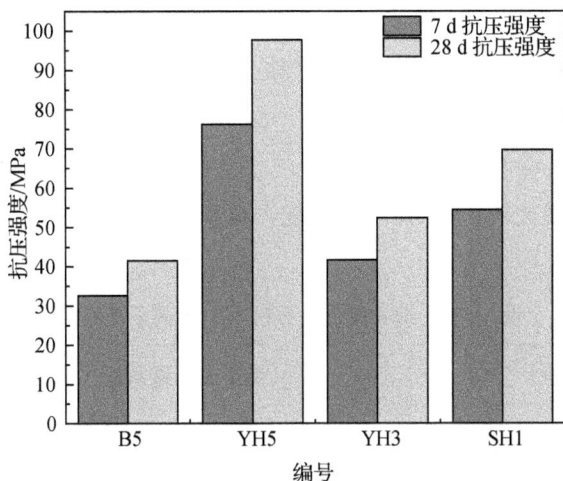

图 7－18　四种配合比材料的抗压强度

通过图表可以清晰看出，YH5 配合比材料的抗压强度最大，远大于其他三种配合比材料，B5 配合比材料的抗压强度最小。

7.5.2　界面剂与砂浆附着力

（1）粘结强度试验

为了方便直观比较，将选择的四种配合比材料与砂浆粘结强度的试验结果进行汇总，见表 7－27。

（2）拉拔强度

为了方便直观比较，将选择的四种配合比界面剂的拉拔强度试验结果进行汇总，见表 7－28。

表 7－27　四种配合比材料与砂浆 28 d 粘结强度

编号	28 d 粘结强度/MPa
B5	2.6
YH5	0.6
YH3	0.3
SH1	3.7

表 7－28　四种配合比材料 28 d 拉拔强度

编号	28 d 拉拔强度/MPa
B5	1.9
YH5	粘结胶拉坏
YH3	3.2
SH1	3.2

（3）数据分析

从表 7-27、表 7-28 中可以看出，在材料的粘结强度试验中，SH1 配合比材料的粘结强度是最优的，其次就是 B5 配合比材料；界面剂的拉拔强度试验结果中以 YH5 强度最高。

7.5.3 抗氯离子渗透性比对

为了方便直观比较，将选择的四种配合比材料的抗氯离子渗透试验结果进行汇总，见表 7-29。

表 7-29　四种配合比材料 28 d 氯离子迁移系数

编号	28 d 氯离子迁移系数/$(10^{-12}\,m^2/s)$
B5	1.65
YH5	0.67
YH3	1.05
SH1	1.41

从表 7-29 中可以清晰看出，YH5 配合比材料的 28 d 氯离子迁移系数最小，其次就是 YH3 配合比材料，B5 配合比材料的氯离子迁移系数最大，抗氯离子渗透性最差。作为旧混凝土外表面防腐界面剂的材料，氯离子迁移系数是一个需着重考虑的指标。

7.5.4 微观结构分析

选取 B5 配合比的丙乳净浆材料、YH3 配合比的油性环氧材料和 SH1 配合比的水性环氧材料做扫描电子显微镜（SEM）试验。首先根据配合比进行材料的配制，待材料完全固化，使用切割机切取小于 1 cm² 的样本，将不锈钢与材料的复合样品用导电胶固定在 SEM 样品杯上，之后使用小型离子溅射仪在样品表面镀上一层金之后进行 SEM 观测。

1. 普通硅酸盐水泥水化产物

水泥的水化反应过程十分复杂，水泥水化过程中的产物有很多种：水化硅酸钙（CSH）、氢氧化钙（CH）和钙矾石（AFt）等。水化硅酸钙和氢氧化钙分别见图7-19、图 7-20。

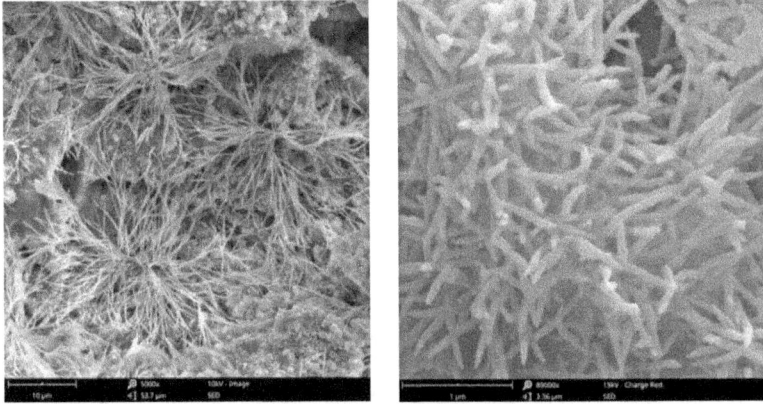

图 7 - 19　水化硅酸钙

图 7 - 20　氢氧化钙

2. 丙乳净浆材料(B5)

（1）微观形貌

采用扫描电子显微镜-能谱仪(SEM - EDS)对丙乳净浆材料的 B5 配合比样品进行分析,样品微观形貌如图 7 - 21 所示。

（a）500x　　　　　　　　　（b）2 000x

(c) 5 000x　　　　　　　　　　　(d) 10 000x

图 7 - 21　B5 配合比样品的表面微观形貌

如图 7 - 21(a)所示,将样品放大至 500 倍,观察到的晶体不是很明显,暂时无法判断晶体类别;将样品放大至 2 000 倍,在图 7 - 21(b)中,可以清晰看到大面积的六边形片状晶体,还有零星的絮状产物;继续放大至 5 000 倍和 10 000 倍,图 7 - 21(d)中除了絮状产物,还有部分针棒状产物,对这两者进行 EDS 点扫分析。

(2) EDS 点扫分析

选取两个点,进行 EDS 点扫分析,通过组成元素和形貌分析物质(图 7 - 22、图 7 - 23)。

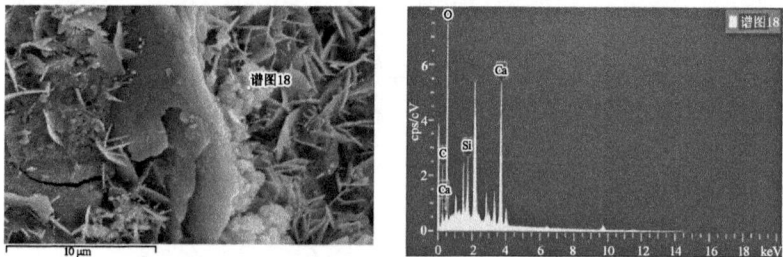

图 7 - 22　谱图 18

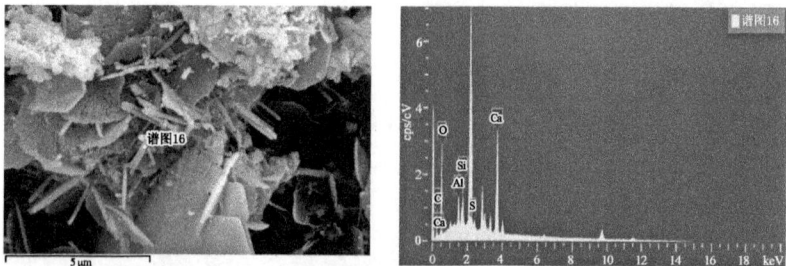

图 7 - 23　谱图 16

此位置絮状产物经 EDS 点扫分析,其组成元素主要包括 Ca、O、C、Si(表 7 - 30),结合形貌初步推断其为水化硅酸钙(CSH)。由于水泥水化过程中几乎没有C元素,但C的含量占比又较高,因此选用的丙乳乳液含有大量C元素,谱图中C元素来源于丙乳乳液,这说明丙乳乳液可以很好地和水泥结合,此位置絮状产物是丙乳与水化硅酸钙的混合。

此位置针棒状晶体经 EDS 点扫分析,其组成元素主要包括 Ca、O、C、Si(表7-31),结合形貌初步推断其为钙矾石(AFt)。由于水泥水化过程中几乎没有C元素,但C的含量占比又较高,因此选用的丙乳乳液含有大量C元素,谱图中C元素来源于丙乳乳液,这说明此位置针棒状晶体是丙乳与AFt的混合产物。

表7-30 谱图18元素组成

元素	$wt\%$(相对质量分数)	$at\%$(相对原子分数)
C	18.44	27.03
O	55.04	60.58
Si	3.88	2.43
Ca	22.65	9.95

表7-31 谱图16元素组成

元素	$wt\%$(相对质量分数)	$at\%$(相对原子分数)
C	16.31	25.49
O	48.09	56.43
Si	3.82	1.79
Ca	29.10	13.63

3. 油性环氧材料(YH3)

(1) 微观形貌

采用 SEM/EDS 对油性环氧材料的 YH3 配合比样品进行分析,样品微观形貌如图7-24所示。

(a) 500x   (b) 2 000x

(c) 5 000x　　　　　　　　　　(d) 10 000x

图 7 - 24　YH3 配合比样品的表面微观形貌

如图 7 - 24(a)所示,将样品放大至 500 倍,观察到的晶体不是很明显,暂时无法判断晶体类别;继续放大至 2 000 倍、5 000 倍和 10 000 倍,明显看出图 7 - 24(c)、(d)中有棒状晶体和六边形片状晶体,对这两者进行 EDS 点扫分析。

(2) EDS 点扫分析

选取两个点,进行 EDS 点扫分析,通过组成元素和形貌分析物质(图 7 - 25、图 7 - 26)。

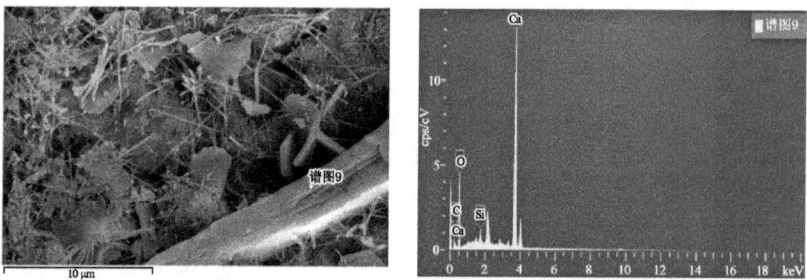

图 7 - 25　谱图 9

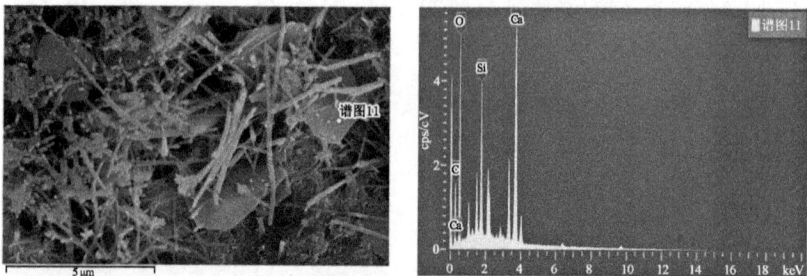

图 7 - 26　谱图 11

此位置棒状晶体经 EDS 点扫分析,其组成元素主要包括 Ca、O、C、Si(表 7 - 32),结合形貌初步推断其为钙矾石(AFt)。由于水泥水化过程中几乎没有 C 元素,但 C 的含量占比又较高,因此选用的油性环氧含有大量 C 元素,谱图中 C 元素来源于油性环氧,这说明油性环氧可以很好地和水泥结合,此位置棒状晶体是油性环氧与 AFt 的混合产物。

此位置片状晶体经 EDS 点扫分析,其组成元素主要包括 Ca、O、C、Si(表 7 – 33),结合形貌初步推断其为氢氧化钙。由于水泥水化过程中几乎没有 C 元素,但 C 的含量占比又较高,因此选用的油性环氧含有大量 C 元素,谱图中 C 元素来源于油性环氧,这说明此位置片状晶体是油性环氧与氢氧化钙的混合产物。

表 7 – 32 谱图 9 元素组成

元素	$wt\%$(质量占比)	$at\%$(原子占比)
C	4.89	9.32
O	41.95	60.01
Si	1.28	1.05
Ca	51.88	29.63

表 7 – 33 谱图 11 元素组成

元素	$wt\%$(质量占比)	$at\%$(原子占比)
C	17.75	27.54
O	46.62	54.30
Si	8.06	5.34
Ca	27.58	12.82

4. 水性环氧材料(SH1)

(1) 微观形貌

采用 SEM/EDS 对水性环氧材料的 SH1 配合比样品进行分析,样品微观形貌如图 7 – 27 所示。

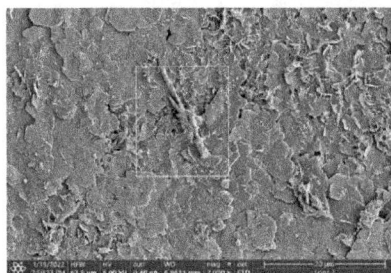

(a) 500x   (b) 2 000x

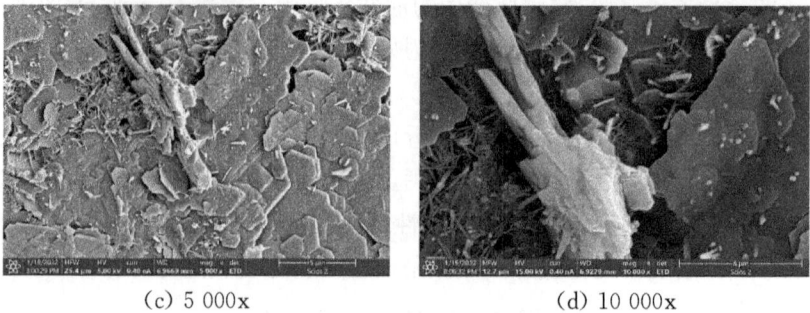

(c) 5 000x   (d) 10 000x

图 7 - 27　SH1 样品的表面微观形貌

如图 7 - 27(a)所示,将样品放大至 500 倍,观察到的晶体不是很明显,暂时无法判断晶体类别;继续放大至 2 000 倍、5 000 倍和 10 000 倍,明显看出图7 - 27(c)、(d)中含有棒状晶体和六边形片状晶体,对这两者进行 EDS 点扫分析。

(2) EDS 点扫分析

选取两个点,进行 EDS 点扫分析,通过组成元素和形貌分析物质(图 7 - 28、图7 - 29)。

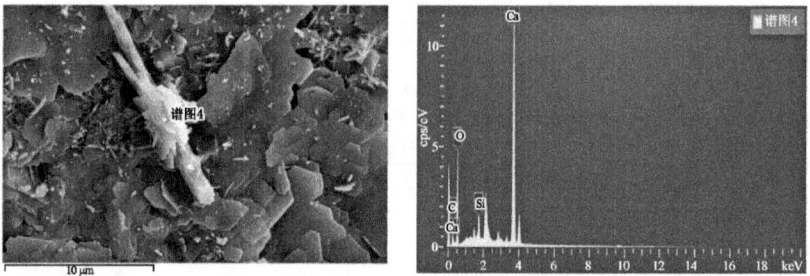

图 7 - 28　谱图 4

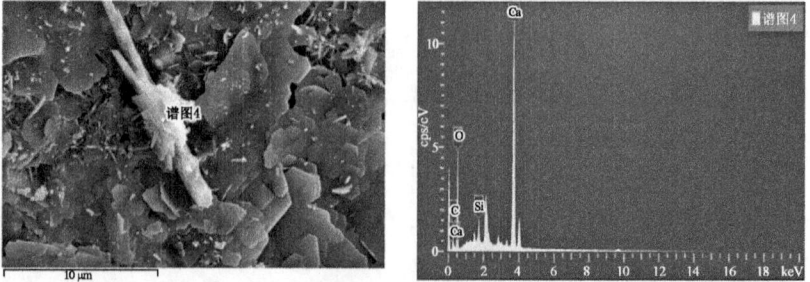

图 7 - 29　谱图 5

此位置棒状晶体经 EDS 点扫分析,其组成元素主要包括 Ca、O、C、Si(表 7 - 34),结合形貌初步推断其为钙矾石(AFt)。由于水泥水化过程中几乎没有 C 元素,但 C 的含量占比又较高,因此选用的水性环氧含有大量 C 元素,谱图中 C 元素来源于水性环氧,这说明水性环氧可以很好地和水泥结合,此位置棒状晶体是水性环氧与 AFt 的混合产物。

此位置片状晶体经 EDS 点扫分析,其组成元素主要包括 Ca、O、C、Si(表 7 - 35),结合形貌初步推断其为氢氧化钙(CH)。由于水泥水化过程中几乎没有 C 元素,但 C 的含量占比又较高,因此选用的水性环氧含有大量 C 元素,谱图中 C 元素来源于水性环氧,这说明此位置棒状晶体是水性环氧与 CH 的混合产物。

表 7 - 34　谱图 4 元素组成

元素	$wt\%$(质量占比)	$at\%$(原子占比)
C	8.94	15.89
O	43.95	58.61
Si	2.90	1.44
Ca	45.22	24.07

表 7 - 35　谱图 5 元素组成

元素	$wt\%$(质量占比)	$at\%$(原子占比)
C	6.88	12.99
O	39.10	55.40
Si	4.35	3.51
Ca	39.67	28.10

7.5.5　界面剂经济性比较

根据上述试验分析基本确定 B5 配合比的丙乳、SH1 配合比的水性环氧具有较好的粘结强度以及耐腐蚀性能。该节对所选取界面剂的经济性能进行对比分析。经过市场考察其对应的单价见表 7 - 36。

表 7 - 36　B5、YH3、YH5 以及 SH1 配合比的界面剂市场调研单价

配合比	B5	YH3	YH5	SH1
单价/(元/kg)	16	14	19	18

通过对四种不同配合比材料的优选,YH3 和 YH5 配合比因在潮湿界面下粘结强度太低而放弃比选。SH1 配合比与 B5 配合比的附着力比及耐腐蚀性能均较优越,从经济性角度考虑,两者差别不明显;从提升新老界面粘结力来说,水性环氧

树脂更合适。

▶ 7.6　小结

　　本章选用了丙乳、油性环氧和水性环氧三类不同的高分子材料与水泥等材料结合,进行新老混凝土界面粘结材料的设计与研究,得出如下主要结论:

　　(1) 从工作性角度出发,选取三类材料各自较为适宜的配合比,对每类材料进行内部不同配合比的性能筛选,分别按照配合比成型试件。通过抗压强度试验、电通量法、拉拔强度试验分别测试各个配合比材料的强度、抗氯离子渗透性以及界面粘结力。通过试验结果的综合比对,选出丙乳净浆材料最优配合比 B5、水性环氧材料最优配合比 SH1。

　　(2) 将丙乳净浆材料最优配合比 B5、水性环氧材料最优配合比 SH1 与油性环氧材料代表性配合比 YH3、YH5 进行新老混凝土粘结强度对比分析。从关键参数新老混凝土粘结性角度出发,得出用水性环氧树脂配制的涂层 SH1 粘结强度更合适的结论。

　　(3) 通过 SEM 观察分析材料的微观形貌发现,丙乳和环氧树脂都能够很好地与水泥结合,整体上环氧树脂材料比丙乳净浆材料具有更好的致密性。

8 钢筋阻锈界面剂研究

8.1 钢筋阻锈界面剂的现状

针对钢筋在复杂环境中存在锈蚀破坏的风险，多种钢筋混凝土防腐技术被运用于实际工程中。由于混凝土毛细管吸附区与氯离子扩散区的位置较为接近，而氯离子在混凝土内部浓度增长速率存在拐点，因此增加混凝土保护层厚度可显著扩大氯离子扩散区域与钢筋之间的距离，起到保护作用。掺入粉煤灰、矿渣粉的改性高性能混凝土可有效提高材料密实性，降低氯离子扩散系数，常作为高寒地区混凝土构件的防腐蚀措施。然而在实际工程中，尤其是新沂河近海枢纽工程，混凝土保护层厚度受施工及自然条件制约，无法随意变动。另外，粉煤灰、矿渣粉掺量一旦超过临界范围将显著削弱混凝土抗压强度和抗冻性能。鉴于此，部分相关工程向混凝土中掺入阻锈剂作为防腐蚀措施。

混凝土表面防护界面剂具有提升混凝土表面质量与长期耐久性的功效，凭借优秀的防渗抗裂、抗冻融、耐腐蚀及抗冲磨性能而被相关工程大量采用。常见的混凝土表面界面剂为硅烷及硅氧烷、氟碳树脂、环氧树脂类、丙烯酸酯类、聚氨酯类、聚脲等有机类材料，此类材料通过在混凝土表面成膜，或是部分渗入混凝土内的方式封堵表面孔隙并形成憎水膜，切断侵蚀性离子迁移路径。近年来，相关学者论证了将热喷涂工艺运用于混凝土表面防护的可行性，结果表明在控制好喷涂流程、表面温度及冷却速度的前提下，采用等离子热喷涂技术制备混凝土表面陶瓷防护界面剂是可行的。渗透结晶型防护界面剂中大量羧酸及羧酸酯通过毛细作用促进水泥进一步水化，生成的配合物具有密实填充作用和拒水渗透功能，在提高混凝土抗氯离子侵蚀的同时提高抗碳化能力。

值得注意的是，混凝土保护界面剂存在施用量大、易老化损坏、界面剂与混凝土之间存在应变差等技术问题，鉴于此，直接制备界面剂钢筋在实际工程中有更多应用。钢筋阻锈界面剂施用简便，便于与其他防腐措施配合，依照制备工艺不同主要分为热镀锌界面剂、环氧界面剂、活性瓷釉界面剂、久美特界面剂以及聚合物水泥基界面剂，其中聚合物水泥基界面剂是近年来受到广泛关注的产品。

热镀锌界面剂指将钢筋浸入熔融状态下的锌中，冷却后在钢筋表面形成一层致密保护层。锌在混凝土内部高 pH 值环境中,会与混凝土中的水化产物 Ca(OH)$_2$ 反应生成一层致密度稳定的 Ca[Zn(OH)$_3$]$_2$·H$_2$O 保护膜。凭借比铁高的金属活动性,热镀锌界面剂还可以起到牺牲阳极的阴极防护作用。然而热镀锌界面剂钢筋在与新拌混凝土接触时发生析氢反应降低钢筋握裹力,其较高的工艺成本也制约着其大规模运用。

环氧界面剂固化时间短、材料脆性高,界面剂钢筋在运输及施工过程中容易发生界面剂开裂,降低钢筋与混凝土间的粘结强度,削弱界面剂的阻锈效果。虽然掺入石墨烯、聚氨酯等组分可明显提升环氧界面剂的材料韧性,但也显著增加了材料成本。相较环氧界面剂,活性瓷釉界面剂的耐蚀性与粘结性更强。但制备活性瓷釉界面剂需要将玻璃粉和活性硅酸钙在 150～810 ℃下熔覆在钢筋表面,工艺复杂、成本高昂,难以规模化应用于实际工程。聚合物水泥基界面剂是将高分子聚合物乳液与水泥按照一定比例混合制得的水性材料,材料成本低、制备工艺简单,并可与滑石粉、碳酸钙等多种无机组分协同工作,因此屡见于近些年的海岸工程中。虽然 Li 等指出,聚合物水泥基界面剂可提高钢筋与混凝土之间的粘结强度,但聚合物与水泥界面过渡区的稳定性受界面剂固化时间的影响,因此这类界面剂常用于强腐蚀环境下钢筋混凝土建筑物分批次浇筑时裸露钢筋的临时保护层。

8.2 聚合物阻锈界面剂设计与试验

选择合适的高分子聚酯乳液、无机非金属材料、消泡剂、阻锈剂,利用正交试验方法,结合阻锈原理与水泥水化动力学过程,研制一种新型高分子聚合物乳液胶泥阻锈界面剂。新型阻锈界面剂在凝固硬化初期为水性材料,其内部高分子聚酯成分会随着内部水分的减水及水泥水化的进行,形成一层致密的网状结构材料,这层网状结构材料与钢材表面具有较好的粘结与附着力,起到保护钢筋保护层钝化膜防侵蚀的作用。在高分子聚酯乳液中掺入适量的无机非金属材料,该材料在与水、聚酯乳液发生凝固硬化后其与钢筋的粘结力增强,同时在钢材表面形成一层坚硬致密的防护膜,有效阻碍具有侵蚀性的离子接触钢筋表面,防止钢筋在盐碱环境中锈蚀。

8.2.1 原材料及其性能

1. 钢筋及钢板

所用钢筋为 HRB235 热轧带肋钢筋,包括 ϕ20 mm×500 mm 和 ϕ10 mm× 100 mm 两种尺寸,以及 ϕ5 mm×100 mm 的 Q235 光圆钢筋;所用钢板的原材料

均为 Q235 钢,包括 500 mm×500 mm×20 mm 及 50 mm×50 mm×2 mm 两种尺寸。所有钢筋与钢板在使用前需将两端或表面打磨平整,清除表面污渍与浮锈并用丙酮擦拭后晾干。

2．化学试剂

选用亚硝酸钠、钼酸钠、单氟磷酸钠作为无机阻锈剂,选用氯化钠和过氧化氢溶液配制盐水、盐渍土及马丘(Machu)溶液,选用二甲基乙酰胺作为界面剂聚合度测试的溶剂。各化学试剂的性能见表 8-1。

表 8-1　试验所用各化学试剂

名称	化学式	纯度 (浓度)/%	水不溶物 /%	重金属 (以 Pb 计)/%	命名
亚硝酸钠	$NaNO_2$	≥99.0	≤0.002	≤0.002	NN
钼酸钠	$Na_2MoO_4 \cdot 2H_2O$	≥99.0	≤0.01	≤0.001	NM
单氟磷酸钠	Na_2PO_3F	≥98.0	≤0.002	≤0.001	NP
氯化钠	$NaCl$	≥99.0	≤0.002	≤0.001	—
过氧化氢溶液	H_2O_2	27.5	≤0.001		—
二甲基乙酰胺	C_4H_9NO	≥99.0	≤0.002	≤0.001	—

8.2.2　聚合物水泥基界面剂性能试验

通过盐水浸泡-干湿循环试验、盐渍土浸渍试验、Machu 试验、界面剂拉拔试验、聚合物交联度试验及钢筋握裹力试验探究不同聚灰比与无机阻锈剂掺量对界面剂阻锈效果和粘结性能的影响,明确最优聚灰比及无机阻锈剂掺量。

8.2.3　微观表征试验

为明确不同胶凝时间对聚合物水泥基界面剂钢筋握裹力的影响规律,选取握裹力试验的代表样品进行扫描电子显微镜-能谱仪(SEM-EDS)表征。同时,设计聚合物水泥基界面剂-水泥砂浆的"三明治"结构,利用 X 射线衍射(XRD)定量分析及核磁共振硅-29(29Si-NMR)表征界面过渡区两侧离子的运移过程,模拟不同胶凝时间下钢筋界面剂与混凝土保护层的结合情况。

8.3　不同聚合物阻锈界面剂初步比选

8.3.1　界面阻锈剂及其配合比

采用丙乳净浆涂料、油性环氧涂料和水性环氧涂料进行钢筋外表面防护涂料配合比设计,根据生产要求钢筋涂料需具有良好的流动性,设计了不同配合比进行对比测试。

(1) 丙乳净浆涂料

选用 MSN 型聚丙烯酸酯乳液,水泥为海螺牌 P·O 52.5。丙乳净浆涂料配合比见表 8-2。

表 8-2　丙乳净浆涂料配合比

编号	丙乳	水泥
B3	1	1.9
B4	1	2.0
B5	1	2.1

(2) 油性环氧涂料

选用某公司生产的 WE-8228 油性环氧树脂、WE-8309 油性环氧固化剂和海螺牌 P·O 52.5 水泥,稀释剂选用二甲苯。根据第 7 章油性环氧配合比设计,选用以下配合比,见表 8-3。

表 8-3　油性环氧涂料配合比

编号	环氧树脂	固化剂	水泥	稀释剂
YH1	10	6	30	2
YH2	10	6	40	3
YH3	10	6	50	3
YH4	10	10	30	3
YH5	10	10	40	3
YH6	10	10	50	4
YH7	10	14	40	2
YH8	10	14	50	3
YH9	10	14	60	4

(3) 水性环氧涂料

选用连云港市靓都涂料厂生产的水性环氧树脂和固化剂,水泥选用海螺牌 P·O 52.5,水为南京当地自来水。水性还氧涂料选用以下配合比,见表 8-4。

表 8 - 4　水性环氧涂料配合比

编号	环氧树脂	固化剂	水泥	水
SH1	9	1	20	1
SH2	9	1	20	3
SH3	9	1	20	5
SH4	9	1	30	8
SH5	9	1	30	12
SH6	9	1	30	16
SH7	9	1	40	10
SH8	9	1	40	14
SH9	9	1	40	18

8.3.2　涂层与钢板的粘结力

1. 试验设计

选用尺寸为 500 mm×500 mm×20 mm 的 Q235 钢板,表面打磨后用丙酮擦拭去除油污等杂质,晾干后备用。混合原材料,配制三类涂料不同配合比,使用玻璃棒搅拌至均匀无气泡,涂覆于钢板表面。按照《色漆和清漆 拉开法附着力试验》(GB/T 5210—2006),采用 DY - 216 全自动粘结力检测仪测试涂层 1 d、3 d、7 d、14 d 和 28 d 时的附着力。测试所用钢板及测试过程如图 8 - 1 所示。

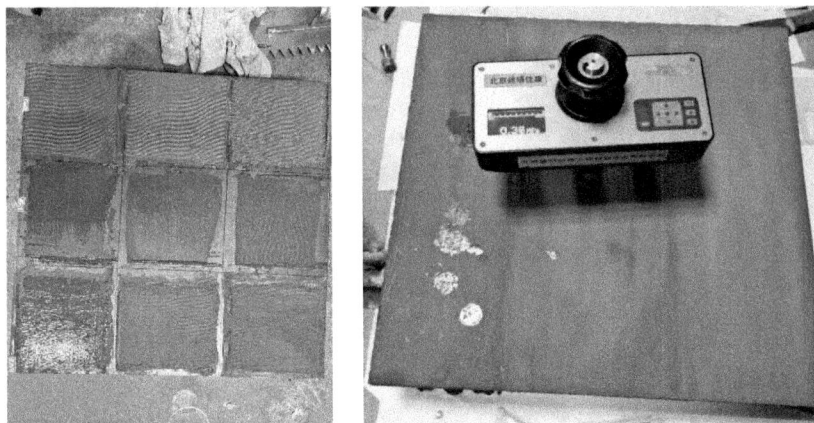

图 8 - 1　涂层粘结力试验所用钢板及测试过程

2. 数据分析

到达龄期涂层拉拔测试情况如图 8 - 2(a)、(b)所示。

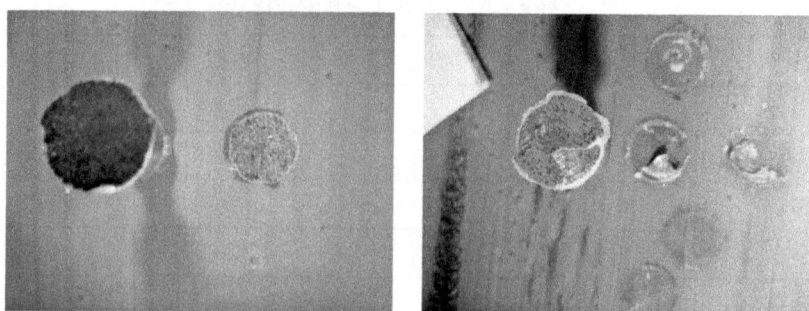

(a) 7 d 涂层拉拔测试情况　　　　　　　(b) 28 d 涂层拉拔测试情况

图 8 - 2　涂层拉拔测试

丙乳净浆涂层的粘结力测试结果见表 8 - 5 和图 8 - 3。

表 8 - 5　丙乳净浆涂层与钢板粘结强度　　　　　　　　　　单位:MPa

编号	龄期				
	1 d	3 d	7 d	14 d	28 d
B3	1.60	1.89	2.15	2.02	1.95
B4	1.77	2.01	2.37	2.26	2.18
B5	1.83	2.14	2.45	2.35	2.30

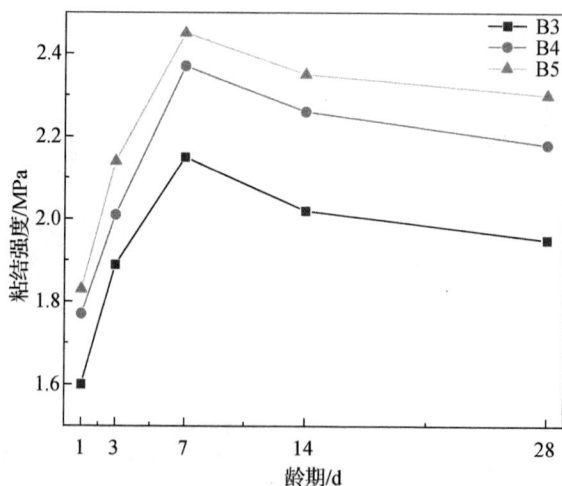

图 8 - 3　丙乳净浆涂层与钢板的粘结强度

从图表中可以看出:B5 涂层与钢板的粘结强度最高,7 d 测得数据为
2.45 MPa,28 d 测得数据为 2.3 MPa;B3 涂层与钢板的粘结强度较其他配合比最

低,7 d测得数据为2.15 MPa,28 d测得数据为1.95 MPa。

油性环氧涂层的粘结力测试结果见表8－6和图8－4。

表 8－6　油性环氧涂层与钢板的粘结强度　　　　　单位:MPa

编号	龄期				
	1 d	3 d	7 d	14 d	28 d
YH1	2.92	4.15	4.49	4.38	4.31
YH2	2.56	3.81	4.11	3.98	3.92
YH3	2.16	3.4	3.69	3.58	3.51
YH4	2.94	4.19	4.49	4.39	4.31
YH5	3.21	4.45	4.78	4.66	4.58
YH6	2.77	4.04	4.34	4.23	4.17
YH7	3.2	4.45	4.76	4.64	4.57
YH8	3.17	4.43	4.73	4.62	4.53
YH9	2.59	3.84	4.16	4.06	3.99

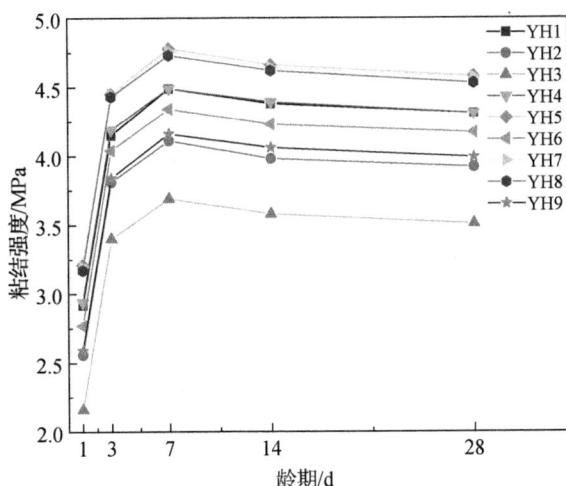

图 8－4　油性环氧涂层与钢板的粘结强度

从图表中可以看出:YH5涂层与钢板的粘结强度最高,7 d测得数据为4.78 MPa,28 d测得数据为4.58 MPa;YH3涂层与钢板的粘结强度较其他配合比最低,7 d测得数据为3.69 MPa,28 d测得数据为3.51 MPa。

水性环氧涂层的粘结力测试结果见表8－7和图8－5。

从图表中可以看出 SH1 涂层与钢板的粘结强度最高,7 d 测得数据为 3.61 MPa,28 d 测得数据为 3.43 MPa;SH9 涂层与钢板的粘结强度较其他配合比 最低,7 d 测得数据为 2.75 MPa,28 d 测得数据为 2.58 MPa。

观察规律可以发现,涂层与钢板间的粘结力前期呈上升趋势,后期呈不断下降 趋势,这是因为随着涂层胶凝时间延长,其与钢板之间的粘结性能不断增强,在后 期测试时,拉拔仪所拔出的涂层面积[图 8 - 2(b)]显著小于测试初期 [图 8 - 2(a)],实际的粘结强度应大于仪器测量值。

表 8 - 7 水性环氧涂层与钢板的粘结强度   单位:MPa

编号	龄期				
	1 d	3 d	7 d	14 d	28 d
SH1	2.54	3.27	3.61	3.50	3.43
SH2	2.48	3.19	3.53	3.41	3.37
SH3	2.36	3.10	3.39	3.28	3.21
SH4	2.5	3.25	3.55	3.45	3.37
SH5	2.17	2.91	3.24	3.12	3.04
SH6	1.71	2.48	2.78	2.67	2.61
SH7	2.49	3.24	3.52	3.42	3.34
SH8	2.33	3.09	3.39	3.28	3.19
SH9	1.68	2.43	2.75	2.65	2.58

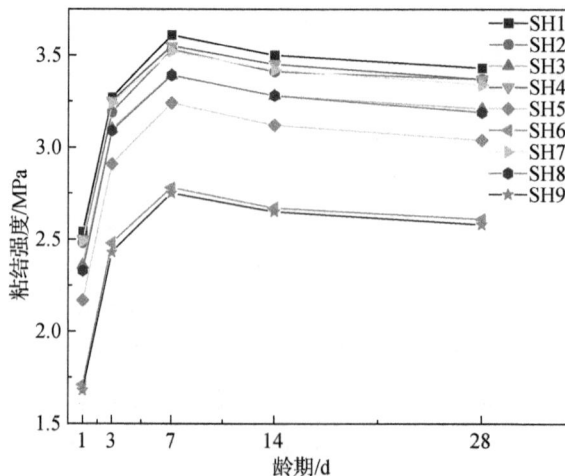

图 8 - 5 水性环氧涂层与钢板的粘结强度

8.3.3　涂层对钢筋握裹力的影响

在钢筋表面涂刷选取的三类不同配合比的涂料，通过握裹力试验对比筛选涂层。

1. 配合比

采用南京当地自来水、P·O 42.5 普通硅酸盐水泥、河砂、碎石、聚羧酸高性能减水剂及 ϕ20 mm×500 mm 的 HRB335 钢筋制备强度等级为 C30 的试件。钢筋握裹力试件的配合比见表 8-8。

表 8-8　钢筋握裹力试件的配合比　　　　　　　　　　单位：kg/m³

P·O 42.5 水泥	河砂	碎石(5～16 mm)	碎石(16～25 mm)	水	减水剂
386	700	457	686	170	1.55

需要注意的是，在涂刷涂层时应尽可能保证各钢筋涂层的用量相同，以降低涂层厚度对钢筋握裹力试验结果的影响，涂刷完毕的试件如图 8-6 所示。

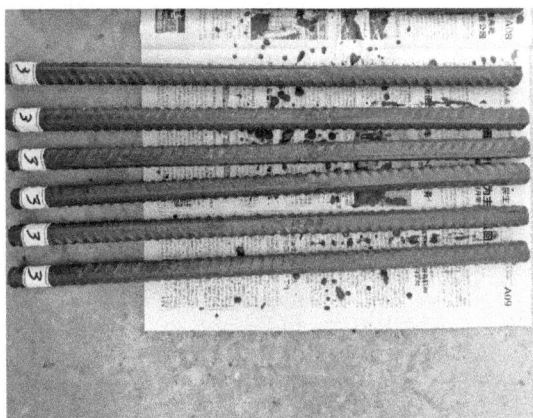

图 8-6　已涂刷涂层的钢筋

将各组涂刷完毕的钢筋在自然条件下晾干后同时置入试模成型，同时设置未涂刷涂层的对照组。每组 6 个试件，试验结果取平均值。在钢筋置入试模后应使用油泥封端，试件示意图与实际图如图 8-7 所示。试件脱模后在标准环境中养护28 d，达到龄期后将试件取出晾干待测。

2. 钢筋握裹力测试

依据《水工混凝土试验规程》(SL/T 352—2020)进行涂层钢筋握裹力测试。按照 5 kN 的梯度进行加载，记录各荷载所对应的钢筋位移并绘制"荷载-滑动位移"曲线。

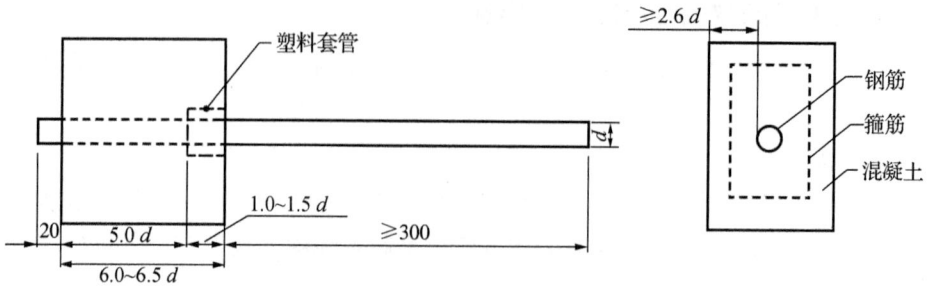

（a）钢筋握裹力试验试件示意图

（b）部分钢筋握裹力试验试件

图 8-7　钢筋握裹力试验试件

3. 数据分析

钢筋握裹力试验中各组钢筋的荷载-滑动位移曲线及握裹力计算结果如图 8-8 所示。

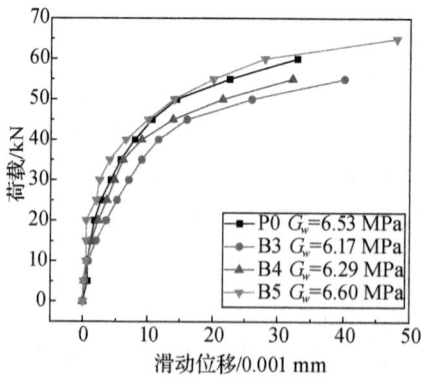

（a）

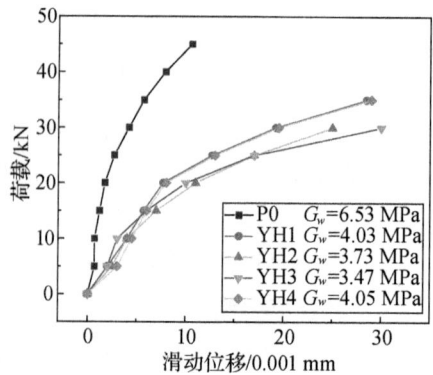

（b）

（c）

（d）

（e）

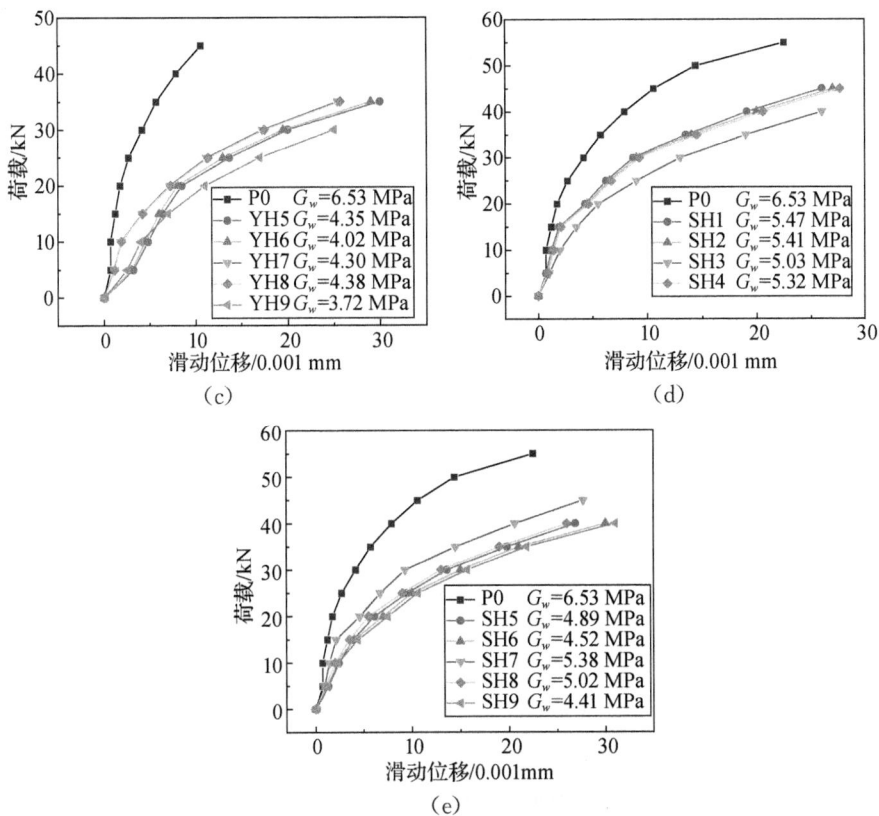

图 8-8　钢筋的荷载-滑动位移曲线

显然，三类涂层的钢筋握裹力均有不同程度的下降。其中，B5 组钢筋是唯一不降低钢筋握裹力的一组，B3 和 B4 组钢筋握裹力较无涂层对照组分别下降了5.5%和 3.7%，YH1～YH9 组钢筋握裹力分别下降了 38.3%、42.9%、46.9%、38.0%、33.4%、38.4%、34.2%、32.9%、43.0%，SH1～SH9 组钢筋握裹力分别下降了 16.2%、17.2%、23.0%、18.5%、25.1%、30.8%、17.6%、23.1%、32.5%。结果说明，环氧树脂涂层对钢筋握裹力的影响较大，丙乳净浆涂层比环氧树脂涂层对钢筋握裹力的影响要小，且 B5 组丙乳净浆涂层是唯一一组对钢筋握裹力没有影响的涂层，对钢筋握裹力还有微弱提升。

8.3.4　Machu 试验

通过 Machu 试验和电化学试验分析涂层对钢板抗锈蚀性能的影响。

1. 方案设计

由于油性环氧和水性环氧配合比较多，根据不同配合比涂料抗氯离子侵蚀性能,各选取三个代表试样 YH3、YH5、YH9、SH1、SH7、SH9 进行试验。选用尺寸为 50 mm×50 mm×2 mm 的 Q235 钢板,将表面打磨后用丙酮擦拭去除油污等杂质,晾干后备用。制备 B3～B5、YH3、YH5、YH9、SH1、SH7、SH9 涂层,涂覆于钢板表面,静置 1 d 后使用环氧树脂封闭试件侧边,使用美工刀在表面划两道 20 mm 的相互垂直的划痕,要求划痕深度达到基材表面。用于 Machu 试验的钢板试件如图 8-9 所示。将处理完毕的钢板置入 50 g/L NaCl ＋ 5 mL/L H_2O_2 的 Machu 溶液,在(37±1) ℃的温度环境中浸泡 48 h 后取出,观察涂层剥离前后的状态。

图 8-9　Machu 试验试件

2. 测试结果分析

Machu 试验试件前后对比如图 8-10 所示。

可以发现,侵蚀离子从划痕处向钢板扩散,丙乳净浆涂层中,B5 涂层试样最小,且划痕处侵蚀离子扩散导致钢板锈蚀程度最轻,相反,B3 涂层试样划痕锈蚀明显要深于 B4、B5。

图 8-10 Machu 溶液浸泡后各试件剥离涂层前后的表面形态

油性环氧涂层中,YH5 涂层试件与 YH9 涂层试件相比,划痕处锈蚀程度略轻,但不十分明显;YH3 涂层试件受 Machu 溶液侵蚀离子的腐蚀更严重,划痕处锈蚀明显加深。水性环氧涂层中,SH7 涂层试件划痕处锈蚀程度要轻于 SH9,但是比 SH1 重一点。经过总结,可以发现涂层对阻碍钢板被锈蚀起着重要的作用,涂层能够有效降低钢板被锈蚀的程度。同一类涂料不同配合比的涂层对比差别明显,但是综合来看,对锈蚀不明显的涂层试件进行优劣评判,比较困难。

8.3.5 涂层钢板在腐蚀溶液中的电化学行为

1. 腐蚀电化学理论

(1) 电化学阻抗谱

电化学阻抗谱(EIS)通过研究由电阻、电容和电感等组成的等效电路在交流电作用下的特点来研究电化学体系。在一系列不同角频率下测得的一组频响函数值就是电极系统的电化学阻抗谱。线性系统 M 将一个角频率为 ω 的正弦波电信号

X 输入该系统,对应地输出一个角频率为 ω 的正弦波电信号 Y,这时频响函数 G 就是电化学阻抗。

$$G(\omega)=G'(\omega)+jG''(\omega) \qquad (8.3.1)$$

一般阻抗用 Z 表示,实部和虚部分别为 Z' 和 Z''。经过拉普拉斯变换的输出传递函数与时间无关,能够反映系统自身性质。阻抗谱测试结果常用两种方法表示,一种为奈奎斯特(Nyquist)图,用阻抗虚部作纵轴,实部作横轴绘制而成的阻抗谱图,即 $-Z''-Z'$ 图;另一种为阻抗波特(Bode)图,用阻抗模值和相位角 φ 作纵轴,频率对数作横轴绘制的图。

(2) 极化曲线

一个电极在有外电流时的电极电位与没有外电流时的电极电位之差为极化。当外电流为阳极电流时为阳极极化,当外电流为阴极电流时为阴极极化。当电极上同时有几个电极反应进行时,表示电极电位 E 与外测电流密度 I 之间关系的曲线就是极化曲线。若电极是腐蚀金属电极,则电极上将同时进行阳极溶解反应和去极化剂的阴极还原反应。从两个电极反应的 $E-I$ 曲线可得到腐蚀金属电极的极化曲线。图 8-11 所示的极化曲线中,开路电位两侧适当电位区间的线性部分满足塔菲尔公式:

$$E=a\pm b\lg|i| \qquad (8.3.2)$$

上式中 b 即为塔菲尔斜率,表示改变双电层电场强度对反应速率的影响。

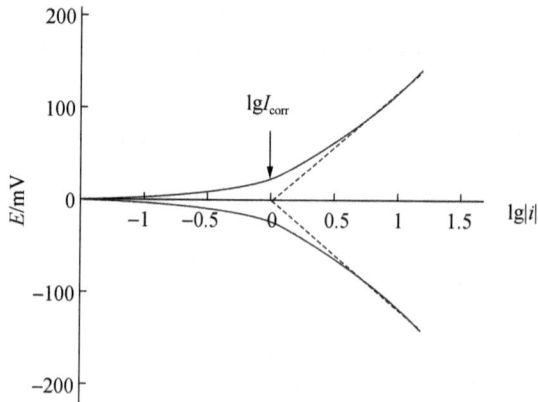

图 8-11 极化曲线

图中对应切线交点处电位为自腐蚀电位,单位为 V;I_{corr} 表示电极反应的难易程度,即腐蚀速度,单位为 A/cm^2。在极化曲线的数据拟合中常用方法为塔菲尔(Tafel)拟合与 R_p 拟合,本章选取 Tafel 拟合。

2. 涂层钢板交流阻抗谱

图 8-12 和图 8-13 为不同涂层钢板 EIS 的 Bode 图和 Nyquist 图。

Bode 图显示,与 P_0 空白无涂层钢板相比,涂覆不同涂层钢板的阻抗模值都得到了一定程度的提高,这说明涂层均能为钢板提供一定程度的抗锈蚀防护。YH3 涂层钢板的阻抗模值最大,相位角最大,这表明 YH3 涂层钢板的防锈蚀效果最好,SH1 与 B5 相比,SH1 涂层略优。相位角图显示,在 $10^{-1} \sim 10^1$ Hz 频域内,涂层相位角形状呈现显著的峰,峰值在 $-50° \sim -40°$ 之间,呈现一定的电容性质。无涂层钢板的阻抗值数量级较小,这说明钢板表面无涂层时,钢板腐蚀发生时间最早,高浓度 Cl^- 使得钢板腐蚀程度较严重。

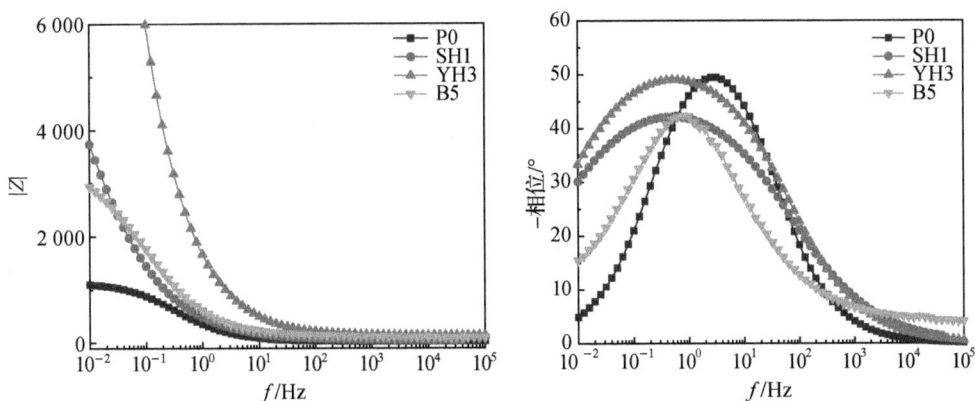

图 8-12 不同涂层钢板的 Bode 图

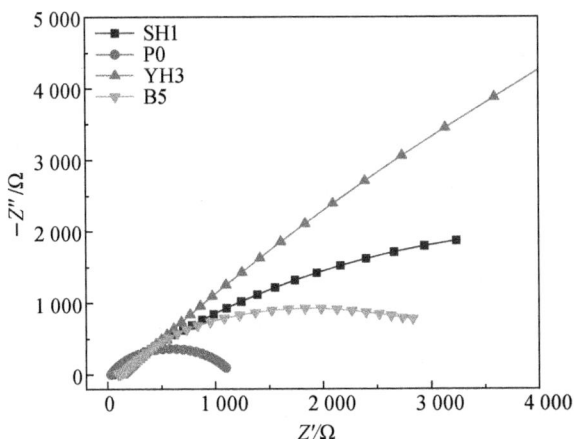

图 8-13 不同涂层钢板的 Nyquist 图

Nyquist 图显示，从阻抗弧半径、阻抗值数量级、相位角分析，YH3 涂层能为钢板提供更好的防护效果，能为钢筋提供更好的防护效果。对比无涂层钢板的阻抗弧半径，涂覆不同涂层钢板的阻抗弧半径均不同程度增大，这说明涂层都能够起到比较明显的阻碍钢板锈蚀的作用。空白组阻抗弧半径最小，证明了 P0 组钢板最容易发生锈蚀。

结合 Bode 图和 Nyquist 图发现，钢板发生锈蚀困难程度：YH3＞SH1＞B5＞P_0。

为了进一步研究涂层钢板电化学行为，选用图 8-14 所示的等效电路对涂层钢板的阻抗谱进行拟合。R_s 为溶液电阻，表示孔隙溶液介质电阻；CPE_c 为常相位角元件，表示电极界面的双电层电容；R_c 为涂层电阻。利用 ZView 软件对 EIS 数据进行拟合，结果见表 8-9，各参数拟合误差均在 10% 以内。

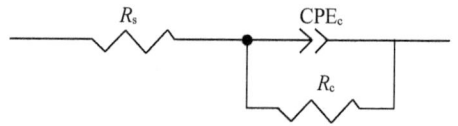

图 8-14　等效电路

表 8-9　涂层钢板的 EIS 拟合结果

| 试样 | 溶液电阻/ Ω | 误差/% | CPE_c | | | | 涂层电阻/ Ω | 误差/% |
			$CPE_c \cdot T/S \cdot s^{-n} \cdot cm^{-2}$	误差/%	$CPE_c \cdot P$	误差/%		
P0	31.5	0.78	6.71×10^{-4}	1.91	0.73	0.71	1.12×10^3	1.51
SH1	49.2	1.36	8.12×10^{-4}	1.82	0.53	1.00	9.15×10^3	9.42
YH3	13.6	1.49	2.04×10^{-4}	1.88	0.60	0.95	4.06×10^4	9.9
B5	10.5	1.02	5.76×10^{-4}	1.97	0.58	1.10	3.93×10^3	3.51

结果显示，对应溶液电阻 R_s 的数量级为 $10 \sim 10^2$，涂层电阻 R_c 的数量级为 $10^3 \sim 10^4$，略有波动。常相位角元件参数 $CPE_c \cdot P$ 的值越接近于 1，对应电容器越接近理想电容；相反，$CPE_c \cdot P$ 越偏离 1，弥散效应就越强。拟合结果中 $CPE_c \cdot P$ 为 $0.5 \sim 0.8$，较为稳定，界面电容呈偏离理想电容状态。这与电化学腐蚀过程电流密度分布不均匀有关。YH3 中溶液电阻和涂层电阻最大，数量级达到了 10^4，这是由于环氧树脂涂层内部高致密度、涂层较好的稳定性。

3. 涂层钢板的极化曲线

图 8-15 为不同涂层钢板的极化曲线。

极化曲线图显示，无涂层钢板（P0）的腐蚀电位较负，说明无涂层钢板被锈蚀的可能性高，处于高锈蚀可能性状态；并且 P0 组腐蚀电流密度最大，说明钢板锈蚀速率最快,防锈蚀能力最差。相对于无涂层钢板,涂层钢板的腐蚀电流密度更小,SH1 和 B5 涂层的腐蚀电位更大,而 YH3 涂层的腐蚀电位发生负移,这是由于油性环氧树脂涂层的致密度较高,钢筋表面的 O_2、H_2O 含量较低,钢筋的阴极腐蚀电化学反应发生的可能性较小。

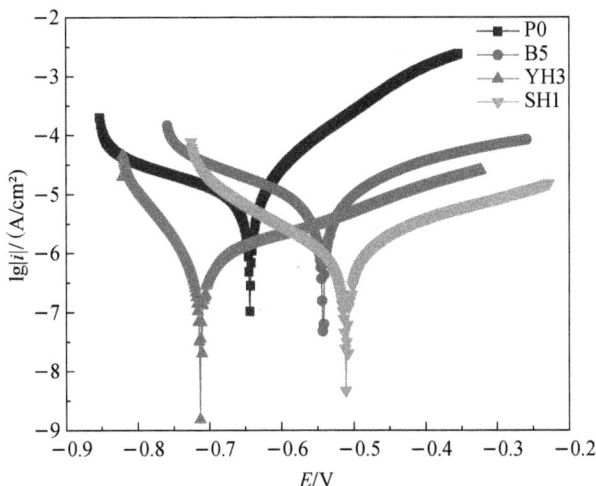

图 8-15　不同涂层钢板的极化曲线

为了进一步研究不同涂层钢板的腐蚀差异,对相关极化曲线进行塔菲尔(Tafel)拟合,结果见表 8-10。

表 8-10　涂层钢板的 Tafel 拟合结果

涂层	腐蚀电位/V	腐蚀电流密度/($\mu A/cm^2$)	Ka	Ba	溶液电阻/COD	Kc	Bc	涂层电阻/COD
P0	-0.65	8.45	10.03	1.44	0.95	-3.92	-7.62	0.91
B5	-0.54	6.46	3.99	-2.85	0.84	-4.60	-7.71	0.94
SH1	-0.55	1.26	3.52	-4.00	0.97	-7.21	-9.87	0.94
YH3	-0.72	0.63	4.22	-3.18	0.92	-15.39	-17.23	0.93

从表中我们可以得到,腐蚀电位在 $-0.5 \sim -0.8$ V 范围,腐蚀电流密度数量级为 10^{-6}(A/cm^2)。P0 组与 SH1 和 B5 涂层钢板相比,自身腐蚀电位更负,电流密度更大,这说明无涂层钢板更易锈蚀,且锈蚀速率更快。YH3 涂层腐蚀电流密度最小,为 0.63 $\mu A/cm^2$,这说明 YH3 钢板涂层锈蚀速率很慢。根据第 7 章抗氯离子渗透试验结果,YH3 涂层抗氯离子渗透能力相比较最优,这是由于涂层内部

的孔隙率较低,氯离子在涂层内部的渗透速率较慢。YH3 涂层的高致密度使得钢筋在模拟混凝土溶液中浸泡时能够有效降低钢筋表面的 O_2、H_2O 含量,进而使得钢筋的开路电位出现负移,同时还能够降低电化学反应中阴极部位电化学反应速度。结合电化学结果可知相对于无涂层钢筋,YH3 涂层钢筋的开路电位、钢筋的自腐蚀电位更负。所以,对比无涂层钢板,涂层都能起到一定程度的防锈蚀作用。

结论:在钢筋握裹力试验中,环氧涂层对钢筋握裹力的影响较大,钢筋握裹力下降十分明显,丙乳净浆涂层对钢筋握裹力的影响较小,其中 B5 组丙乳净浆涂层是唯一一组对钢筋握裹力没有影响的,对钢筋握裹力还有微弱提升。在涂层对钢板抗锈蚀性能的影响研究中,选出的三类涂料的代表试样经 Machu 试验发现,Machu 试验只能较为笼统地分辨出阻碍钢板锈蚀效果较差的涂层。因此,有必要进一步选出阻碍钢板锈蚀效果较好的涂层进行电化学试验。结果发现,与 B5 涂层相比,YH5 涂层效果更好,但是通过粘结强度、握裹力、钢板防锈蚀多方面的综合比对,由于环氧涂层能够显著降低钢筋握裹力,实际生产应用会影响钢筋的耐久性,而 B5 涂层钢材防锈蚀效果同样优异,并且从经济性角度出发,环氧树脂的价格是丙乳的几倍,因此,最终确定钢筋外层防护涂料选用配合比为 B5 的丙乳净浆。

8.4 界面剂的阻锈效果与分析

8.4.1 界面剂配合比

以不同聚灰比和不同无机阻锈剂掺量为切入点配制聚合物水泥基界面剂,各界面剂配合比见表 8-11。确定配合比后,将各种原料混合并使用玻璃棒搅拌至均匀无气泡备用。

表 8-11 聚合物水泥基界面剂配合比　　　　　　　　　单位:g

编号	P·O 52.5 水泥	丙乳	亚硝酸钠	钼酸钠	单氟磷酸钠
P1	75	50	0	0	0
P2	100	50	0	0	0
P3	112.5	50	0	0	0
P1F1	75	50	0	0	1
P1F2	75	50	0	0	1.125
P1F3	75	50	0	0	2.25
P1F4	75	50	0	0	2

编号	P·O 52.5水泥	丙乳	亚硝酸钠	钼酸钠	单氟磷酸钠
P1M1	75	50	0	2	0
P2F1	100	50	0	0	1
P2F2	100	50	0	0	1.5
P2F3	100	50	0	0	3.0
P3F1	112.5	50	0	0	1
P3F2	112.5	50	0	0	1.69
P3F3	112.5	50	0	0	3.38
P3M1	112.5	50	0	1	0
M1	100	50	0	1	0
M2	100	50	0	2	0
N1	100	50	1	0	0
N2	100	50	2	0	0
F1	100	50	0	0	1
F2	100	50	0	0	2
H1	100	50	0	0.5	0.5
H2	100	50	0	0.25	0.75
H3	100	50	0	0.75	0.25
H4	100	50	0	1	1
H5	100	50	0	0.5	1.5
H6	100	50	0	1.5	0.5
H7	75	50	0	1	1
H8	100	50	0	2	2
H9	112.5	50	0	1	1
H10	112.5	50	0	2	2

依据已有学者结论,P·O 52.5水泥与高分子聚合物混合后会显著提升混合材料的粘结性,优化早期力学性能,常用于制备聚合物改性砂浆,故本试验采用

P·O 52.5 水泥制备聚合物水泥基界面剂。

8.4.2 干湿循环及盐渍土浸泡试验

1. 试验方法

配制 P2、M1、F1、H4、H8、P3、P3F1、H9、H10 界面剂并涂覆于 HRB235 钢筋表面,同时设置未涂刷界面剂的对照组钢筋,将界面剂钢筋埋入 NaCl 浓度为 7 500 mg/L 的盐渍土中静置;另外,配制 3.5% 的 NaCl 溶液用于界面剂钢筋干湿循环试验,循环周期为 1 d,其中浸泡 16 h,在烘箱中以 120 ℃ 烘干 8 h。于 7 d、28 d、60 d 时取出观察钢筋表面锈蚀情况。用于干湿循环及盐渍土浸泡试验的部分试件如图 8-16 所示。

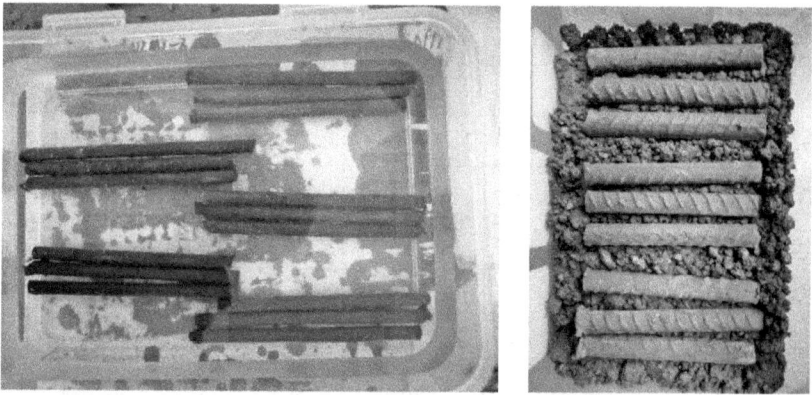

图 8-16　用于盐水及盐渍土浸泡试验的部分试件

2. 结果分析

干湿循环试件及埋入盐渍土的试件如图 8-17、图 8-18 所示。

图 8-17　干湿循环 7 次、28 次及 60 次后的界面剂钢筋试件

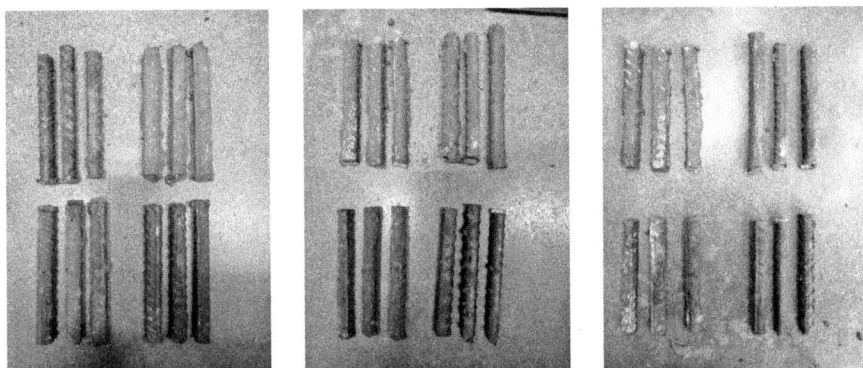

图 8-18 埋入盐渍土 7 d、28 d、60 d 后的界面剂钢筋试件

通过试验可知：

（1）在干湿循环作用下，未涂刷防锈蚀界面剂的钢筋在 2 次干湿循环后即出现锈蚀斑点，而涂刷防锈蚀界面剂的钢筋因防锈蚀界面剂配合比不同，其防锈蚀性能差别明显，大部分试件在干湿循环 28 次后才开始出现锈斑，这说明防锈蚀界面剂即使面对极端盐碱环境，也具有较好的防腐蚀性能。

（2）埋入土壤中的钢筋试件，在埋入土壤中 7 d 后，未涂刷防锈蚀界面剂的钢筋已经出现明显锈斑，而涂刷防锈蚀界面剂的钢筋在盐碱土中埋置 7 d、28 d、60 d 后，均未出现锈斑，耐腐蚀界面剂具有显著的耐盐碱腐蚀性能。

（3）各组试件均未出现界面剂剥离现象，表明聚合物水泥基界面剂与钢筋基体间有良好的粘结性。

原因分析：

土壤中氯离子的扩散系数较小，埋入盐渍土中的界面剂钢筋试件表面均未出现腐蚀，氯盐富集情况较为轻微。

干湿循环条件下钢筋腐蚀速度较快，主要是试件直接与盐水接触，同时干湿循环加剧了氯盐在钢筋表面富集，界面剂钢筋试件较盐渍土埋置组出现更加明显的蚀点。

8.4.3 Machu 试验

1. 试验设计

选用尺寸为 50 mm×50 mm×2 mm 的 Q235 钢板，将表面打磨后用丙酮擦拭，去除油污等杂质，晾干后备用。制备 P1、P2、P3、P1F1、P1F2、P2F1、P2F2、P3F1 及 P3F2 界面剂，涂覆于钢板表面并静置 1 d 后使用环氧树脂封闭试件侧边，并使用美工刀在表面划两道 20 mm 的垂直划痕，要求划痕深度达到基材表面。用于 Machu 试验的钢板试件如图 8‐19 所示。将处理完毕的钢板置入 50 g/L NaCl ＋5 mL/L H$_2$O$_2$ 的 Machu 溶液,在(37±1)℃的温度环境中浸泡 48 h 后取出,并观察界面剂剥离前后的状态。

图 8‐19　用于 Machu 试验的聚合物水泥基界面剂钢板试件

2. 试验结果分析

Machu 试验结果如图 8‐20 所示。可以发现,聚灰比为 1∶1.5 的试样刻痕处锈迹要明显多于聚灰比为 1∶2 的试样,但当聚灰比进一步提高到 1∶2.25 时,界面剂即出现剥离现象。另外,当聚灰比相同时,未添加单氟磷酸钠的试件锈蚀情况较添加的试样更为严重,但单氟磷酸钠的含量达到 3.0 wt %时,界面剂将更容易脱落。

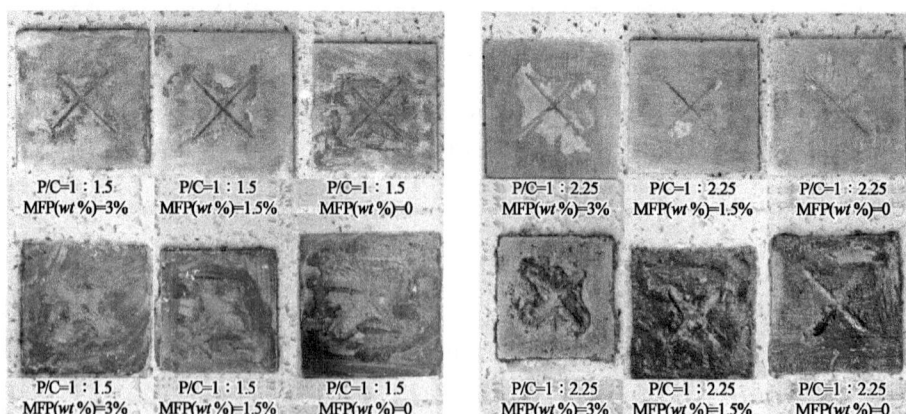

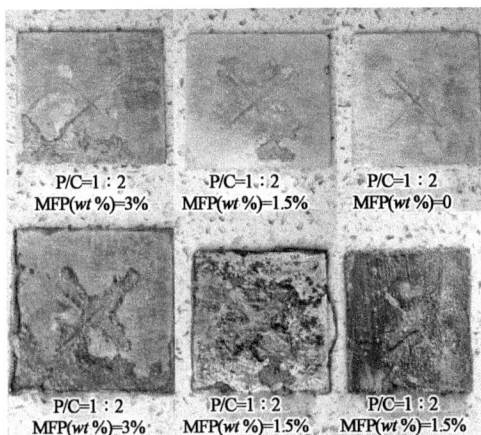

图 8 – 20　Machu 溶液浸泡后各试件剥离界面剂前后的表面形态

8.4.4　界面剂粘结力试验

1. 试验设计

选用尺寸为 500 mm×500 mm×20 mm 的 Q235 钢板,将表面打磨后用丙酮擦拭去除油污等杂质,晾干后备用。配制 P1、P2、P3 三种界面剂涂覆于钢板表面。按照《色漆和清漆 拉开法附着力试验》(GB/T 5210—2006),采用 DY – 216 全自动粘结力检测仪测试界面剂 3 d、7 d 及 28 d 时的附着力。测试所用钢板及测试过程如图 8 – 21 所示。

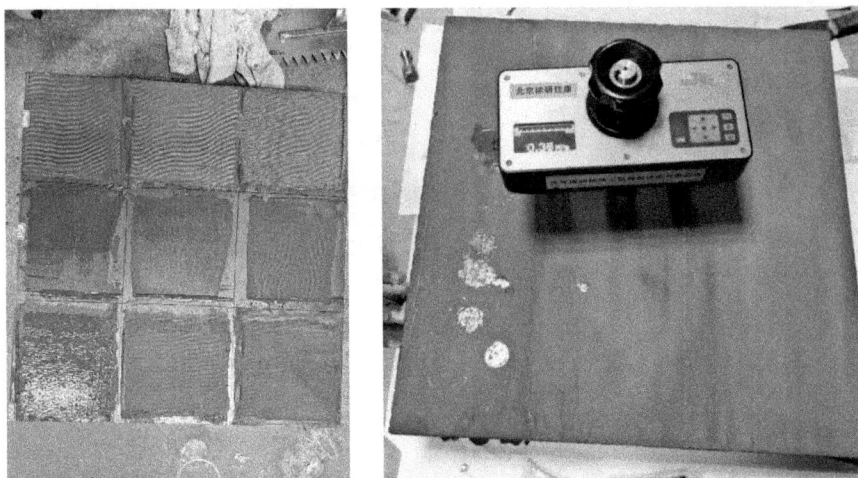

图 8 – 21　界面剂粘结力试验所用钢板及测试过程

2. 试验结果分析

各配合比界面剂的粘结力测试结果如图 8 – 22 所示。

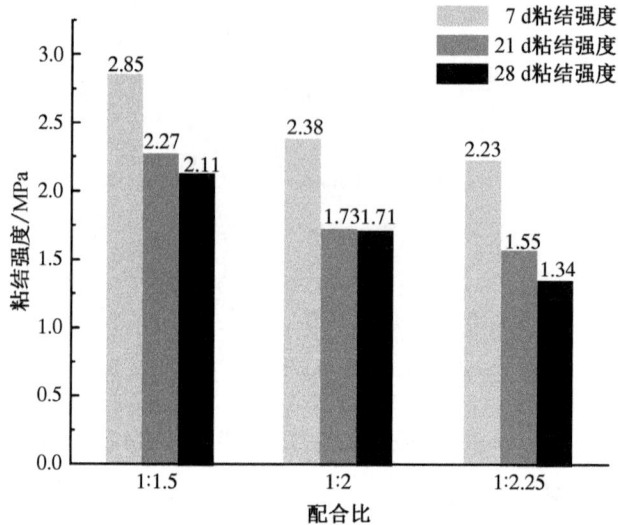

图 8-22 聚合物水泥基界面剂粘结力

值得注意的是,界面剂与钢板间的粘结力呈不断下降趋势,这是因为随着界面剂胶凝时间延长,其与钢板之间的粘结性能不断增强,在后期测试时,拉拔仪所拔出的界面剂面积(图 8-23)显著小于测试初期(图 8-24),实际的粘结强度应大于仪器测量值。

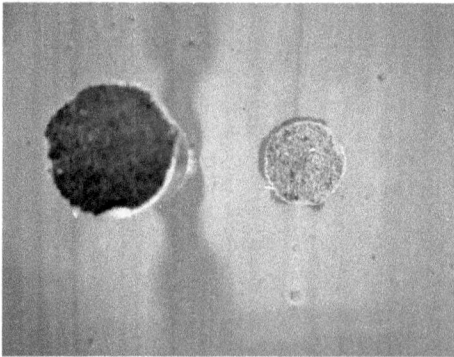

图 8-23 7 d 时界面剂拉拔测试情况

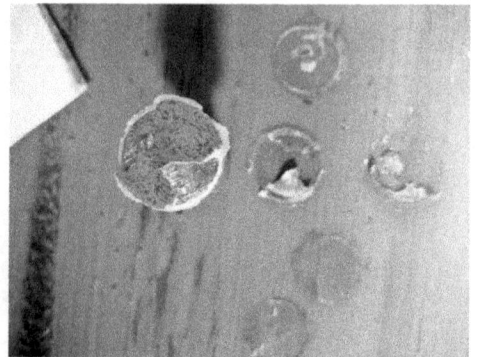

图 8-24 28 d 时界面剂拉拔测试情况

8.4.5 界面剂交联度试验

1. 试验方案

确定聚灰比(R_{PC})后制备 P1、P2、P3、M2、F2、H4、P1F4、P1M1、H7 界面剂,将完全干燥后的界面剂研磨成粉末并称量其质量(M_1),称取一定量的二甲基乙酰胺

(m_2),浸泡 12 h 后取部分溶液经滤纸滤除不溶物,将过滤后的溶液(m_2)放入烘箱并以 120 ℃干养至恒重,称量干养后溶液中聚合物的质量(M_2),由式(8.4.1)计算可得丙烯酸聚合物乳液在聚合物水泥基界面剂中的交联度 η。

$$\eta = \left[1 - \frac{M_2/(M_1 R_{PC})}{(m_2/m_1)} \right] \times 100\% \tag{8.4.1}$$

2. 试验结果分析

界面剂交联度测试结果见表 8-12。结果显示,各配合比的界面剂中,水泥与丙烯酸酯类聚合物的交联度均大于 90%,这表明丙烯酸酯类聚合物适宜作为聚合物水泥基材料中的聚合物组分。

表 8-12　界面剂交联度测试结果

R_{PC}	M_1	m_1	m_2	M_2	η
0.445	7.26	24.14	16.49	0.09	95.92%
0.500	9.02	23.67	13.23	0.12	95.24%
0.667	5.97	24.04	13.82	0.15	93.45%
0.500	6.00	24.25	13.38	0.08	95.17%
0.500	6.14	20.67	8.62	0.10	92.19%
0.500	7.13	19.68	7.69	0.07	94.97%
0.667	3.68	18.79	10.19	0.09	93.24%
0.667	6.55	20.27	5.90	0.08	93.71%
0.667	5.69	21.28	8.39	0.10	93.32%

8.5　涂层对钢筋握裹力影响的研究

8.5.1　配合比

采用南京当地自来水、P·O 42.5 普通硅酸盐水泥、砂、碎石、聚羧酸高性能减水剂及 ϕ20 mm×500 mm 的 HRB335 钢筋制备强度等级为 C30 的试件。钢筋握裹力试件的配合比见表 8-13。试件脱模后在标准环境中养护 28 d,达到龄期后将试件取出晾干待测。

表 8－13　钢筋握裹力试件的配合比　　　　　单位：kg/m³

P·O 42.5 水泥	河砂	骨料(5~16 mm)	骨料(16~25 mm)	水	减水剂
386	700	457	686	170	1.55

　　需要注意的是，在涂刷涂层时应尽可能保证各钢筋涂层的用量相同，以降低涂层厚度对钢筋握裹力试验结果的影响，涂刷完毕的试件如图 8－25 所示。

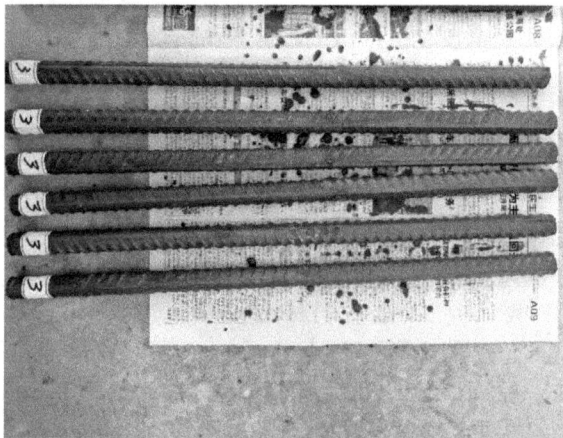

图 8－25　已涂刷聚合物水泥基涂层的钢筋

　　将各组涂刷完毕的钢筋在自然条件下静置 0 h、3 h、6 h、12 h、24 h 后置入试模成型，同时设置未涂刷涂层的普通钢筋及涂刷传统环氧涂层的钢筋作为对照组。每组 6 个试件，试验结果取平均值。用于钢筋握裹力试验的聚合物水泥基涂层配合比及涂层胶凝时间见表 8－14。在钢筋置入试模后应使用油泥封端，试件示意图与实际图如图 8－7 所示。

表 8－14　用于钢筋握裹力试验的聚合物水泥基涂层配合比及胶凝时间

编号	P·O 52.5 水泥/g	丙乳/g	涂层胶凝时间/h
P0(普通钢筋)	—	—	—
E0(环氧涂层)	—	—	—
P1T0	75	50	0
P1T3	75	50	3
P1T6	75	50	6

编号	P·O 52.5水泥/g	丙乳/g	涂层胶凝时间/h
P1T12	75	50	12
P1T24	75	50	24
P2T0	100	50	0
P2T3	100	50	3
P2T6	100	50	6
P2T12	100	50	12
P2T24	100	50	24
P3T0	112.5	50	0
P3T3	112.5	50	3
P3T6	112.5	50	6
P3T12	112.5	50	12
P3T24	112.5	50	24

8.5.2　钢筋握裹力测试

依据《水工混凝土试验规程》(SL/T 352—2020)进行涂层钢筋握裹力测试。实际测试如图 8-26 所示。按照 5 kN 的梯度进行加载,记录各荷载所对应的钢筋位移并绘制"荷载-滑动位移"曲线。

钢筋与混凝土之间的握裹强度可由式(8.5.1)求得:

$$\tau = \frac{P_1 + P_2 + P_3}{3\pi DL} \tag{8.5.1}$$

式中:τ——握裹强度(MPa);

P_1、P_2、P_3——滑动变形分别为 0.01 mm、0.05 mm 与 0.10 mm 时对应的荷载(N);

D——钢筋的计算直径(mm);

L——钢筋的埋入长度(mm)。

图 8-26　正在进行钢筋握裹力测试的试件

8.5.3　试验结果分析

钢筋握裹力试验中各组钢筋握裹力计算结果见表 8-15。

表 8-15　各组钢筋的握裹力

编号	P·O 52.5 水泥/g	丙乳/g	涂层胶凝时间/h	握裹力/MPa
P0(普通钢筋)	—	—	—	6.53
E0(环氧涂层)	—	—	—	5.31
P1T0	75	50	0	7.42
P1T3	75	50	3	7.26
P1T6	75	50	6	7.07
P1T12	75	50	12	6.74
P1T24	75	50	24	6.07
P2T0	100	50	0	7.64
P2T3	100	50	3	7.52
P2T6	100	50	6	7.12
P2T12	100	50	12	6.93

编号	P·O 52.5水泥/g	丙乳/g	涂层胶凝时间/h	握裹力/MPa
P2T24	100	50	24	6.21
P3T0	112.5	50	0	7.50
P3T3	112.5	50	3	7.46
P3T6	112.5	50	6	7.29
P3T12	112.5	50	12	6.92
P3T24	112.5	50	24	5.91

　　显然,三种不同配合比的涂层钢筋握裹力均呈现随涂层胶凝时间延长而下降的规律,涂层胶凝时间≤12 h的试样表现出优异的粘结性能。其中,P1组、P2组、P3组钢筋握裹力较无涂层对照组P0提高了3.2%～13.6%,较传统环氧涂层钢筋对照组E0提高了26.9%～43.9%。该结果表明,聚合物高分子与钢筋及混凝土间均存在胶结效应,涂层中水泥用量过少或过多均不利于涂层与钢筋间握裹力的增加。因此合理设置固化时间有利于混凝土保护层与钢筋通过聚合物水泥基涂层结合,但固化时间过长将引起涂层与混凝土之间的粘结力下降,削弱钢筋的握裹强度。

8.6　界面过渡区微观表征研究

8.6.1　界面过渡区模拟试件制备

　　由于钢筋上所涂覆的聚合物水泥基界面剂较薄,难以反映界面剂与保护层交界位置两侧不同距离处的物相分布,不便于"钢筋-混凝土"界面过渡区物相的研究,因此设计聚合物水泥基界面剂-水泥砂浆的"三明治"结构,表征界面过渡区两侧离子的运移过程,模拟不同胶凝时间下钢筋界面剂与混凝土保护层的结合情况。根据表8-11的配合比,用等质量的砂代替碎石,制备"三明治"结构的水泥砂浆部分,并根据握裹力测试结果确定界面剂配合比及胶凝时间,试样的养护龄期及制度与钢筋混凝土一致。此后,取试样中心部分,以界面结合区(I)为基准分别向砂浆侧(M)与界面剂侧(P)量取 2 mm,确定切割区域。采用"G+界面剂固化时间-切割位置界面过渡区"的方式命名切割后的试件。相关试件编号见表8-16:

表 8‐16　用于模拟界面区微观试验的"三明治"样品编号

模拟界面区试件	界面剂胶凝时间	切割部位	切割样品编号
G3	3 h	G3 聚合物净浆	G3‐P
		G3 界面区	G3‐I
		G3 砂浆	G3‐M
G24	24 h	G24 聚合物净浆	G24‐P
		G24 界面区	G24‐I
		G24 砂浆	G24‐M

以试件 G3 为例,界面剂固化 3h 的砂浆侧记为 G3‐M,其"三明治"结构试样与切割取样的示意图如图 8‐27 所示。

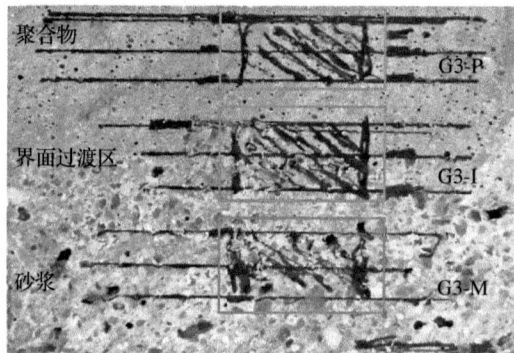

图 8‐27　界面过渡区示意图

8.6.2　微观表征

1. 界面过渡区物相 XRD 分析

将切割得到的样品磨细至粒径小于 $75~\mu m$ 后进行 XRD 测试,并基于 XRD Rietveld 法分析组成物相的相对质量分数。

为分析环境因素对混凝土矿物成分的影响,根据水、土样品及砂浆内部 Cl^- 与 SO_4^{2-} 浓度的变化规律,结合环境腐蚀类别与作用等级对所调查结构物回弹强度、碳化深度和砂浆中特定阴阳离子的影响,选择环境作用等级不到 H1 且混凝土结构相对完好的样品与环境作用等级为 H3 及以上的高性能耐腐蚀混凝土作为对照组,同时选择环境作用等级为 H1、H2 时典型混凝土结构的砂浆样品进行 X 射线衍射(XRD)分析,并基于全谱拟合(Rietveld)法分析组成物相的相对质量分数。同时,矿物成分定量分析的构件服役年限为(15±2)年,以降低胶凝材料水化进程和环境累积作用对混凝土矿物成分的影响。XRD 测试设备为多功能 X 射线衍射仪。

此后，利用 GSAS 软件对衍射数据进行矿物成分定量分析，其步骤为：对原始衍射数据依次剥离 Kα2、寻峰，确定背景函数和矿物定性分析；此后基于矿物标准 PDF 卡片提供的空间群、晶胞参数、择优取向等晶体结构信息进行 Rietveld 全谱拟合精修，得出各物相的定量结果。采用 R 因子对图谱精修质量进行定量评价，评价指标包括拟合值（Rwp）、拟合期望值（Rexp），以及拟合优度值（GOF），当参数 Rwp＜15％，Rexp＜15％，GOF＜5 时可作为判断样品拟合质量的基本依据。

2．界面过渡区微观形貌

根据握裹力测试结果，选取尺寸不超过 1 cm 的钢筋剥离其表面残留的界面剂与混凝土混合物并进行 SEM-EDS 分析，测试设备为 JEOL JSM‑5900。测试前对样品表面进行喷金，以增加导电性。

3．界面过渡区物相聚合度分析

将切割得到的样品磨细至粒径小于 75 μm 后测定粉末的 29Si‑NMR 谱，以探明界面剂固化时间及反应物相对浓度对界面过渡区硅氧四面体结构的影响。核磁共振为 Bruker 400M，测试频率为 79 MHz，转速为 8 000 Hz。

8.6.3　试验结果分析

1．SEM-EDS 分析

根据握裹力测试结果，选择 G0、G3、G24 钢筋表面残留的界面剂与混凝土混合物样品进行 SEM-EDS 测试，各样品的 SEM 图像及界面过渡区 EDS 线扫描结果如图 8‑28 所示。

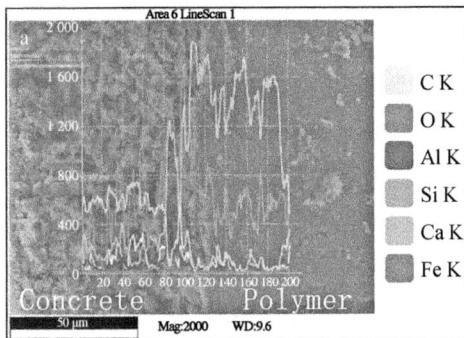

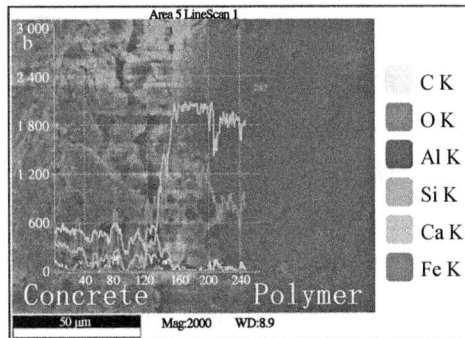

(a) G0　　　　　　　　　　　　　　　　(b) G3

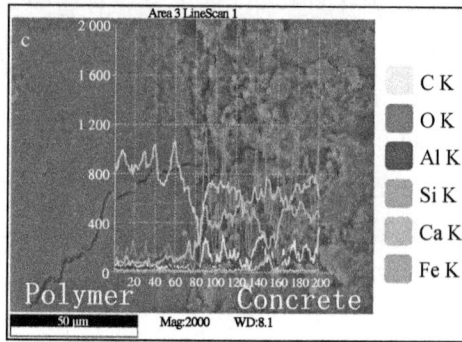

(c) G24

图 8－28　钢筋表面剥离样品的 SEM 及 EDS 线扫描图像

图 8－28(a)、8－28(b)显示，G0、G3 内部混凝土保护层更加致密，呈均匀颗粒状分布且多附着于聚合物水泥基界面剂表面，接近于聚合物砂浆的微观形貌。图 8－28(c)显示，G24 内部混凝土保护层更加粗糙且存在明显孔隙，与界面剂之间存在明显分界线。进一步对界面过渡区两侧进行 EDS 线扫分析，结果表明各样品界面过渡两侧的 Si、Ca 元素含量变化趋势存在显著差异。在由混凝土保护层向聚合物水泥基界面剂过渡的方向上，G0 中 Si 元素总量由 239 增长至 803，Ca 元素总量由 560 下降至 359；G3 中 Si 元素总量由 367 增长至 1 895，Ca 元素总量由 497 下降至 30；G24 中 Si 元素总量由 467 下降至 96，Ca 元素总量由 637 增长至 895。

聚合物乳液与水泥混合后将包裹水泥颗粒，为水泥水化提供水分，此后水化反应持续消耗乳液中水分，聚合物颗粒开始彼此接触并形成膜状渗透介质，使界面过渡区两侧的水泥浆溶液相互接触发生进一步水化。随着聚合物颗粒不断增强对界面过渡区两侧水泥颗粒以及新生水化产物的包裹作用，聚合物的部分官能团开始络合水化介质中的离子，直至固化形成相互交织的致密整体。SEM-EDS 分析结果表明，在聚合物水泥基界面剂固化早期，界面剂侧的 Si 元素含量高于混凝土保护层侧，Ca 元素含量低于混凝土保护层侧，界面过渡区两侧的离子可以充分运移。当界面剂固化 24 h 后，界面过渡区两侧的 Ca、Si 元素含量变化趋势较界面剂固化初期发生逆转，这说明此时丙乳中的水分被大量消耗，羧酸基团已络合部分 Ca^{2+}，聚合物的包覆作用不断增强，当界面剂与混凝土保护层接触时，界面过渡区致密的聚合物胶体阻碍了两侧阴阳离子与低聚体硅酸盐的渗透迁移，最终引起界面剂与保护层的粘结性能下降。

根据握裹力与 SEM-EDS 的测试分析结果，制备 G3 与 G24 的"三明治"结构试件，养护至预定龄期，在相应位置取样，进行 XRD 与 29Si－NMR 分析。

2. XRD 分析

界面过渡区分析试样 G3-P、G3-I、G3-M、G24-P、G24-I、G24-M 的物相成分及各试样的 XRD Rietveld 分析结果分别如图 8-29、表 8-17 所示。

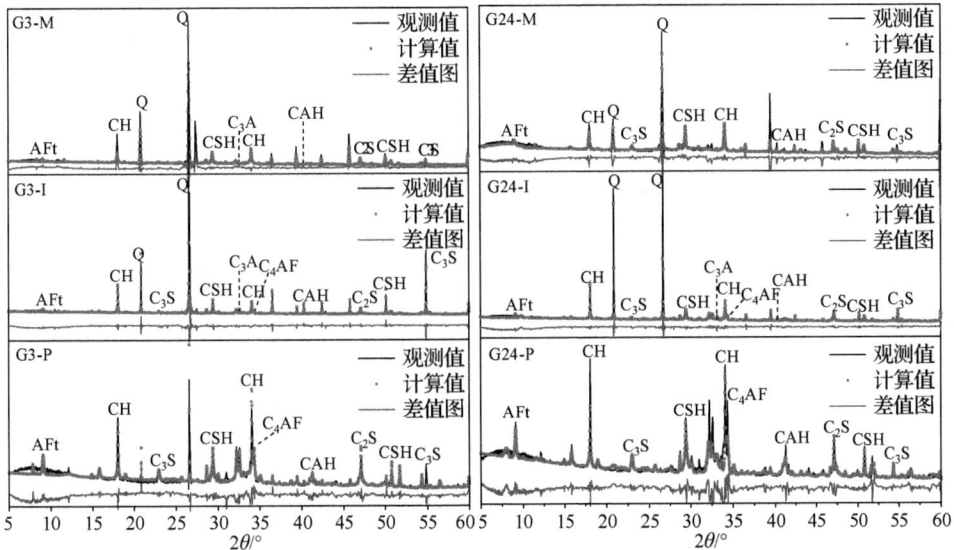

Q—石英；C_3S—硅酸三钙；C_2S—硅酸二钙；C_3A—铝酸三钙；C_4AF—铁铝酸四钙；CH—氢氧化钙；CSH—水化硅酸钙；CAH—水化铝酸钙；AFt—钙矾石。

图 8-29 界面过渡区 XRD 图谱及 XRD Rietveld 分析结果

表 8-17 界面过渡区分析试样中水泥熟料及主要水化产物的质量分数 单位：%

	C_3S	C_2S	C_3A	C_4AF	G	CH	CSH	CAH	AFt
G3-P	33	13	1	2	0	25	11	2	13
G3-I	32	10	1	1	0	30	13	1	10
G3-M	27	8	1	3	2	34	12	2	11
G24-P	39	5	9	3	4	16	8	2	14
G24-I	31	13	3	3	1	22	17	1	9
G24-M	25	19	0	2	3	21	15	0	15

XRD 表征结果表明试样的主要矿物组成为石英(Q)、硅酸三钙(C_3S)、硅酸二钙(C_2S)、氢氧化钙(CH)、水化硅酸钙(CSH)及钙矾石(AFt)。Rietveld 法的精修结果表明，G3-M、G24-M 试样中水泥熟料的质量分数分别为 G3-P、G24-P 试样的 83.7% 和 81.7%，界面剂侧存在更多未水化的水泥组分，这进一步说明聚合物大分子对水泥颗粒的包覆将阻碍水化产物的形核，同时丙乳中的羧酸基团与水化介质中的 Ca^{2+} 发生络合，降低水泥水化介质中 Ca^{2+} 的含量，使水化速率降低。

固化时间是另一个影响界面剂中水泥颗粒水化进程的因素,体现在 G24 - P 试样中 CH、CSH 的质量分数分别为 G3 - P 试样的 64.0%、72.7%,这表明聚合物乳液对水泥颗粒的包覆作用随聚合物水泥基界面剂固化时间的延长而增强。可见,丙乳为水泥的早期水化提供了必要的水分,而随着乳液中水分的消耗,聚合物颗粒将对水泥熟料产生包覆作用,同时羧酸基团的络合作用持续消耗水泥水化介质中的 Ca^{2+},延缓水泥熟料水化进程。因此较短的界面剂固化时间更有利于聚合物水泥基界面剂与混凝土保护层进一步发生水化反应形成牢固的整体,提高界面剂钢筋的握裹强度。

3. 29Si - NMR 分析

试样 G3、G24 中各位置的 29Si - NMR 谱分别如图 8 - 30 所示。29Si - NMR 谱可直观揭示被测试样中硅氧四面体的聚合度,并分析 CSH 的赋存状态。图中, Q^0 表示单硅酸盐中孤立的硅氧四面体,主要存在于熟料矿物 C_3S 和 C_2S 中; Q^1 表示链状基团两端的硅氧四面体,主要代表低钙硅比的类 Tobermorite 型 CSH; Q^2 表示链状基团中间的硅氧四面体,主要代表高钙硅比的类 Jennite 型 CSH。同时,基于 Q^0、Q^1、Q^2 峰的积分面积计算水化程度(α)及 CSH 的平均链长(MCL),计算公式为式(8.6.1)、(8.6.2),计算结果见表 8 - 18。

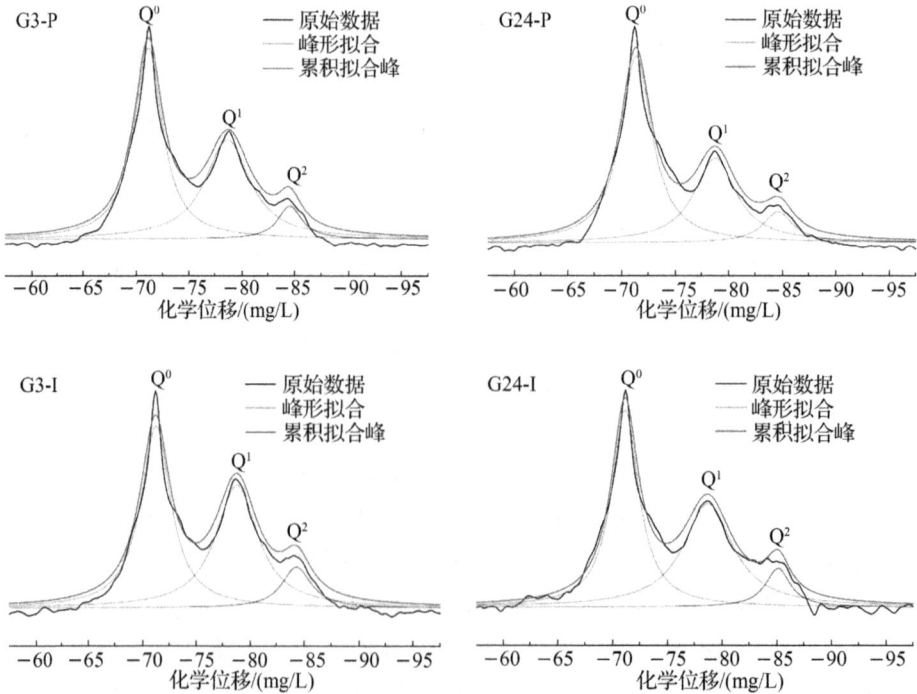

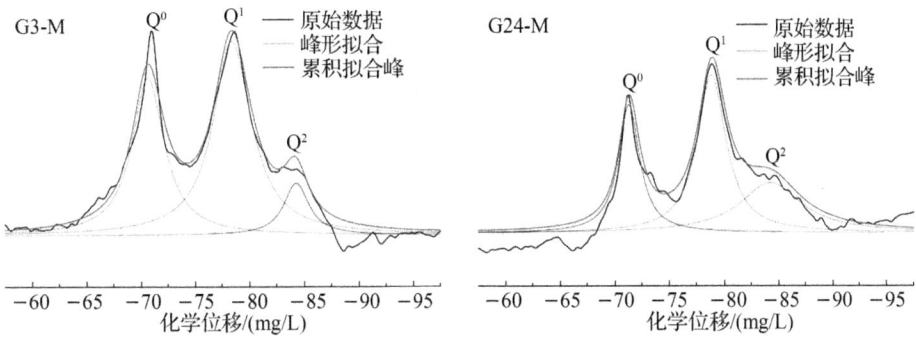

图 8-30　界面过渡区分析试验中各试样的 29Si-NMR 图谱

$$\alpha = \left(1 - \frac{IQ^0}{\sum_{n=0}^{2} IQ^n}\right) \times 100\% \tag{8.6.1}$$

$$MCL = \frac{2(IQ^1 + IQ^2)}{IQ^1} \tag{8.6.2}$$

式中：α——水化程度；

　　　MCL——CSH 凝胶中硅氧四面体链的平均长度；

　　　IQ^0——29Si-NMR 图谱中 Q^0 峰的积分面积；

　　　IQ^1——29Si-NMR 图谱中 Q^1 峰的积分面积；

　　　IQ^2——29Si-NMR 图谱中 Q^2 峰的积分面积。

表 8-18　Q^n 峰面积积分、水化程度及 CSH 平均链长计算结果

	$IQ^0/\%$	$IQ^1/\%$	$IQ^2/\%$	$\alpha/\%$	MCL
G3-P	64.19	28.30	7.52	35.82	2.53
G3-I	53.26	35.33	11.41	46.74	2.65
G3-M	40.38	49.23	10.38	59.62	2.42
G24-P	62.66	30.38	7.59	37.73	2.50
G24-I	49.02	38.73	12.25	50.98	2.63
G24-M	29.68	51.01	19.31	70.32	2.76

表 8-18 的结果表明，G3-M、G24-M 的 α 值较 G3-P、G24-P 分别提高 66.4%、86.4%，进一步验证了随着丙乳中水分的消耗，聚合物颗粒将对水泥熟料产生包覆作用并络合水化介质中的 Ca^{2+}，延缓界面剂区水泥熟料的水化进程。

IQ^n 值表示 Q^n 基团的相对含量，G3-P、G24-P 的 IQ^0 值较 G3-M、G24-M 分别提高了 59.0%、111.1%，这表明聚合物颗粒的包覆、络合作用随界面剂固化时间的延长而增强,固化 24 h 的界面剂中存在大量无法通过界面过渡区运移的低聚体硅酸盐,界面剂–保护层体系的整体性被大幅削弱。另外,G24 – I 的 IQ^1、IQ^2 值较 G3 – I 分别提高了 9.6%、7.4%,G24 – M 的 IQ^2 值较 G24 – I 提高了 57.6%,而 G3 – M 的 IQ^2 值较 G3 – I 下降了 9.0%,这表明延长界面剂固化时间将阻碍界面过渡区内高钙硅比 CSH 凝胶的生成,引发 CSH 凝胶链聚合度下降。

MCL 反映 CSH 凝胶的聚合度,表 8 – 18 显示 G3 – P、G3 – I 的 MCL 与 G24 – P、G24 – I 大致相当,但 G24 – M 的 MCL 与 G3 – M 相比提高了 14.0%,这表明各试样中 CSH 凝胶的聚合度差异主要体现在水泥水化后期,且 G3 中 CSH 凝胶链位置相较 G24 更靠近砂浆一侧。进一步证明较短的界面剂固化时间有利于界面两侧的低聚体水泥熟料通过渗透迁移作用发生进一步水化,在更靠近混凝土保护层的方向上生成高钙硅比 CSH 凝胶,强化界面剂与混凝土保护层的粘结能力。

上述分析表明,聚合物水泥基界面剂钢筋握裹强度下降的主要原因为界面过渡区缺少高钙硅比 CSH 凝胶,界面剂与混凝土保护层之间无法形成高聚合度的 CSH 链状结构。

8.7 小结

本章针对钢筋阻锈问题开展新型阻锈界面剂的设计、阻锈效果及分析、涂层对钢筋握裹力的影响以及微观界面过渡区等系列研究,主要得出的结论有以下几点:

(1)选用丙烯酸酯类聚合物乳液制备的聚合物水泥基涂层具有良好的粘结性、较高的交联度及良好的耐氯盐侵蚀性能。向该涂层中掺入单氟磷酸钠等无机阻锈剂可进一步提高涂层的耐锈蚀性能。

(2)聚合物高分子涂层材料与钢筋及混凝土间均存在胶结效应,涂层中水泥用量过少或过多均不利于涂层与钢筋间握裹力的增加,调整固化时间与混凝土浇筑时间有利于混凝土与钢筋通过防腐涂层结合。

(3)通过界面过渡区微观表征性能研究发现,高钙硅比 CSH 凝胶是"涂层–保护层"界面过渡区中起到连接作用的关键物相,该类物相的变化将直接引起涂层与混凝土保护层间粘结性能的改变。

9 盐碱环境钢结构防腐蚀研究

海水腐蚀是影响海洋工程钢结构强度的重要因素之一,它严重威胁着钢结构的安全及其使用寿命。海水环境腐蚀条件极其复杂,同时受海水温度、盐度和大气湿度等因素的影响。腐蚀不仅会降低钢结构的机械性能,而且会影响海洋环境中沿海口设备的使用寿命和安全运行。因此,为保证沿海钢筋混凝土工程及钢筋工程在全寿命期内的可靠性,对防腐蚀技术的要求越来越高。本章针对沿海地区高氯土壤的腐蚀环境,对钢结构进行腐蚀行为和防腐蚀性能试验研究,为沿海环境中钢筋混凝土工程及钢结构材料防腐蚀措施的选择提供技术支撑。

9.1 钢结构腐蚀概况

9.1.1 环境腐蚀

1. 腐蚀过程

钢结构的环境腐蚀主要是指环境中的水和土壤中的盐类对钢结构的腐蚀。其中土壤是由固、液、气三相组成的多孔性的胶质体,颗粒间充满空气、水分和各种盐类,使土壤具有电解质的特征。钢结构在水或土壤中的腐蚀属于典型的电化学腐蚀,同时存在着阴极反应和阳极反应两个过程,阴极、阳极和电解质共同构成腐蚀电池。其电极反应过程如下:

(1)阳极反应过程

环境腐蚀的阳极反应过程也就是金属材料的腐蚀过程,主要失去电子成为金属离子,并进一步氧化成金属氧化物,以铁为例:

$$Fe \rightarrow Fe^{2+} + 2e^- \qquad (9.1.1)$$

$$Fe^{2+} + 2OH^- \rightarrow Fe(OH)_2 \qquad (9.1.2)$$

$$4Fe(OH)_2 + O_2 + 2H_2O \rightarrow 4Fe(OH)_3 \qquad (9.1.3)$$

$$Fe(OH)_3 \rightarrow FeOOH + H_2O \qquad (9.1.4)$$

$$2Fe(OH)_3 \rightarrow Fe_2O_3 \cdot 3H_2O \rightarrow Fe_2O_3 + 3H_2O \qquad (9.1.5)$$

以上为钢结构在水或土壤中的主要腐蚀过程,在酸性水或土壤中,铁以离子状态溶解其中;在中性或碱性环境中,铁离子与氢氧根离子反应生成氢氧化亚铁,氢氧化亚铁在氧和水的作用下进一步反应生成氢氧化铁,最后转化成氧化铁等腐蚀产物。

（2）阴极反应过程

金属在水或土壤中的阴极反应过程主要是氧化还原过程,与电子结合生成氢氧根离子:

$$O_2 + 2H_2O + 4e^- \rightarrow 4OH^- \tag{9.1.6}$$

在酸性很强的环境中则会发生析氢反应:

$$2H_2O + 2e^- \rightarrow H_2 + 2OH^- \tag{9.1.7}$$

其中,钢结构在水或土壤中的腐蚀主要受阴极反应过程控制。

2. 环境腐蚀性影响因素

环境水的腐蚀主要受其中盐的浓度和 pH 值的影响,而土壤腐蚀的影响因素则比较复杂。由于土壤的物理-化学性质（包括电化学性质）,在很大的范围内不仅随着土壤的组成及其含水量而变化,并且还随着土壤的结构及其紧密程度而变化,因此,土壤的腐蚀性不是由单一指标决定的,而是受多种因素的影响,主要影响因素如下:

（1）土壤电阻率

土壤电阻率是表征土壤导电性能的指标,是判断土壤腐蚀性的最基本参数。土壤电阻率的变化可以反映出土壤电解质的强弱变化。土壤电阻率受含水量、含盐量、土质、温度等多种因素影响,一般情况下,电阻率越低,土壤腐蚀性越强。根据《岩土工程勘察规范》,土壤电阻率对钢结构的腐蚀性评价标准见表 9-1。

表 9-1 土壤电阻率评价标准

土壤电阻率/(Ω·m)	土壤腐蚀性等级
<50	强
50~100	中等
>100	弱

（2）土壤含水量

水分使土壤成为电解质,是发生电化学腐蚀的先决条件。土壤中的含水量对金属材料的腐蚀速率存在一个最大值。当含水量低时,腐蚀速率随着含水量的增加而增加;当达到某一含水量时腐蚀速率最大,再增加含水量其腐蚀速率反而下降。用含水量评价土壤腐蚀性的参考标准见表 9-2。

表 9 - 2　土壤含水量与腐蚀速率的关系

土壤含水量特征	含水量/%	腐蚀速率的特点
没有水分	0	没有腐蚀
含水量增加到临界值	10~12	腐蚀速率增加到最大值
保持临界值的含水量	12~25	保持最大腐蚀速率
发生连续的水层	25~40	腐蚀速率降低
连续水层厚度继续增加	>40	较低的恒定的腐蚀速率

（3）土壤 pH 值

土壤 pH 值是表征土壤酸碱性强弱的一个指标。

金属材料在酸性土壤中腐蚀性较强,在中、碱性土壤腐蚀性较弱。土壤 pH 值与土壤腐蚀性的关系见表 9 - 3。

表 9 - 3　土壤 pH 值与腐蚀性的关系

土壤 pH 值	腐蚀性
<3.5	强
3.5~4.5	中等
4.5~5.5	弱

（4）土壤含氧量

除了酸性很强的土壤外,钢铁在土壤中的腐蚀主要受氧去极化的阴极反应控制,因此土壤中的含氧量对钢铁的腐蚀有很大的影响。土壤中的氧以两种方式存在,一种存在于土壤的毛细管和缝隙内,一种溶解在水中。土壤中的含氧量与土壤的结构和湿度有密切关系,在砂土中,土壤颗粒间的空隙较大,氧比较容易进入,所以氧的含量高;而在密实的黏土中,氧气难以进入,所以含氧量低。潮湿且氧气又易于渗透的土壤,对钢铁的腐蚀较严重。同一钢铁构件在含氧量不同的土壤中,很容易形成氧浓差电池而引起腐蚀,氧气含量高的地方为阴极,氧气含量低的地方为阳极,处在阳极区的钢铁便遭受腐蚀。

（5）土壤含盐量

土壤中的含盐量约为 0.008 8%~0.15%,阳离子主要有钾、钠、钙、镁等离子,阴离子主要是硫酸根、碳酸根和氯离子。土壤中的含盐量越高,土壤的电阻率越低,腐蚀性越强。氯离子对土壤腐蚀有促进作用,所以在海边潮湿区或接近盐场的土壤中腐蚀更为严重。而碱金属钙、镁离子在非酸性土壤中能形成难溶的氧化物和碳酸盐,在金属表面上形成保护层,能减缓腐蚀。

（6）土壤温度

土壤温度通过影响土壤的物理化学性质来影响土壤的腐蚀性。它可以影响土壤的含水量、电阻率、微生物等。温度低，电阻率增大；温度高，电阻率降低。温度的升高使微生物活跃起来，从而加速对金属材料的腐蚀。

此外，土壤中存在的微生物主要是硫酸盐还原菌等，它们可以通过参加电极反应，加速对钢结构的腐蚀。

3. 环境条件对接地装置的腐蚀

影响土壤腐蚀性的因素，除了使用的材料外，还包括土壤的电阻率、氧化还原电位、pH 值、含盐量、含水量、各种阴离子含量（主要指 Cl^-、SO_4^{2-}、HCO_3^-）和温度，以及土壤中生存的数量不等的若干种土壤微生物和杂散电流等多种因素，且各种因素之间交互作用，这就使得土壤腐蚀性的判别存在一定的复杂性和难度。此外，地区分布、气候等条件也对土壤性质产生影响。

（1）工程接地体环境理化性质

新沂河海口闸距离海岸线 3 km，工程位于高水位变动区，高盐碱腐蚀环境。根据前期对该工程所处环境的调研及取样，选取滩涂区场地地下水进行化学分析，结果见表 9-4。场地土壤电阻率检测结果见表 9-5。

表 9-4　场下水化学成分

测试点	1	2	3	4	5
（$Cl^-+SO_4^{2-}$）含量/(mg/L)	26 009.05	30 799.74	14 095.05	20 604.14	35 966.88
pH 值	7.52	7.58	7.46	7.28	7.31

表 9-5　场地土壤电阻率

测试点	测量值/(Ω·m)			平均值/(Ω·m)
1	1.8	1.1	1.3	1.40
2	0.6	0.8	0.6	0.67
3	1.0	0.8	0.6	0.80

由表 9-4 可见，场地地下水 pH 值呈中性，但氯离子和硫酸根离子的总量较高，达到 1.4%～3.6%，接近于海水的含量。

工程场地地基土电阻率实测值为 0.6～1.8 Ω·m，平均值为 0.67～1.4 Ω·m，土壤电阻率很低，属于强腐蚀土壤环境。

（2）腐蚀性评价

根据《岩土工程勘察规范》（GB 50021），土和水对钢结构的腐蚀性评价标准分别见表 9-6 和表 9-7。

表 9-6 水对钢结构的腐蚀性评价

腐蚀等级	pH 值	$(Cl^- + SO_4^{2-})$含量$/(mg/L)$
弱	3～11	<500
中	3～11	≥500
强	<3	任何浓度

表 9-7 土对钢结构的腐蚀性评价

腐蚀等级	pH 值	氧化还原电位/ mV	电阻率/ $(\Omega \cdot m)$	极化电流密度/ (mA/cm^2)	质量损失/ g
弱	5.5～4.5	>200	>100	<0.05	<1
中	4.5～3.5	200～100	100～50	0.05～0.20	1～2
强	<3.5	<100	<50	>0.20	>2

将表 9-4、表 9-5 所示的实测结果与表 9-6 和表 9-7 对比，可以看出工程所在地的地下水对钢结构均具有中等腐蚀性，场地土对钢结构具有强腐蚀性，应采用有效的防腐蚀措施。

9.1.2 杂散电流腐蚀

由于沿海水利工程接地体要承受雷电流及运行机械不平衡电流的泄流作用，因此，接地体不仅要受到土壤的自然腐蚀，还要受到工程运行环境如电磁场和泄流电流等杂散电流的电解腐蚀。试验表明，由于杂散电流的影响，金属材料在土壤中的腐蚀速度明显加快，这也是接地体腐蚀区别于金属材料在其他工况条件下腐蚀的一个显著特征。

在强电场作用下，杂散电流干扰腐蚀与自然腐蚀相比较，有下列特征：

（1）杂散电流干扰腐蚀是外部电流作用的结果，而自然腐蚀的电流是自发进行的。

（2）腐蚀程度与杂散电流量有关，而与金属种类关系较小，因此不管是铜还是碳钢均会发生等电化学当量的腐蚀。

（3）受杂散电流干扰腐蚀的影响，电流流进处的电位较负，为阴极区，可能会发生析氢破坏；电流流出处的电位较正，为阳极区，加速腐蚀。

（4）杂散电流干扰腐蚀强度，与土壤电阻率成反比，即土壤电阻率越低，干扰腐蚀越严重。

(5)杂散电流一般比自腐蚀电流大几十安培,有的甚至达上千安培。由于杂散电流较集中,有一些管线因经常遭受杂散电流腐蚀,几个月便会局部穿孔。

9.1.3 电偶腐蚀

当处于电解质时,如果金属结构件不同部位的腐蚀电位不相等,将会在两者之间形成电偶电池,使电位较低的部位腐蚀速度加快,造成接触处的局部腐蚀。而电位较高的部位,腐蚀速度反而降低,这种腐蚀现象称为电偶腐蚀。钢结构发生电偶腐蚀的情况主要有以下三种。

(1)异种金属

当两种不同的材料连接时,两材料之间的电位差使电流从低电位的金属(阳极)进入电解质,加速低电位金属的腐蚀。如钢结构系统中含有钢和铜材时,会加速钢的腐蚀。新旧钢棒或板的连接也有类似的结果,如在钢结构改造中,去掉损坏严重的圆钢或扁钢,换上新钢,结果新钢腐蚀较快。

(2)异种土壤

当接地体通过不同成分的土壤时,在整根接地体不同部位由于电极电位不同而形成电偶电池,使接地体在腐蚀性较强土壤部位加快腐蚀,这种情况在接地体中很常见。如当工程电气设备下面的钢筋混凝土基础做接地体时,混凝土中的钢筋与埋在土壤中的接地体连接,结果使土壤中的钢棒成为阳极加速腐蚀,而混凝土中的钢筋受到保护。不同电阻率的土壤中也存在这种类型的电偶腐蚀,如经过回填土与当地土壤的接地体也存在电偶腐蚀。

(3)差异充气

当钢结构穿过的土壤具有不同充气状况时,也会发生电偶腐蚀。

9.2 钢结构的常用防腐蚀措施

《海港工程钢结构防腐蚀技术规范》(JTS 153—3—2007)规定,钢结构可采取界面剂保护、金属热喷涂、阴极保护等防腐蚀措施。

9.2.1 加大接地体截面

为使工程枢纽使用年限满足设计及运行要求,可以预留腐蚀裕量,适当加大截面,使接地体截面仍能满足接地短路热稳定性能的要求,提高安全可靠性。但土壤中特别是高氯离子土壤中,金属的腐蚀往往表现为局部腐蚀,并且接地体截面加大后,增加了钢材的消耗量,提高了工程造价。

9.2.2 热镀锌

热镀锌是目前国内最常用的钢结构防腐蚀方法。锌的保护作用基于两方面的原理:一是镀锌层表面本身能形成致密的氧化物保护膜;二是电化学保护原理,由于锌的电极电位负于铁的电极电位,因此,在锌和铁组成的腐蚀电池中,电位较负的锌作为阳极首先溶解而发生腐蚀,钢铁作为阴极得到保护。但实践证明,热镀锌技术在钢结构防腐蚀上的应用非常不理想,一般1~3年镀锌层便腐蚀殆尽。其原因有以下两个方面:

(1) 锌的耐蚀性与环境介质的 pH 值有关,在 pH 值为 6~12 的中、碱性环境中镀锌层有良好的耐腐蚀性,对酸性环境的抗腐蚀能力则较差。

(2) 镀锌层厚度太薄,一般只有几十微米,保护作用有限。

9.2.3 导电防腐材料

导电防腐材料是指电导率在 10 S/cm 以上的具有导体和半导体性能的材料。导电防腐材料用于钢结构防腐已有几十年的运行经验,它具有设计简单和施工方便等特点。用于接地防腐的材料,按导电添加剂进行分类,有镍粉型、石墨型、纳米碳型和有机导电聚合物型 4 种类型。

近年来导电材料研究进展很快,已经有不少新型导电材料应用于接地材料保护中,目前应用最多的是 kV 导电防腐材料,它是在引进美国防腐蚀技术的基础上研究出来的专用于解决接地网腐蚀的一种有机材料,电阻率低,耐酸碱盐腐蚀,且施工工艺简单。纳米碳导电防腐材料是在镍粉和石墨粉导电防腐材料挂网运行经验的基础上,研制出的新一代导电防腐材料。纳米碳作为导电添加剂,相比石墨粉和镍粉能赋予材料更好的导电性,当导电材料的粒径小于 100 nm 时,其表面积很大,表面能也很大,此时,纳米导电材料与成膜材料以几乎同一数量级的粒径相互渗透,彼此无明显的界面。因此纳米碳导电防腐材料封闭功能好,电解质溶液无法渗透到界面剂内部,其导电性能和防腐性能优于普通防腐导电材料。沿海地区镀锌钢导电材料具有较好的综合技术性能,然而其防腐导电材料存在一定不足。当界面剂存在缺陷时,腐蚀电流高度集中,界面剂缺陷处作为阳极会发生局部腐蚀,导致接地网迅速破坏。

9.2.4 阴极保护

阴极保护技术是向被保护金属施以阴极电流,使金属表面阴极极化,电位负移到金属表面阳极的平衡电位,消除其电化学不均匀性所引起的腐蚀电池,从而保护金属免遭介质腐蚀的防腐蚀技术。它可以防止金属在土壤、海水、淡水等多种电解质中的腐蚀,是防止金属电化学腐蚀最为根本的方法,不仅可以防止金属的均匀腐蚀,而且还能有效防止电偶腐蚀、点蚀等各种局部腐蚀。因此在海港工程、水利工程和埋地管道等钢结构上已得到广泛应用,世界上很多国家已制定了阴极保护设计标准和规范,近年来随着对接地体腐蚀的日益关注,一些工程的钢结构陆续采用阴极保护防腐蚀措施,并取得了良好的效果。

实施阴极保护可以通过外加电流和牺牲阳极两种方式。外加电流用直流电源给被保护金属通以阴极电流,保护系统主要由直流电源、辅助阳极、参比电极和电缆等组成;牺牲阳极保护法采用一种比被保护金属的电位更负,即化学性质更为活泼的金属或合金(称为牺牲阳极),与被保护金属相连,依靠该金属或合金不断地被腐蚀牺牲掉所产生的电流使被保护金属获得阴极极化而受到保护。常见的牺牲阳极材料有镁和镁合金、锌和锌合金、铝和铝合金等。该技术具有投资少、施工简便等特点,只需对牺牲阳极进行合理的设计并焊接安装在被保护结构上即可以对其提供保护,而且系统在运行过程中不需要维护和专人管理。

9.3 试样制作与试验方法

9.3.1 试样制作

1. 试验用接地材料

试验所用的钢结构材料有:宽为 40 mm、厚为 4 mm 的镀锌扁钢;采用酸洗清除镀锌层的碳钢片;涂覆有纳米碳防腐导电材料的镀锌钢。纳米碳防腐导电材料的技术参数如下:

电气性能:电阻率为 $10^{-3}\Omega \cdot cm$,大电流冲击(30 kA/s)界面剂不烧失。

耐盐碱性能:10%NaCl 溶液、10%NaOH 溶液中浸泡 720 h,界面剂表面无起泡、脱层、失光等现象。

附着力:1 级。

2. 试验用土壤

试验用土壤 3 种的腐蚀性参数见表 9-8。

表 9-8 试验用土壤的腐蚀性参数

土壤名称及编号	1#配制土	2#配制土	3#配制土
氯离子含量/(mg/kg)	2 545	15 008	6 394
硫酸根离子含量/(mg/kg)	4.8	664	776
土壤电阻率/(Ω·m)	9.33~42.60	4.24~7.06	1.40~2.45
pH 值	8.7	7.9	7.8
氧化还原电位 /mV	246.6	215.9	150.6

3. 试样制作

将镀锌扁钢和铜板机械切割成 40 mm×100 mm 的试样,在一端钻一个 ϕ4 mm 的螺孔。将镀锌钢片分成 3 份,第一份用化学酸洗法除去镀锌层,并用刚玉砂布打磨至光亮,作为腐蚀试验对比试样;第二份为镀锌钢试样,用界面剂测厚仪测量镀锌层厚度;第三份测量镀锌层厚度后,表面用无水乙醇和丙酮去污、去脂,再刷两道纳米碳防腐导电材料,作为防腐界面剂试样。将所有试样用千分之一天平称取初始质量,在所钻螺孔部位机械引出导线,端头用热缩带封闭,用游标卡尺测量暴露面积,再用无水乙醇和丙酮去污、去脂,放入干燥器备用。

9.3.2　试验方法

1. 不同材料在土壤中的自腐蚀特性

将上述处理好的试样埋入如表 9-8 所示的 3 种土壤中(图 9-1),试样及埋设情况见表 9-9,定期测量试样的自腐蚀电位和腐蚀速率,一段时间后取出试样,用表 9-10 所示的溶液去除试样表面的腐蚀产物,先用自来水冲洗,再用干毛巾擦干、电吹风吹至完全干燥,称重,计算腐蚀失质量,然后研究不同土壤中材料的腐蚀性。

图 9-1　试样土壤自腐蚀试验

表 9-9　自腐蚀试样及埋设情况

试样及编号		镀层/界面剂平均厚度/ μm	原始质量/ g	暴露面积/ cm^2	土壤种类	埋深/ cm
钢试样	F011-1	—	113.220	70.29	1#	10
	F011-2		113.022	70.64		
	F011-3		113.172	70.07		
	F021-1		115.906	70.86	2#	
	F021-2		113.534	70.07		
	F021-3		113.308	68.52		
	F031-1		99.615	70.73	3#	
	F031-2		99.064	70.51		
	F031-3		97.905	69.32		

试样及编号		镀层/界面剂平均厚度/μm	原始质量/g	暴露面积/cm²	土壤种类	埋深/cm
镀锌钢	F111-1	33.2	116.776	62.96	1#	10
	F111-2	108.6	104.274	62.81		
	F111-3	74.4	117.099	61.07		
	F121-1	66.5	115.671	62.28	2#	10
	F121-2	65.2	115.891	59.96		
	F121-3	54.2	116.684	61.10		
	F131-1	101.6	103.877	60.34	3#	
	F131-2	75.4	119.155	62.40		
	F131-3	45.2	117.223	59.81		
	F132-1	45.5	118.067	62.49		20
	F132-2	48.1	119.156	62.22		
	F132-3	94.4	117.064	62.93		
导电界面剂	T111-1	73.7/113.63	118.784	55.51	1#	10
	T121-1	67.1/104.9	118.339	57.81	2#	
	T121-2	66.9/100.4	116.338	56.39		
	T131-1	115.2/119.8	106.396	51.01	3#	
	T131-2	109.0/123.7	105.254	57.31		
	T131-3	59.35/109.8	118.342	51.66		

表 9-10　清除试样表面腐蚀产物的酸洗液配方

钢片	镀锌钢片	铜片
500 mL 盐酸(1.19) 3.5 g 六次亚甲基四胺 500 mL 蒸馏水	10 g 六次亚甲基四胺 1 000 mL 蒸馏水 19 g EDTA	500 mL 盐酸(1.19) 500 mL 蒸馏水

2. 电偶腐蚀试验

钢结构电偶腐蚀主要是由差异金属材质、差异埋设环境耦合所引起的。本章进行了异种材料和异种土壤的电偶腐蚀试验。将处理好的镀锌钢试样埋设于土壤后,按表 9-11 所示的几种耦合条件进行接地体的耦合,采用数字万用表直测法定期测量耦合电极之间的电偶电流,一段时间后取出试样,用表 9-10 所示的溶液去除试样表面的腐蚀产物,用自来水冲洗,用干毛巾擦干、电吹风吹至完全干燥,再称重,计算耦合电池的阳极和阴极失质量,与自然腐蚀状态下试样的腐蚀失质量进行对比,以了解不同耦合条件电偶腐蚀对钢材腐蚀的影响程度。

表 9-11 电偶腐蚀试样和耦合情况

耦合类型	耦合电池编号	试样材料及编号		镀层厚度/μm	原始质量/g	工作面积/cm^2	土壤种类	埋深/cm
镀锌钢－钢筋混凝土	O2	镀锌钢	O1312-1	108.8	106.931	62.63	3#	10
		钢筋混凝土	O32-1	—		18.02		
	O3	镀锌钢	O1313-1	56.2	116.558	63.62	3#	10
		钢筋混凝土	O33-1	—		36.55	—	
	O4	镀锌钢	O1314-1	68.7	116.427	62.07	3#	10
		钢筋混凝土	O34-1	—		54.04		
不同土壤（1#土壤－3#土壤）	O7-1	镀锌钢	O1117-1	41.67	118.059	60.31	1#	10
			O1317-1	99.18	104.824	57.26	3#	
	O7-2		O1117-2	37.35	116.695	60.75	1#	
			O1317-2	41.32	116.064	63.68	3#	
不同深度（10～20 cm）	O9-1	镀锌钢	O1319-1	109.7	105.926	59.72	3#	10
			O1329-1	42.4	118.927	63.45		20
	O9-2		O1319-2	70.3	117.183	61.95		10
			O1329-2	42.6	119.273	63.45		20

3. 钢材阴极保护电流密度

土壤成分、电阻率、含水量对接地体达到阴极保护准则时所需的保护电流有显著的影响。为了钢材阴极保护的有效实施,必须掌握运行环境中钢材所需的保护电流密度。

将碳钢试样埋设于上述 3 种不同氯离子含量的饱水土壤中,根据《电力工程地下金属构筑物防腐技术导则》,钢材最小保护电位为－0.85V(相对于饱和硫酸铜电极),因此采用恒电位仪将碳钢试样的阴极保护电位控制为－0.85 V,如图 9-2 所示。定期测量碳钢的保护电流,同时测量土壤的电阻率和含水量,以了解土壤种类、电阻率和含水量对碳钢阴极保护电流密度的影响,为盐碱地中钢材阴极保护有效实施提供必要的技术参数。

4．电化学测量方法

(1) 自腐蚀电位测量

土壤中金属的腐蚀是一个电化学腐蚀的过程,其腐蚀电位是一个混合电位,反映了金属所处的状态。

在土壤盒埋设期间,使用阻抗大于 10 MΩ 的数字电压表测量试样相对于饱和硫酸铜参比电极的自腐蚀电位。测量示意图如图 9-3 所示。

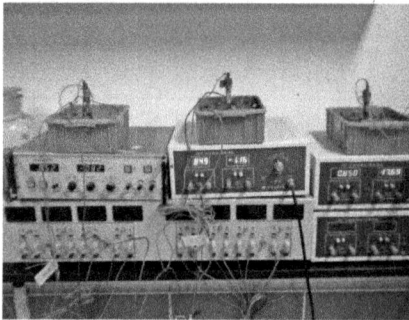

图 9-2　阴极保护试验

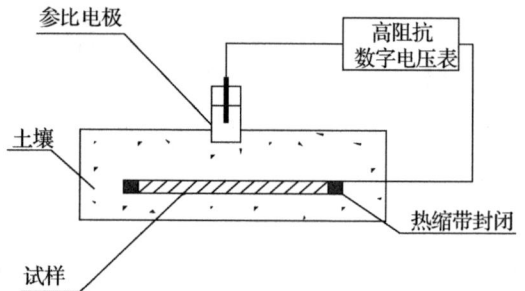

图 9-3　试样自腐蚀电位测量示意图

(2) 腐蚀速率测量

对于一个腐蚀体系,外测电流密度等于电极上进行阳极反应的电流密度与阴极反应的电流密度的绝对值之差:

$$i = |i_a| - |i_c| = i_{corr} \left[\exp\frac{2.303\Delta E}{b_a} - \exp\frac{-2.303\Delta E}{b_c} \right] \qquad (9.3.1)$$

式中:i_a 和 i_c——分别为阳极反应和阴极反应的电流密度;

i_{corr}——金属的腐蚀速度;

ΔE——电位极化值;

b_a 和 b_c——分别为阳极和阴极过程的 Tafel 常数。

当电位极化值 ΔE 很小时,上式可以简化成:

$$i = i_{corr}\left(\frac{2.303}{b_a} + \frac{2.303}{b_c}\right)\Delta E \qquad (9.3.2)$$

即:

$$i_{corr} = \frac{B}{\Delta E/I} = \frac{B}{R_p} \qquad (9.3.3)$$

式中:B——Tafel 常数;

R_p——极化电阻,它是自腐蚀电位附近的极化电位 ΔE 与极化电流 I 的比值。

本试验试样的极化电阻采用三电极体系的恒电位法测量,参比电极为饱和甘汞电极,铂电极为对电极,室温下测试,测试仪器为 PS-168 型电化学测试系统,极化电位 ΔE 为自然电位偏移正负约 10 mV。测试装置如图 9-4 所示,其示意图如图 9-5 所示。

图 9-4　极化电阻测试

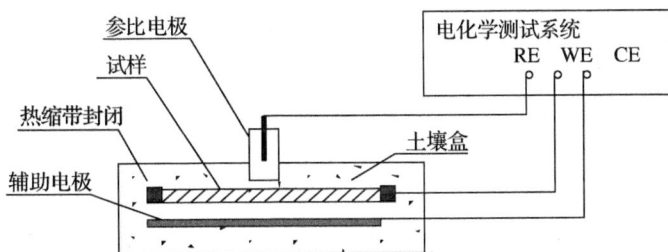

图 9-5　试样极化电阻和极化曲线测量示意图

9.4　不同接地体材料在土壤中的腐蚀特性

9.4.1　试样自腐蚀电位随时间的演变

不同材质的接地体在土壤中自腐蚀电位随时间的变化如图 9-6 所示。

由图 9-6 可见:

(1) 不同材料在同一土壤中的电位存在较大差异,镀锌层的自腐蚀电位最负值最大,表明其腐蚀活性最高。

(2) 同一材料在不同土壤中自腐蚀电位也有所差异,表明不同土壤的腐蚀性不同。对于在含氯环境中处于活化腐蚀状态的镀锌钢和钢试样,当土壤的饱水程度较高时,它们的腐蚀速率由土壤中氧去极化的阴极反应所控制,因此自腐蚀电位越负,说明参加去极化反应的氧气含量越少,因而腐蚀也会较轻。在试验的 3 种土壤中,3♯土壤为致密的粘性土,含氧量相应较少,因此其中镀锌钢和钢中的自腐蚀电位最低,表明 3♯土壤对镀锌钢和钢材来说腐蚀性较低。

(3) 在 3 种土壤中,由于在试验过程中土壤含水量、电阻率和含氧量等参数不同以及试样表面腐蚀状况的差异,各试样的自腐蚀电位均随时间有不同程度的变化。其中钢样在试验期间的电位约有 100 mV 的波动,在 3 种土壤中分别为 $-620\sim-710$ mV 和 $-630\sim-700$ mV 和 $-650\sim-730$ mV,表明钢一直处于活化腐蚀状态。镀锌钢埋设初期自腐蚀电位均较负,表明镀锌层处于活性腐蚀状态。随着

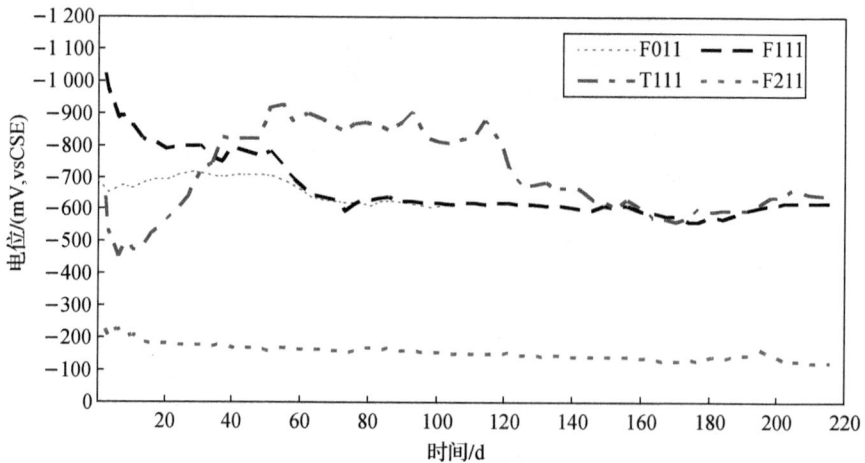

(a) 1♯土壤

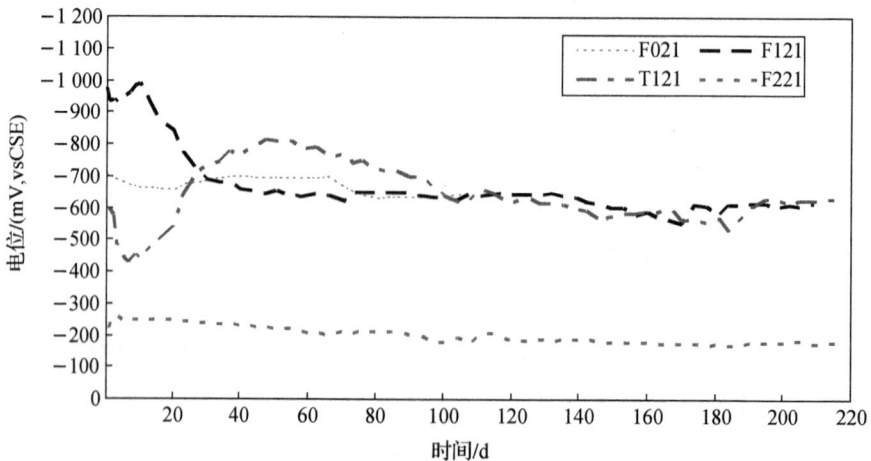

(b) 2♯土壤

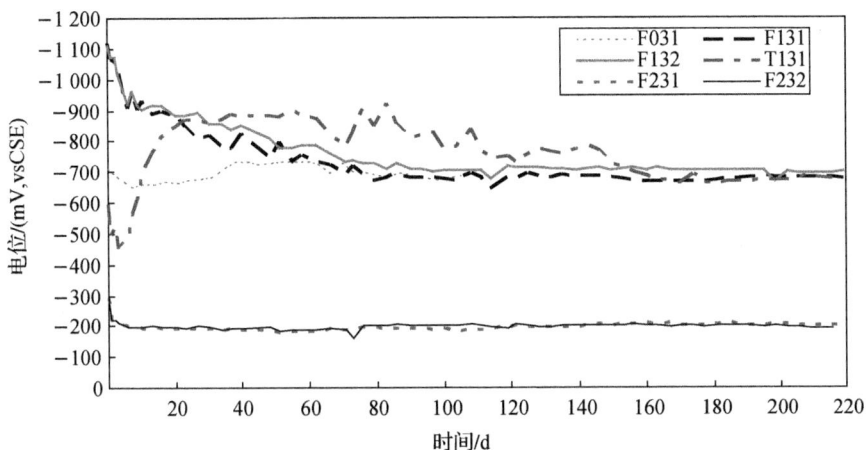

（c）3♯土壤

图 9-6　试样在土壤中的自腐蚀电位随时间的变化

埋设试验的进行，镀锌层不断腐蚀破损，电位逐步正移，在 3 种土壤中分别埋设 60 d、30 d 和 55 d 时，与钢的自腐蚀电位相当，说明此时镀锌层已被破坏。涂覆有导电材料的镀锌钢初始有界面剂的保护，电位较低，随后电位较快负移，在 3 种土壤中分别埋设 30 d、24 d 和 10 d 时，电位已负于钢样的电位，开始表现出锌的电位，说明此时导电界面剂已破损。到 40～50 d 时，电位达到最负值，而后又呈现出逐渐正移的趋势，镀锌层逐步开始腐蚀，在 100～160 d 电位已基本与钢试样的电位重合。由此表明，镀锌钢和导电界面剂在 3 种盐碱土壤中的有效保护时间很短。

9.4.2　试样腐蚀速率随时间的演变

本节采用极化电阻法测量了埋设试样不同时间的腐蚀速率。钢、镀锌钢试样在不同土壤中的腐蚀速率随时间的变化如图 9-7 所示。

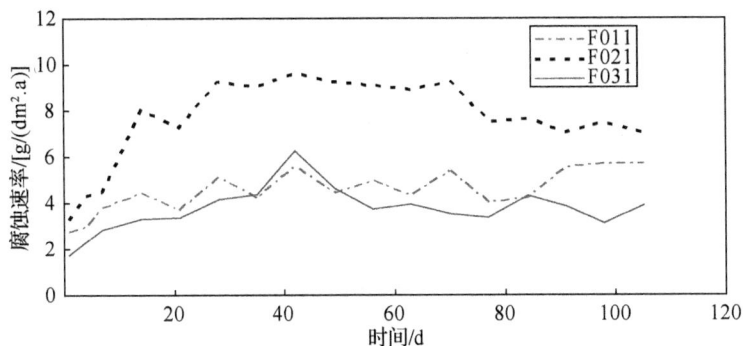

（a）钢

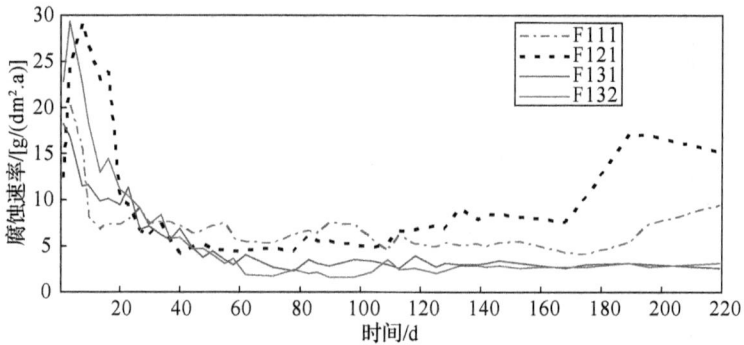

（b）镀锌钢

图 9－7　接地体试样在土壤中的腐蚀速率随时间的变化

由图 9－7 可知,钢和镀锌钢材料在 3 种盐碱土中的腐蚀速率存在较大的差异,随时间的变化也各不相同。

对于钢材而言,在 3 种土壤中的腐蚀速率在埋设初期略有上升,而后基本保持在一定的范围内波动。这进一步说明钢在盐碱土壤中一直处于活性腐蚀状态,但在 3 种土壤中钢的腐蚀速率有较大差别,在土质疏松且氯离子含量最高的 2♯土壤中腐蚀速率最大,为 7～9 g/(dm² · a);在土壤较为致密的氯离子含量中等的 3♯土壤中腐蚀速率最小,为 3～4 g/(dm² · a)。这是由于 2♯土壤最为疏松,含氧量高,对于氧去极化引起腐蚀的钢,氧气含量越高,腐蚀越严重。

镀锌钢在埋设初期腐蚀速率较快,表明镀锌层在盐碱土壤中具有较高的腐蚀活性。随着埋设时间的延长,内部钢开始腐蚀,腐蚀速率逐渐降低,3♯土壤中的腐蚀速率基本维持在 3 g/(dm² · a)左右,而在 1♯土壤和 2♯土壤中腐蚀速率波动较大,分别为 4～9 g/(dm² · a)和 4.5～17 g/(dm² · a),可能是试验期间含水量不同造成含氧量变化所致。另外,试样在土壤中的埋设深度对腐蚀速率也有一定影响,埋设较深的 F132 周围氧含量较低,腐蚀速率也略低于 F131。这同样说明,镀锌钢和钢的腐蚀速率由氧的去极化腐蚀所控制,盐碱土中氧气含量越高,试样腐蚀速率越快。

9.4.3　试样腐蚀状况和腐蚀失重

试样在 3 种土壤中埋设一段时间,其腐蚀外观状况如图 9－8 所示。

由图 9－8 可知,钢片在土壤中埋设 105 d 时取出,发现 1♯和 2♯土壤中钢片表面已全部被黄色的腐蚀产物覆盖,清洗掉腐蚀产物后,整个暴露面布满较浅的腐蚀坑。而 3♯土壤中的钢片约有 1/2 的暴露面覆盖了黄色腐蚀产物和腐蚀斑坑。从腐蚀状况外观来看,钢在 3 种土壤中的腐蚀严重性顺序为:2♯＞1♯＞3♯,这与上节的腐蚀速率测量结果相对应。

（a）1#土壤

（b）2#土壤

（c）3#土壤

图 9 - 8 钢在土壤中腐蚀情况

　　钢和镀锌钢试样腐蚀后质量损失和平均腐蚀速率结果见表 9 - 12。表 9 - 12 所示的腐蚀失质量同样表明不同土壤对钢和镀锌钢具有不同的腐蚀性。就不同土壤而言，钢和镀锌钢在 2#土壤中的平均腐蚀速率最高，约为 3#土壤的 2 倍；在同一土壤中，不同材料具有不同的抗腐蚀能力，在 3 种土壤中镀锌钢的平均腐蚀速率高于普通钢，说明在盐碱土中镀锌层没有保护作用。

表 9-12　试样平均腐蚀速率

试样材料	土壤	试样编号	试验时间/d	失质量/g			腐蚀率/(g/dm^2)	平均腐蚀速率/$[g/(dm^2 \cdot a)]$
				1	2	3		
钢	1#	F011	105	0.949	0.907	1.027	1.367	4.751
	2#	F021		1.640	1.398	1.350	2.093	7.277
	3#	F031		0.790	0.591	0.805	1.039	3.611
镀锌钢	1#	F111	219	2.417	2.234	2.200	3.666	6.110
	2#	F121		3.576	2.913	3.330	5.350	8.917
	3#	F131		1.649	1.653	1.942	2.876	4.794
	3#	F132		1.823	1.449	1.771	2.687	4.478

钢、镀锌钢和导电界面剂镀锌钢材料在氯离子含量为 2 545~15 008 mg/kg，土壤电阻率为 1.4~42.6 Ω·m 的 3 种盐碱土中腐蚀行为的试验结果表明：

（1）钢在 3 种盐碱土壤中一直处于活性腐蚀状态，其腐蚀电位和腐蚀速率随土壤含水量的波动而波动，其腐蚀速率为 4~9 g/(dm² · a)，平均年腐蚀速率为 3.6~7.3 g/(dm² · a)。

（2）在盐碱土壤中镀锌层呈现高的腐蚀活性，在 3 种土壤中埋设数十天后就已局部溶解，钢开始腐蚀。在埋设 219 d 后，镀锌钢试样已发生明显的腐蚀，年平均腐蚀速率为 4.5~8.9 g/(dm² · a)，因此镀锌层对钢没有明显的保护作用。

（3）纳米碳防腐导电材料在 3 种盐碱土中埋设 219 d 后，已发生明显的鼓泡破损，钢开始腐蚀，表明在盐碱土中导电界面剂对钢也不具有保护作用。

（4）试样在土壤中的腐蚀行为与土壤的性状密切相关。钢、镀锌钢在较为疏松的砂质土（2# 土壤）中的腐蚀比在较为致密的粘性土（3# 土壤）中的腐蚀严重，这表明钢和镀锌钢在碱土中的腐蚀为氧的去极化腐蚀，盐碱土的含氧量对腐蚀速率的影响最为显著。

（5）埋设于不同深度试样周围的氧气含量或湿度有所差异，因此导致了它们的腐蚀速率也有所差异。

9.5　电偶腐蚀试验结果和分析

当材料不同或所处环境不同的钢结构接触成为耦合电池后,会由于电池两电极电位差的不同而在两者之间产生电流,从而导致接受电流的一方成为阳极加速腐蚀,而发出电流的一方成为阴极而减轻腐蚀。不同类型电偶电池的电流测量结果如图9-9所示,在试验时间内各耦合电池的平均电偶电流及根据电流方向判别的电极极性见表9-13。

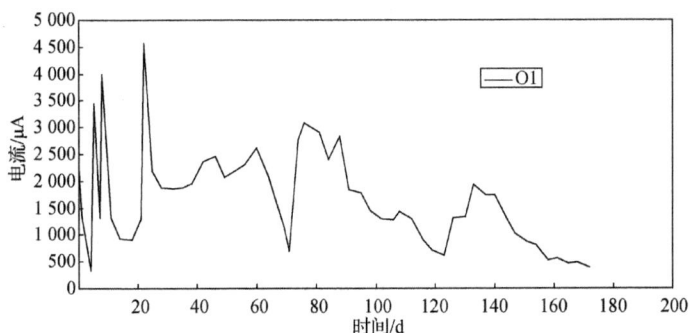

（a）

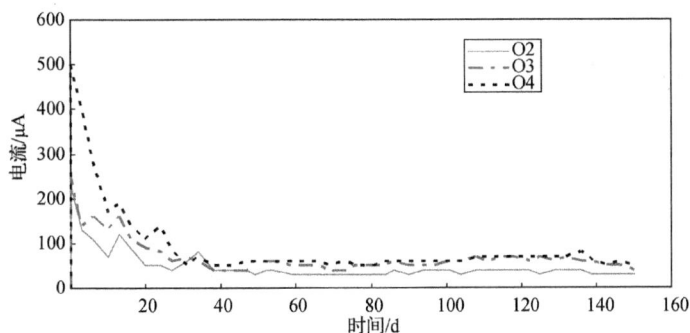

（b）

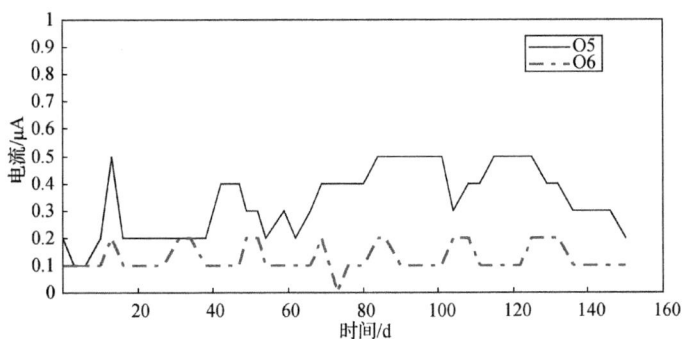

（c）

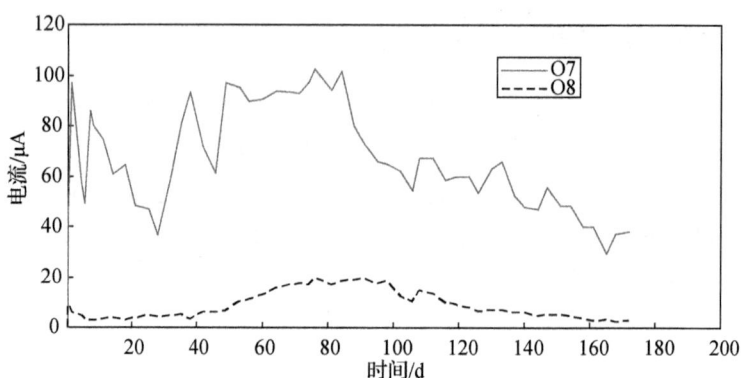

（d）

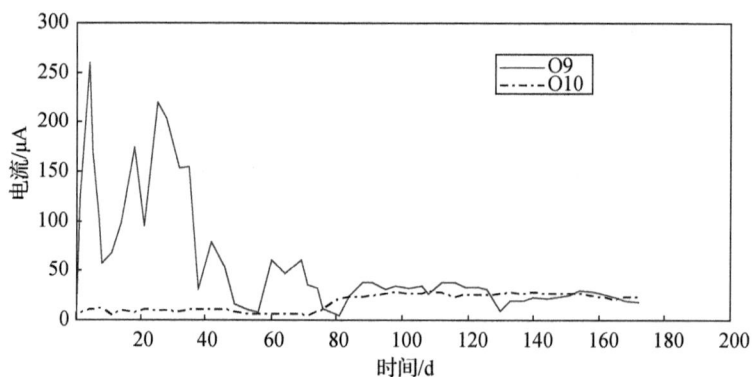

（e）

图 9‐9　各耦合电池电偶电流随时间的变化

表 9‐13　各耦合电池电偶电流及电极极性

耦合电池编号	电偶类型	平均电流/μA	阳极	阴极	备注
O1	镀锌钢‐铜	1 709.4	镀锌钢	铜	
O2	镀锌钢‐钢筋混凝土	49.4	镀锌钢	钢筋混凝土	面积比 0.28
O3		70.3	镀锌钢	钢筋混凝土	面积比 0.57
O4		92.5	镀锌钢	钢筋混凝土	面积比 0.87
O5	铜‐钢筋混凝土	0.34	铜	钢筋混凝土	3♯土壤
O6		0.13	铜	钢筋混凝土	1♯土壤

耦合电池编号	电偶类型	平均电流/μA	阳极	阴极	备注
O7	1♯土壤-3♯土壤	67.8	镀锌钢(3♯土壤)	镀锌钢(1♯土壤)	
O8		8.9	铜(1♯土壤)	铜(3♯土壤)	
O9	10~20 cm埋深	53.4	镀锌钢(10 cm)	镀锌钢(20 cm)	
O10		17.3	铜(20 cm)	铜(10cm)	

由图9-9和表9-13可知,各耦合电池的电偶电流大小有显著的差别,且随时间有较大的波动。电偶电流的大小主要由耦合电池两电极的电位差及回路电阻(两电极的极化电阻和土壤电阻之和)决定,电位差越大,回路电阻越小,电偶电流越大。试验期间电流的波动主要是试验期间洒水导致土壤电阻率和电位差波动而引起的。

根据图9-6所示的各材料在自然状态下的电位,镀锌钢与铜具有较大的开路电位差(在初期约有800 mV的电位差,当镀锌层溶解暴露出钢后,约存550 mV的电位差),且回路电阻最低,因此表现为由镀锌钢与铜组成的电偶对O1的电偶电流最大,电偶电流随镀锌层的逐渐破坏,电极间电位差的下降而呈现出下降的趋势。

在试验期间钢筋混凝土中钢筋的电位实测值为$-75 \sim -126$ mV,与镀锌钢之间的开路电位差为$900 \sim 650$ mV,但由于混凝土的电阻率显著大于土壤的电阻率,且钝化钢筋的极化电阻大,因此由镀锌钢与钢筋混凝土组成的O2~O4的电偶电流(平均值为$49.4 \sim 92.5$ μA)要明显小于O1的电偶电流(平均值为$1\,709.4$ μA)。试验也发现,电偶电流大小与阴、阳极暴露面积比有关,阴极面积越大,电偶电流较大,即阳极腐蚀越严重。铜与尚未腐蚀的钢筋之间的开路电位差小,且回路电阻大,因此O5和O6的电偶电流最小,其平均值不到1 μA。

相同材料埋设土壤不同或深度不同构成的电偶对O7~O10,由于开路电位差相对较小,故产生的电流电偶也相应较小。

各类电偶对之间产生大小不等的电偶电流,加速了耦合电池中接受电流的电极即阳极的腐蚀,电偶电流越大,腐蚀加速作用越大。试验一段时间,根据质量损失计算的平均腐蚀速率及其与自腐蚀速率的增加率见表9-14。

表 9 - 14　电偶对试样腐蚀速率

耦合电池编号	阳极				阴极			
	材料	平均腐蚀速率/[g/(dm²·a)]	增量/[g/(dm²·a)]	增加率/%	材料	平均腐蚀速率/[g/(dm²·a)]	增量/[g/(dm²·a)]	增加率/%
O1	镀锌钢	52.039	47.245	985.5	铜	0.592	−0.815	−57.9
O2	镀锌钢	8.017	3.223	67.2	钢筋混凝土	—	—	—
O3	镀锌钢	9.202	4.408	91.9	钢筋混凝土	—	—	—
O4	镀锌钢	9.638	4.844	101.0	钢筋混凝土	—	—	—
O5	铜	1.887	0.480	34.1	钢筋混凝土	—	—	—
O6	铜	0.646	0.150	30.2	钢筋混凝土	—	—	—
O7	镀锌钢(3#土壤)	9.117	4.323	90.2	镀锌钢(1#土壤)	5.953	−0.157	−2.6
O8	铜(1#土壤)	2.329	0.922	65.5	铜(3#土壤)	0.476	−0.020	−4.0
O9	镀锌钢	5.791	0.997	20.8	镀锌钢	3.520	−0.958	−21.4
O10	铜	2.312	0.429	22.8	铜	1.333	−0.074	−5.3

由表 9 - 14 可知,当钢结构由于各种原因形成电偶时,加速了耦合电池阳极的腐蚀,镀锌钢与铜耦合时,腐蚀速率比自然状态的腐蚀速率增加了约 10 倍;镀锌钢与钢筋混凝土耦合时,钢筋面积与镀锌钢面积比从 0.28 到 0.87,腐蚀速率也增加了 67%~101%;铜与钢筋混凝土耦合时,腐蚀速率也有轻微的增加;埋设于不同土壤或不同深度的钢结构耦合时,原先腐蚀较严重的一方成为阳极,腐蚀速率增加了 20.8%~90.2%,而原先腐蚀较轻的一方成为阴极,腐蚀略有减轻。

本试验表明,当不同材质、不同表面状态或不同埋设环境的钢结构之间存在电接触时,会成为电偶电池,在两者之间产生电偶电流,加速其中一方的腐蚀,其加速程度与两者之间的电位差的大小成正比,与回路电阻的大小成反比。因此在实际操作中应尽量避免电偶电池的形成。

9.6　盐碱土壤中阴极保护电流密度

在阴极保护试验过程中,土壤中的水分会不断挥发,导致土壤的含水量不断降低,相应的土壤电阻率不断增加。3 种土壤的含水量和电阻率随试验时间的变化如图 9-10 和图 9-11 所示。

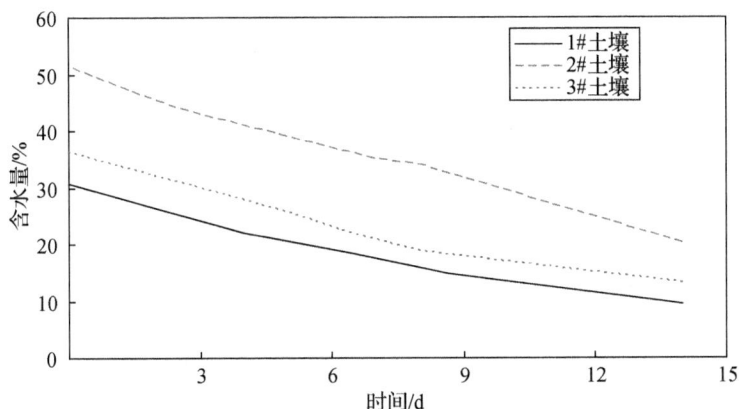

图 9-10 初期试验期间土壤含水量随时间的变化

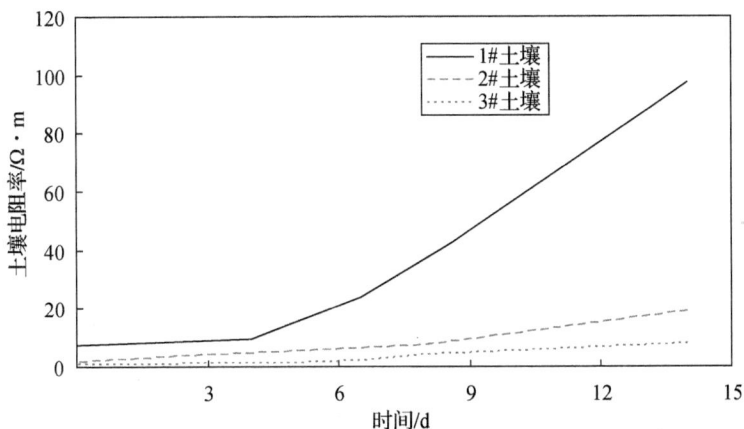

图 9-11 初期试验期间土壤电阻率随时间的变化

由图 9-10 和图 9-11 可知,土壤电阻率不仅与土壤含盐量有关,还与含水量有关,3 种土壤在试验初期含水量较高时,土壤电阻率均小于 20 Ω·m,随着试验的进行,土壤中的水分不断挥发,土壤含水量不断降低,土壤电阻率相应地不断增加,在 6 d 时,1♯ 土壤的电阻率开始大于 20 Ω·m,约 10 d 已大于 50 Ω·m。

钢试样在上述 3 种盐碱土中阴极保护(相对于硫酸铜电极保护电位为 −0.85 V)50 d 后,外观形貌如图 9-12 所示。

由图 9-12 可知,由于对钢试样采取阴极保护,试样在 3 种盐碱土中埋设 50 d 后仍保持光亮的金属色,没有发现腐蚀迹象。

在 3 种盐碱土壤中保护电位为 −0.85 V 时所需的电流密度如图 9-13 所示。

图 9 – 12　钢试样在阴极保护下的外观形貌

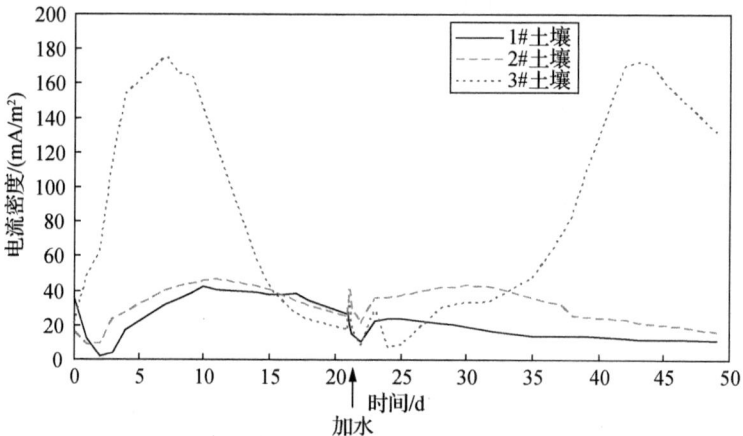

图 9 – 13　碳钢在不同土壤中所需的保护电流密度随时间的变化

由图 9 – 13 可知，在整个阴极保护试验期间，3 种土壤中的碳钢所需保护电流随时间均有显著的变化，且不同土壤也有较大的差异。碳钢在 1♯ 土壤中的保护电流密度为 1.67～42.07 mA/m²，在 2♯ 土壤中的保护电流密度为 8.81～46.66 mA/m²，而在 3♯ 土壤中的保护电流密度则为 7.44～175.57 mA/m²，但均表现出相类似的变化趋势，即碳钢在饱水的土壤中，保护电流密度较低，而后随着试验的进行，保护电流密度不断增加，到一定值后又逐渐下降。对照图 9 – 10 和图 9 – 11 所示的土壤含水量和电阻率的测量结果，可以发现：

（1）土壤中碳钢达到相同保护电位时所需的保护电流密度不仅与土壤电阻率有关，还与土壤含水量有关。在试验初期，碳钢在土壤中的保护电流密度随土壤含水量的降低而提高，但由于土壤电阻率也会随含水量下降而提高，因此当含水量下降到一定程度后,土壤电阻率的不断提高将导致保护电流密度逐渐下降。由此可见,碳钢在土壤中的保护电流密度由含水量和电阻率共同决定。

(2)不同土壤的保护电流密度有显著差异。3♯土壤中保护电流最小值和最大值分别是 1♯土壤的 4.5 倍和 4.2 倍,是 2♯土壤的 0.8 倍和 3.8 倍。

(3)综合 3 种土壤来看,在本次试验中,根据土壤含水量和土壤种类不同,当土壤电阻率小于 20 Ω·m 时,保护电流密度为 2～176 mA/m²;当土壤电阻率为 20～50 Ω·m 时,保护电流密度为 16～42 mA/m²;当土壤电阻率大于 50 Ω·m 时,保护电流密度为 11～42 mA/m²。这要大于《水运工程结构防腐蚀施工规范》(JTS/T 209—2020)给出的保护电流密度设计值,因此对于土壤电阻率只有数欧姆·米,甚至不足 1 Ω·m 的盐碱土壤来说,20 mA/m² 的设计保护电流密度远不能满足阴极保护要求。

9.7 小结

本章考虑单一盐碱环境下钢筋结构腐蚀情况现状,对电化学腐蚀机理进行分析,得出如下主要结论:

(1)根据调查资料和有关规范,新沂河场地地下水 pH 值呈中性,但氯离子和硫酸根离子的总量较高,对钢结构均具有中等腐蚀性;场地土电阻率实测值为 0.6～1.8 Ω·m,对钢结构具有强腐蚀性。

(2)现有镀锌钢的镀锌层在盐碱土壤中呈现高的腐蚀活性,对钢材料没有明显的保护作用。纳米碳防腐导电材料在试验盐碱土中,不到 1 年就发生明显的鼓泡破损,在盐碱土中导电界面剂对镀锌钢也没有起到有效的保护作用。镀锌钢在工程所在的盐碱土中的年平均腐蚀速率为 4.5～8.9 g/(dm²·a)。

(3)镀锌钢、铜等不同的材料接触耦合,或与钢筋混凝土中的钢筋连接时,会加速负电性金属的腐蚀,加速程度与耦合电极之间的电位差、回路电阻以及两者面积比有关,因此应尽量避免不同材料相接触。埋设于不同土壤或不同深度的钢材之间存在接触时,原先腐蚀较严重部位,会由于电偶腐蚀的形成进一步加剧该部位的腐蚀,因此在设计中应考虑该因素。

(4)对埋设于盐碱土中的钢材采取阴极保护措施,能有效防止钢材的腐蚀,其所需的阴极保护电流根据土壤的含水量和电阻率不同有较大的差异,在本试验中保护电流密度在 2～176 mA/m² 的较大范围内变化。

10 多种环境因素耦合作用下钢筋混凝土劣化进程及机理

沿海钢筋混凝土结构是在应力或非应力与不同化学腐蚀和物理疲劳共同作用下运行的,单一因素作用下混凝土耐久性研究难以真实地反映工程所处环境的客观腐蚀情况。当今评估混凝土的耐久性已有多种方法和多种计算模型,但忽略了诸多工程绝非单一因素作用下的损伤,而是多重破坏因素,至少是双重破坏因素共同作用的结果。材料内部劣化程度也不是各因素单独作用引起损伤的简单加和,而是诸因素相互影响、相互叠加,有明显交互作用的结果。本章针对处于大气环境中的钢筋混凝土,考虑多重环境作用下的钢筋混凝土的退化机理和规律。

▶ 10.1　原材料

原材料种类及各项性能见 6.3 节。

▶ 10.2　钢筋混凝土抗氯离子渗透试验研究

针对普通混凝土、大掺量磨细矿渣耐腐蚀混凝土,分别开展干湿循环条件和饱水条件下钢筋混凝土抗氯离子渗透试验研究。

采用 0.35 和 0.45 水胶比的两组普通混凝土、0.35、0.40 和 0.45 水胶比的三组大掺量磨细矿渣耐腐蚀混凝土,共 5 组混凝土配合比,开展干湿循环条件下钢筋混凝土抗氯离子渗透试验研究。

试验配合比见表 10-1。

表 10-1　混凝土配合比

试件编号	胶凝材料配伍掺量	混凝土原材料用量/(kg/m³)							
		水泥	粉煤灰	矿渣粉	砂	石子	水	减水剂	引气剂
P35	100%C	480	0	0	688	1032	168	3.360	0.038
P45	100%C	373	0	0	780	1033	168	2.613	0.030
S35	45%C+15%F+40%S	207	69	184	690	1035	161	3.220	0.069
S40	45%C+15%F+40%S	180	60	160	749	1035	160	2.800	0.060
S45	45%C+15%F+40%S	162	54	144	781	1035	162	2.520	0.054

注:表中"C"表示水泥;"F"表示粉煤灰;"S"表示磨细矿渣。

10.2.1　干湿循环条件下钢筋混凝土抗氯离子渗透性能试验

根据设计的配合比成型尺寸为 100 mm×100 mm×200 mm 的混凝土试件。将成型的试件标准养护 28 d 后取出,除了一个 100 mm×200 mm 的侧面供外界氯离子渗透外,其余五个表面均用环氧树脂密封,然后开始浸烘循环。首先将混凝土试件浸泡在浓度为 3.5% 的氯化钠溶液中 1 d,然后在 60 ℃温度下烘干 13 d,接着再浸泡再烘干,直至多次循环。最后钻取不同深度混凝土砂浆粉末样品,测定混凝土砂浆中水溶性氯离子含量。

混凝土试件分别经过 7 次和 12 次浸烘循环,钻取不同深度混凝土砂浆粉末样品,测定混凝土砂浆中水溶性氯离子含量,结果见表 10-2 和图 10-1。

表 10-2　不同配合比混凝土在干湿循环条件下抗氯离子渗透性能试验结果

试件编号	循环/次	不同取样深度下水溶性 Cl⁻ 含量(以砂浆质量计)/%				
		0~10 mm	10~20 mm	20~30 mm	30~40 mm	40~50 mm
P35	7	0.461	0.336	0.293	0.269	0.202
	12	0.591	0.414	0.385	0.334	0.246
P45	7	0.712	0.551	0.495	0.390	0.210
	12	0.779	0.708	0.524	0.475	0.399
S35	7	0.372	0.269	0.092	0.069	0.009
	12	0.506	0.349	0.260	0.172	0.074
S40	7	0.450	0.329	0.199	0.159	0.067
	12	0.555	0.403	0.278	0.210	0.121
S45	7	0.535	0.408	0.288	0.246	0.175
	12	0.629	0.558	0.461	0.392	0.184

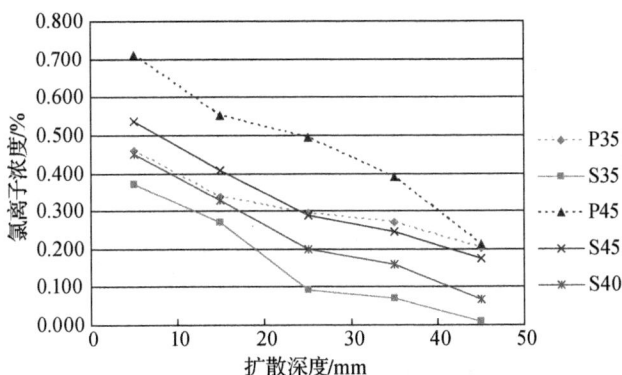

（a）龄期:7 次干湿循环

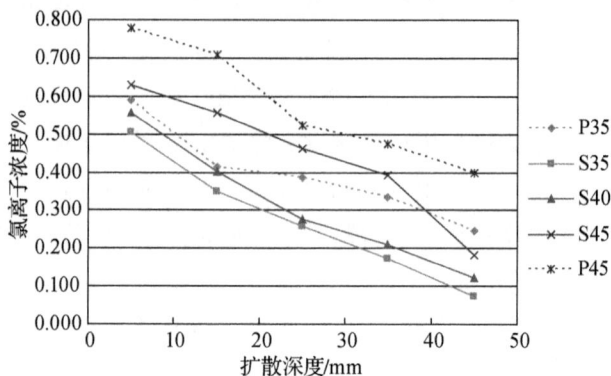

（b）龄期：12 次干湿循环

图 10 - 1　混凝土在干湿循环条件下氯离子浓度随扩散深度的变化规律

由表 10 - 2 和图 10 - 1 的结果可知：在干湿循环条件下，氯离子浓度随扩散深度逐步下降；对于同种混凝土，氯离子浓度随水胶比的增加而升高；在相同水胶比条件下，扩散至耐腐蚀混凝土中的氯离子浓度明显低于普通混凝土。而且从图中可以看出，水胶比小于等于 0.40 的耐腐蚀混凝土中的氯离子浓度均比水胶比为 0.35 的普通混凝土低，即使 0.45 水胶比的耐腐蚀混凝土在经过 7 次干湿循环，氯离子浓度从第三层即 20～30 mm 深度处开始也比水胶比为 0.35 的普通混凝土低；经过 12 次干湿循环，氯离子浓度在第五层即 40～50 mm 深度处也比水胶比为 0.35 的普通混凝土低。也就是说，即使水胶比较高的耐腐蚀混凝土，相比低水胶比的普通混凝土，氯离子也不易扩散至混凝土内部深处。

10.2.2　饱水条件下钢筋混凝土抗氯离子渗透性能试验

采用 0.35 水胶比的普通混凝土、0.35 水胶比的大掺量磨细矿渣耐腐蚀混凝土，开展饱水条件下钢筋混凝土抗氯离子渗透试验对比研究。

根据设计的配合比成型尺寸为 100 mm×100 mm×200 mm 的混凝土试件。将成型的试件标准养护 28 d 后取出，除了一个 100 mm×200 mm 的侧面供外界氯离子渗透外，其余五个表面均用环氧树脂密封，然后将混凝土试件浸泡在浓度为 3.5%的氯化钠溶液中。

混凝土试件分别经过 30 d 和 90 d 的浸泡龄期，钻取不同深度混凝土砂浆粉末样品，测定混凝土砂浆中水溶性氯离子含量，结果见表 10 - 3 和图 10 - 2。

表 10-3 不同配合比混凝土在饱水条件下抗氯离子渗透性能试验结果

试件编号	龄期/d	不同取样深度下水溶性 Cl⁻ 含量(以砂浆质量计)/%				
		0～10 mm	10～20 mm	20～30 mm	30～40 mm	40～50 mm
P35	30	0.141	0.058	0.011	0.007	0.004
	90	0.166	0.067	0.027	0.011	0.007
S35	30	0.125	0.004	0.004	0.002	0.002
	90	0.208	0.009	0.007	0.007	0.004

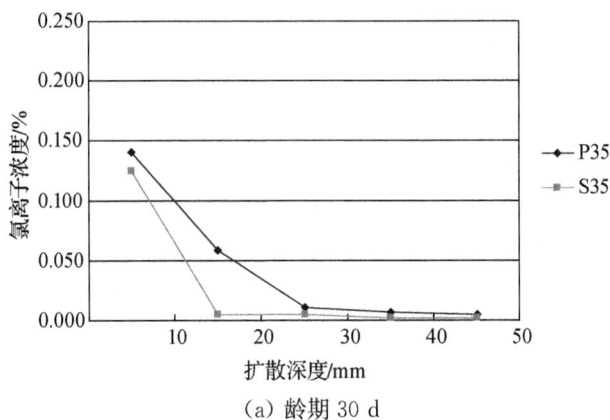

(a) 龄期 30 d

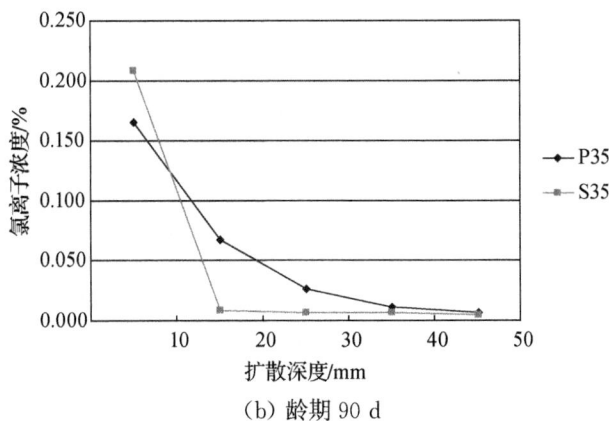

(b) 龄期 90 d

图 10-2 混凝土在饱水条件下氯离子浓度随扩散深度的变化规律

表 10-3、图 10-2 的结果表明,在饱水条件下,在 90 d 的侵蚀龄期内,耐腐蚀混凝土中的氯离子主要聚集在表层,内部氯离子很少;而普通混凝土中氯离子由表及里逐步扩散至内部。但饱水条件与干湿循环条件相比,对比图 10-2(90 d 侵蚀

龄期)和图 10-1(7 次干湿循环,即 98 d 侵蚀龄期)可知,无论是耐腐蚀混凝土还是普通混凝土,干湿循环条件下,渗透进入混凝土中的氯离子明显高于饱水条件。

10.2.3 耐腐蚀混凝土抗氯离子渗透性能改善机理

混凝土中的氯离子以三种方式存在:一种是 Cl^- 与水泥中铝酸三钙(C_3A)的水化产物水化铝酸钙反应生成低溶性的单氯铝酸钙 $3CaO-Al_2O_3-CaCl_2-10H_2O$,即 Friedel 盐,称为 Cl^- 的化学结合;另一种是 Cl^- 被吸附到水泥胶凝材料的水化产物中,即被水泥水化产物内比表面吸收,称为 Cl^- 的物理吸附;第三种是 Cl^- 以游离的形式存在于混凝土的孔溶液里。混凝土对 Cl^- 的化学结合与物理吸附的能力统称为混凝土对 Cl^- 的结合能力。一般认为只有以游离形式存在的氯离子,才会对钢筋造成腐蚀。因此,混凝土结合氯离子能力有重要意义。

大掺量磨细矿渣和粉煤灰等矿物掺合料的掺入能改善混凝土内部的微观结构和水化产物的组成,降低混凝土的孔隙率,使孔径细化,从而提高混凝土对氯离子渗透的扩散阻力。同时,火山灰效应减少了粗晶体颗粒的水化产物 $Ca(OH)_2$ 的数量及其在水泥石-集料界面过渡区的聚集与定向排列,优化了界面结构,并生成强度更高、稳定性更优、数量更多的低碱度 CSH 凝胶,增强了结合氯离子的能力。加之掺合料粉末的密实填充作用会使水泥石结构和界面结构更加致密。矿物掺合料提高了混凝土对氯离子的物理吸附和化学结合能力,即固化能力。水泥石孔结构的细化使其对氯离子的物理吸附能力增强;二次水化反应生成的碱性较低的 CSH 凝胶也增强了混凝土结合氯离子的能力;掺合料中较高含量的无定型 Al_2O_3 与 Cl^-、$Ca(OH)_2$ 生成 Friedel 盐,这些均有利于降低氯离子在混凝土中的含量和渗透速度,使得混凝土内部离子浓度降低,进而提高了混凝土的抗氯离子渗透的能力。

氯离子在干湿循环条件下混凝土试件中的侵蚀速度快于浸泡条件下混凝土中的侵蚀速度。在干湿循环条件下,混凝土中氯离子的传输机理和饱水条件不同。氯离子在非饱水混凝土中的传输是扩散和毛细管吸收等不同作用的综合效果,尤其在干湿交替作用下,氯化物被带进混凝土中的主要机理是混凝土毛细管孔隙的吸收作用,其传输速度远大于饱水混凝土里外氯离子浓差引起的离子扩散速度。同时,干湿循环条件下,表层混凝土内氯离子含量比饱水条件下表层混凝土内氯离子含量高得多。这是由于在浸泡阶段,表层干燥混凝土因毛细作用迅速吸入大量的溶液;在干燥阶段,水分由内向外传输并在混凝土表面蒸发,从而使氯离子在表面积累造成的。

10.3 氯离子-二氧化碳耦合钢筋混凝土腐蚀性能研究

10.3.1 配合比及试验方案

沿海水利工程处于干湿交替环境的部位,经常遭受空气中二氧化碳与腐蚀介质的共同侵蚀,在前期腐蚀调研过程中,已经发现干湿交替部位,碳化深度普遍高于其他部位。虽然有相关理论认为,高氯盐含量有利于阻碍侵蚀性碳酸腐蚀,但与实际情况有差异。为明确碳化与盐碱腐蚀环境对钢筋混凝土的影响,按严酷环境来考虑,采用 0.33、0.38 和 0.43 水胶比的混凝土试件进行不同腐蚀溶液浓度的侵蚀耐久性试验。混凝土试验配合比见表 10-4,不同腐蚀溶液浓度见表 10-5。

表 10-4　混凝土试验配合比

试件编号	混凝土原材料用量/(kg/m³)							
	水泥	粉煤灰	矿渣粉	砂	石子	水	减水剂	引气剂
SD33	189	95	189	659	1 095	159	3.31	—
YSD38	158	79	158	713	1 045	150	2.17	0.081
YSD43	175	52	123	744	1 115	150	1.92	0.070

表 10-5　不同腐蚀溶液浓度

溶液编号	溶液组成和浓度
W	水
ClMg	$Cl^- \; 15\,000$ mg/L$+SO_4^{2-} \; 3\,000$ mg/L$+Mg^{2+} \; 1\,500$ mg/L
CO150	$CO_2 \; 150$ mg/L
CMCO50	$Cl^- \; 15\,000$ mg/L$+SO_4^{2-} \; 3\,000$ mg/L$+Mg^{2+} \; 1\,500$ mg/L$+CO_2 \; 50$ mg/L
CMCO100	$Cl^- \; 15\,000$ mg/L$+SO_4^{2-} \; 3\,000$ mg/L$+Mg^{2+} \; 1\,500$ mg/L$+CO_2 \; 100$ mg/L
CMCO150	$Cl^- \; 15\,000$ mg/L$+SO_4^{2-} \; 3\,000$ mg/L$+Mg^{2+} \; 1\,500$ mg/L$+CO_2 \; 150$ mg/L

成型 100 mm³ 混凝土试件,标准养护 28 d 后于 60 ℃烘干 72 h,分别浸泡于水、不同组分和浓度的腐蚀溶液中。在溶液中浸泡 6 h,取出在室内风干 18 h(试验风速 3 m/s),每天循环一次,模拟现场最严酷条件。循环 90 次、180 次、365 次后检测混凝土抗压强度和碳化深度。

10.3.2 试验结果和分析

混凝土抗压强度对比试验数据见表 10-6 和图 10-3～图 10-5。混凝土中性化深度检测结果如图 10-6～图 10-8 所示。

表 10-6　混凝土抗压强度对比试验结果

循环次数	溶液编号	混凝土抗压强度/MPa		
		SD33	YSD38	YSD43
90	W	65.5	51.0	37.3
	ClMg	65.3	47.5	40.9
	CO150	64.6	50.3	37.9
	CMCO50	70.2	46.2	34.5
	CMCO100	63.4	51.7	37.0
	CMCO150	70.5	50.2	38.1
180	W	67.7	61.4	45.5
	ClMg	70.7	54.7	42.5
	CO150	73.6	58.4	44.5
	CMCO50	73.3	54.9	40.1
	CMCO100	70.2	59.0	41.9
	CMCO150	72.1	57.2	41.7
365	W	68.2	57.6	45.0
	ClMg	76.3	60.1	51.3
	CO150	72.4	56.6	47.7
	CMCO50	72.0	59.2	47.7
	CMCO100	69.1	61.4	48.1
	CMCO150	76.8	65.5	50.3

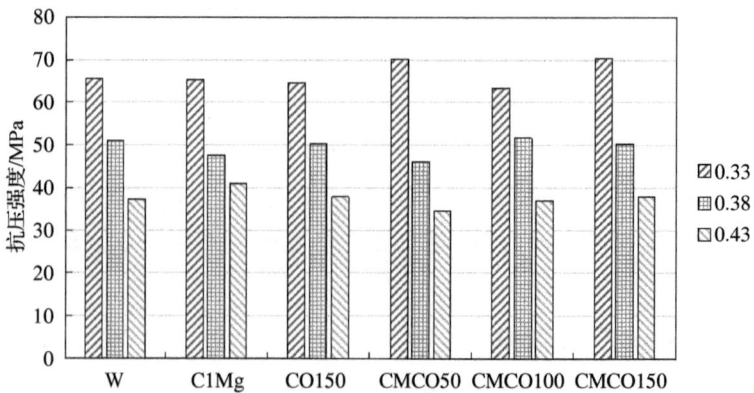

图 10-3　90 次循环后混凝土抗压强度对比

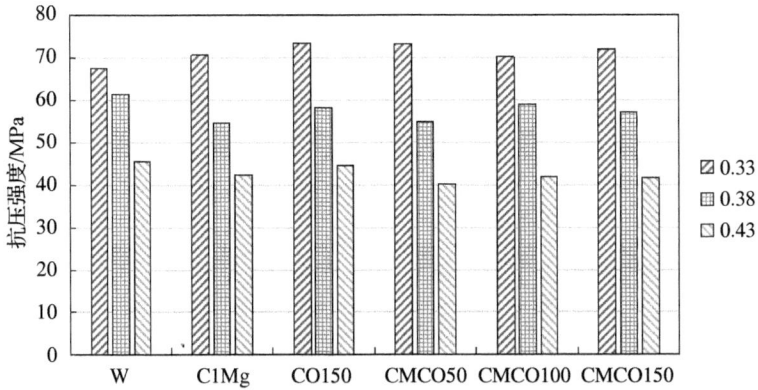

图 10-4　180 次循环后混凝土抗压强度对比

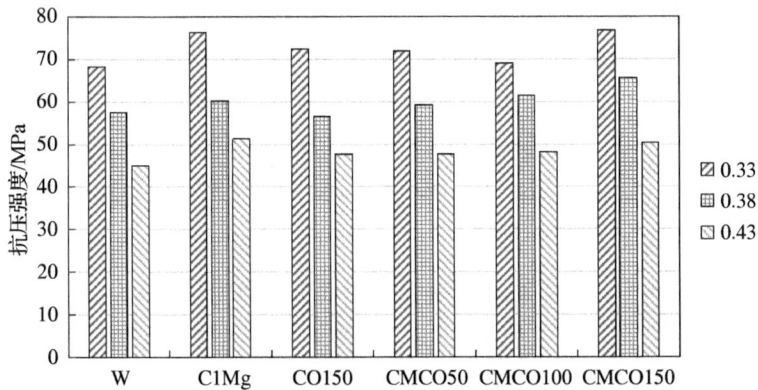

图 10-5　365 次循环后混凝土抗压强度对比

图 10-6　90 次循环后混凝土试件碳化深度

图 10-7　180 次循环后混凝土试件碳化深度

图 10-8 365 次循环后混凝土试件碳化深度

由试验结果可知,干湿循环一年后,对于高耐腐蚀混凝土,浸泡于氯盐-硫酸镁混合溶液中的混凝土试件抗压强度略高于浸泡于水中的混凝土基准试件,表明硫酸盐与混凝土中水化产物发生反应,导致混凝土表面致密,抗压强度略有提高(提高 5%～11%)。浸泡于侵蚀性 $CO_2$150 mg/L 溶液中的混凝土试件抗压强度与浸泡于水中的混凝土基准试件相当,表明侵蚀性 CO_2 对混凝土腐蚀程度不高。由混凝土试件碳化深度检测结果可知,干湿循环一年后,混凝土表面均无碳化反映,这同样证明侵蚀性 CO_2 对混凝土腐蚀程度不高。试验结果显示,对于耐腐蚀混凝土,在严酷环境下,可以较好地抵抗 CO_2 与多种介质复合的腐蚀。

10.4 钢筋混凝土抗硫酸盐侵蚀试验研究

针对普通混凝土、大掺量磨细矿渣耐腐蚀混凝土分别开展钢筋混凝土抗硫酸盐侵蚀试验研究。抗硫酸盐侵蚀试验的试件尺寸为 100 mm×100 mm×100 mm,试件在养护至 28 d 的前 2 天拿出在(80±5) ℃下烘 48 h,然后冷却放入硫酸盐溶液中浸泡(15±0.5)h,浸泡结束后风干 1 h,再放入烘箱,在(80±5)℃下烘 6 h,最后拿出冷却 2 h。整个循环过程为 24 h,即 1 d 1 次干湿循环。对比试件继续保持原有的养护条件,直到完成一定次数的干湿循环后和干湿循环试件同时进行抗压强度对比,干湿循环试件与对比试件抗压强度之比即为耐蚀系数。

采用 0.35 水胶比普通混凝土、0.35 水胶比大掺量磨细矿渣耐腐蚀混凝土,开展钢筋混凝土抗硫酸镁侵蚀试验研究。试验采用的硫酸镁溶液的浓度为 5%。

耐腐蚀混凝土和普通混凝土在硫酸镁溶液中的抗侵蚀性能分别见表 10-7 和

图 10－9。

表 10－7　不同配合比混凝土的抗硫酸镁侵蚀性能

试件编号	抗压强度耐蚀系数/%	
	干湿循环 30 次	干湿循环 90 次
P35	113	90
S35	103	86

　　由表 10－7 和图 10－9 可知,在 5% 的硫酸镁溶液中,混凝土在最初的干湿循环阶段的性能是增强的,随着干湿循环次数的增加,抗压强度明显下降。而且从图中可以看出,虽然耐腐蚀混凝土在最初的增强阶段性能增加不如普通混凝土明显,但在后面的性能下降阶段,其受腐蚀的速率却比普通混凝土慢。

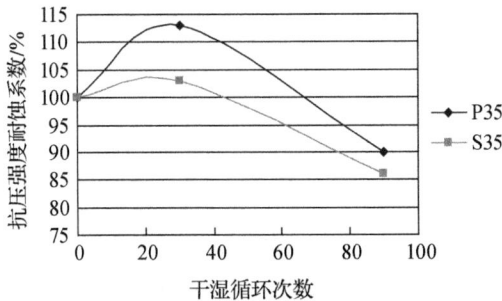

图 10－9　不同混凝土在 5%硫酸镁溶液中的抗侵蚀性能

10.5　氯盐-硫酸盐双重因素侵蚀试验研究

　　采用 0.35 和 0.45 两组水胶比普通混凝土,0.35、0.40 和 0.45 三组水胶比大掺量磨细矿渣耐腐蚀混凝土,开展钢筋混凝土抗硫酸镁加氯盐双重因素侵蚀试验研究。混合溶液的浓度为 3.5%氯化钠加 5%硫酸镁。

　　抗氯盐和硫酸盐双重因素侵蚀试验的试件尺寸有两种,一种为 100 mm×100 mm×100 mm,另一种为 100 mm×100 mm×200 mm。其中 100 mm×100 mm×200 mm 的试件除了一个 100 mm×200 mm 的侧面供外界盐离子渗透外,其余五个表面均用环氧树脂密封。两种尺寸的试件在养护至 28 d 的前 2 d 拿出在(80±5)℃下烘 48 h,然后冷却放入混合溶液中浸泡(15±0.5)h,浸泡结束后风干 1 h,再放入烘箱,在(80±5)℃下烘 6 h,最后拿出冷却 2 h。整个循环过程为 24 h,即 1 d 1 次干湿循环。

100 mm×100 mm×100 mm 的试件还有相应的一组对比试件继续保持原有的养护条件,直到完成一定次数的干湿循环后和干湿循环试件同时进行抗压强度对比,干湿循环试件与对比试件抗压强度之比即为耐蚀系数。

100 mm×100 mm×200 mm 的试件经过一定次数的干湿循环,钻取不同深度混凝土砂浆粉末样品,测定混凝土砂浆中水溶性氯离子含量。

耐腐蚀混凝土和普通混凝土在氯化钠加硫酸镁混合溶液中的抗侵蚀性能分别见表 10-8、表 10-9 和图 10-10。

表 10-8　不同水胶比混凝土的抗氯盐加硫酸盐侵蚀性能

试件编号	抗压强度耐蚀系数/%	
	干湿循环 30 次	干湿循环 90 次
P35	88	83
P45	86	80
S35	92	90
S40	92	89
S45	91	87

由图 10-10 可知,在 3.5%氯化钠和 5%硫酸镁的混合溶液中,混凝土从一开始干湿循环起,强度性能就开始逐步下降,但耐腐蚀混凝土的受腐蚀速率比普通混凝土慢,耐蚀系数比普通混凝土高。而且对比图 10-9 和图 10-10 可以看出,一旦强度性能开始下降,混凝土在硫酸镁溶液中的腐蚀速率比在氯化钠加硫酸镁的混合溶液中要快,也就是说,氯盐降低了硫酸镁的侵蚀速率。

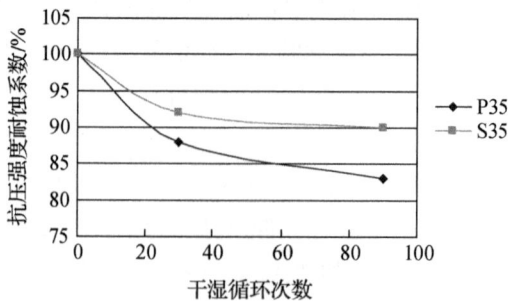

（a）水胶比 0.35

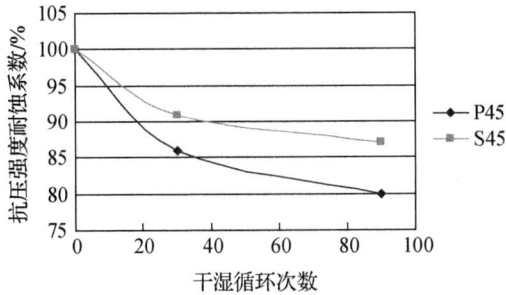

（b）水胶比 0.45

图 10-10 不同混凝土在氯盐加硫酸盐混合溶液中的抗侵蚀性能

表 10-9 和图 10-11 中不同混凝土在氯盐加硫酸盐混合溶液中氯离子的渗透性能试验结果表明，同种混凝土随着水胶比的增加，氯离子的扩散浓度随之增加。而耐腐蚀混凝土与普通混凝土相比，氯离子主要聚集在混凝土表层，浓度相对较高，而混凝土内部的氯离子较少；普通混凝土内部氯离子浓度明显高于耐腐蚀混凝土，即使 0.35 水胶比的普通混凝土，其内部氯离子浓度也比 0.45 水胶比的耐腐蚀混凝土高，氯离子不易渗透进入耐腐蚀混凝土内部。

表 10-9 不同混凝土在氯盐加硫酸盐混合溶液中氯离子渗透性能试验结果

试件编号	干湿循环次数	不同取样深度下水溶性 Cl^- 含量(以砂浆质量计)/%				
		0~10 mm	10~20 mm	20~30 mm	30~40 mm	40~50 mm
P35	30	0.049	0.018	0.009	0.007	0.002
	90	0.175	0.062	0.024	0.019	0.008
P45	30	0.157	0.036	0.036	0.018	0.013
	90	0.416	0.090	0.058	0.036	0.051
S35	30	0.119	0.004	0.004	0.002	0.002
	90	0.269	0.011	0.005	0.002	0.002
S40	30	0.197	0.007	0.004	0.002	0.002
	90	0.257	0.013	0.007	0.004	0.002
S45	30	0.242	0.027	0.009	0.007	0.002
	90	0.275	0.027	0.009	0.007	0.002

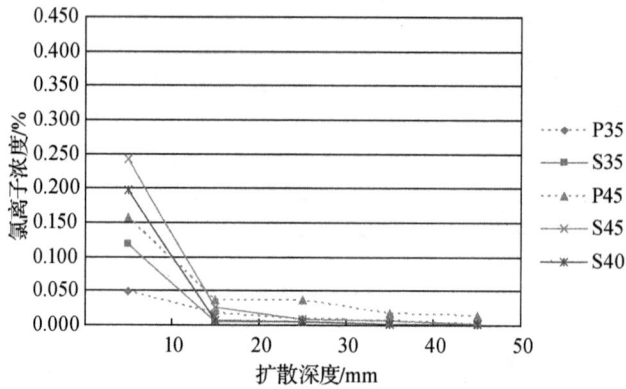

（a）干湿循环 30 次

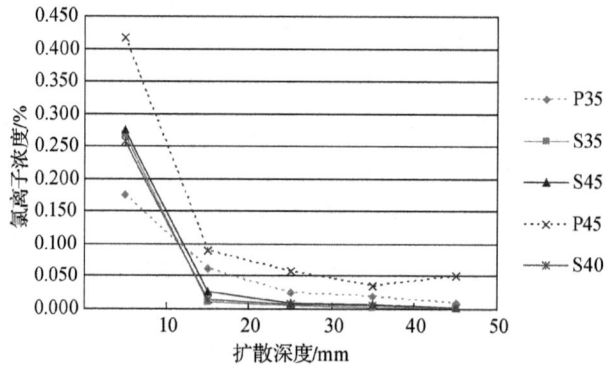

（b）干湿循环 90 次

图 10-11　不同混凝土在复合溶液中氯离子随扩散深度的变化规律

另外，对比混凝土在单一氯盐和在氯盐和硫酸盐混合溶液中氯离子的扩散规律，结果见图 10-12。图中"Ⅰ"代表单一氯盐溶液，为饱水条件；"Ⅱ"代表氯盐和硫酸盐的混合溶液，为干湿循环条件（1 d 1 次循环）。

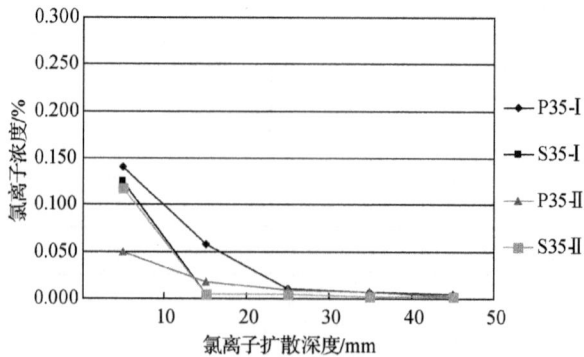

（a）干湿循环 30 次

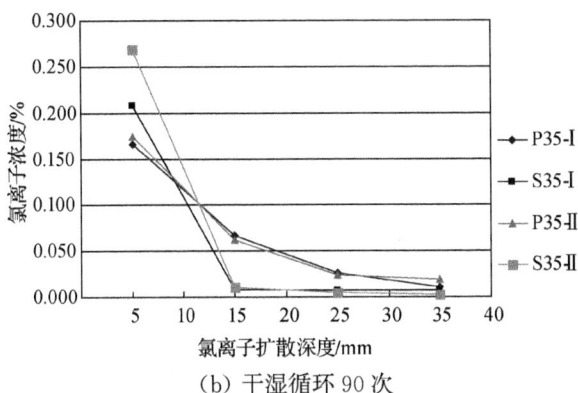

(b) 干湿循环 90 次

图 10-12　混凝土在单一氯盐、在氯盐和硫酸盐混合溶液中氯离子扩散规律

在 10.2 节中我们已知，干湿循环条件下侵蚀进入混凝土中的氯离子明显高于饱水条件。图 10-12 的结果表明，在早期（干湿循环 30 次），虽然混凝土在混合溶液中处于干湿循环条件，但氯离子的侵蚀浓度反而比在饱水条件下的单一氯盐溶液中低，特别是对普通混凝土而言。后期（干湿循环 90 次），混凝土在混合溶液中和在单一氯盐溶液中的氯离子的侵蚀浓度大致相当。由此可知，硫酸盐的存在，降低了混凝土中氯离子的侵蚀浓度，特别是在侵蚀早期。随着侵蚀龄期的延长，这种影响逐步降低，硫酸镁的存在对降低混凝土中氯离子的侵蚀浓度变得不明显。

10.6　氯盐-硫酸盐-冻融耦合作用下的混凝土腐蚀

采用 0.35、0.45 和 0.55 三组水胶比普通混凝土、0.35、0.40 和 0.55 三组水胶比大掺量磨细矿渣耐腐蚀混凝土，开展钢筋混凝土在氯盐-硫酸盐-冻融多重因素作用下的腐蚀试验研究。

10.6.1　冻融循环下的氯离子渗透性

试件尺寸采用两种，分别为 100 mm×100 mm×200 mm 和 100 mm×100 mm×400 mm。其中 100 mm×100 mm×200 mm 的试件除了一个 100 mm ×200 mm 的侧面供外界盐离子渗透外，其余五个表面均用环氧树脂封住。经过一定次数的冻融循环，钻取不同深度混凝土砂浆粉末样品，测定混凝土砂浆中水溶性氯离子含量。而 100 mm×100 mm×400 mm 的试件经过一定的冻融循环，分别测试其质量损失和相对动弹性模量。冻融介质采用的是 3.5% 氯化钠加 5% 硫酸镁溶液。试验结果分别见表 10-10、图 10-13。

表 10-10 不同混凝土在数冻融循环下氯离子渗透性能试验结果

试件编号	冻融循环/次		不同取样深度下水溶性 Cl^- 含量(以砂浆质量计)/%				
			0～10 mm	10～20 mm	20～30 mm	30～40 mm	40～50 mm
P35	A	50	0.056	0.002	0.002	0.002	0.002
	B	100	0.058	0.011	0.009	0.009	0.007
	C	150	0.067	0.016	0.013	0.013	0.011
	D	200	0.093	0.023	0.021	0.016	0.012
P45	A	50	0.068	0.005	0.005	0.002	0.002
	B	100	0.079	0.019	0.014	0.012	0.007
	C	150	0.157	0.022	0.020	0.020	0.011
	D	200	0.381	0.110	0.096	0.058	0.047
P55	A	50	0.085	0.013	0.007	0.002	0.002
	B	100	0.165	0.030	0.023	0.019	0.012
	C	150	0.372	0.040	0.040	0.034	0.029
	D	200	0.524	0.199	0.110	0.074	0.065
S35	A	50	0.002	0.002	0.002	0.002	0.002
	B	100	0.004	0.002	0.002	0.002	0.002
	C	150	0.009	0.002	0.002	0.002	0.002
	D	200	0.152	0.002	0.002	0.002	0.002
S40	A	50	0.002	0.002	0.002	0.002	0.002
	B	100	0.004	0.002	0.002	0.002	0.002
	C	150	0.012	0.005	0.002	0.002	0.002
	D	200	0.202	0.004	0.002	0.002	0.002
S45	A	50	0.013	0.002	0.002	0.002	0.002
	B	100	0.199	0.002	0.002	0.002	0.002
	C	150	0.254	0.005	0.002	0.002	0.002
	D	200	0.289	0.011	0.007	0.007	0.004

由表 10-10、图 10-13 中不同混凝土在盐冻条件下的氯离子扩散试验结果可知,随着冻融龄期的延长,扩散至混凝土内部的氯离子浓度随之增加;随着混凝土

水胶比的增加,扩散至混凝土内部的氯离子浓度也随之增加;随着氯离子扩散深度的增加,氯离子浓度随之降低。在 200 次冻融循环内,扩散至普通混凝土内的氯离子浓度明显比耐腐蚀混凝土要高;耐腐蚀混凝土中的氯离子主要还是集中在混凝土的表层,而且在同水胶比条件下其表层氯离子浓度甚至比普通混凝土中的还要高。

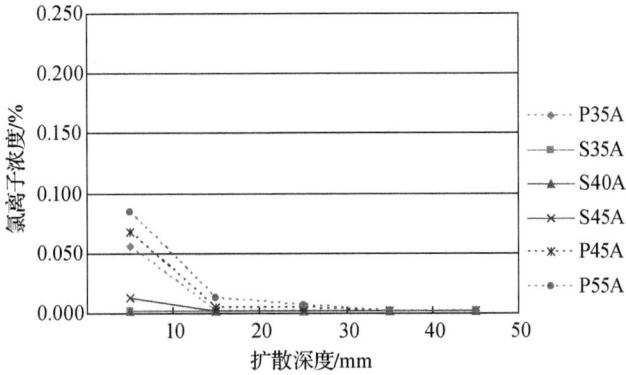

（a）冻融循环 50 次

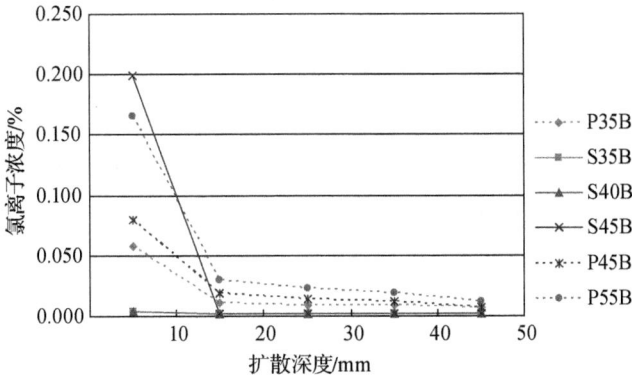

（b）冻融循环 100 次

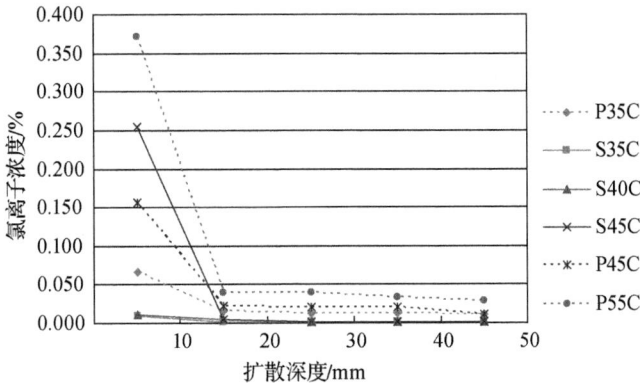

（c）冻融循环 150 次

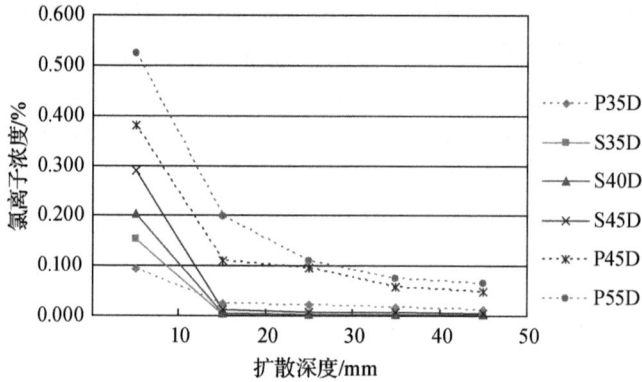

（d）冻融循环 200 次

图 10 - 13　不同混凝土在盐冻条件下的氯离子扩散规律

　　对比混凝土在氯盐-硫酸盐和氯盐-硫酸盐-冻融循环下氯离子的扩散规律，结果见图 10 - 14。图中"Ⅲ"代表氯盐-硫酸盐-冻融循环三重因素腐蚀，为冻融循环条件（28 d 200 次循环）；"Ⅱ"代表氯盐和硫酸盐的混合溶液，为干湿循环条件（30 d 30 次循环）。

　　对比混凝土在氯盐-硫酸盐和氯盐-硫酸盐-冻融循环下氯离子扩散的试验结果可知，在相同的 30 d 侵蚀龄期内，在冻融循环条件（28 d 200 次冻融循环）下，扩散至混凝土内的氯离子浓度比干湿循环条件（30 d 30 次干湿循环）要高。耐腐蚀混凝土中的氯离子虽然都主要集中在混凝土表层，但在冻融循环条件下，其表层的氯离子浓度也比干湿循环条件下高。因此，冻融加剧了腐蚀离子向混凝土内部的扩散。

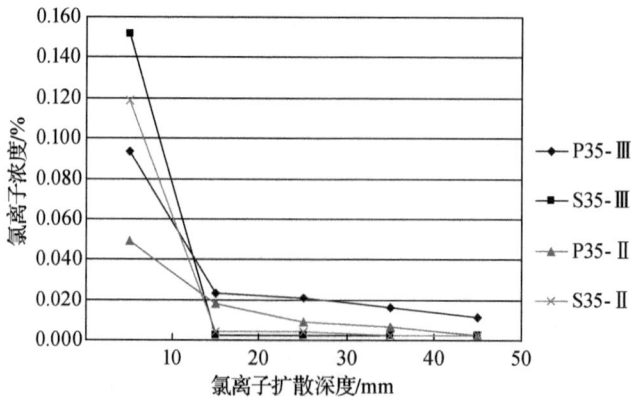

（a）水胶比 0.35，侵蚀龄期 30 d

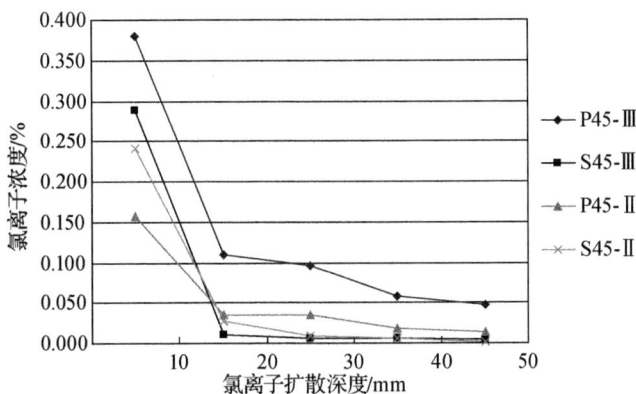

（b）水胶比 0.45，侵蚀龄期 30 d

图 10 - 14　混凝土在不同腐蚀条件下的氯离子扩散规律

不同混凝土的抗盐冻性能分别见表 10 - 11、图 10 - 15 和图 10 - 16。试验结果表明，在相同的水胶比条件下，普通混凝土和耐腐蚀混凝土的抗盐冻性能大致相当。当混凝土含气量在 3%～4% 的条件下，水胶比小于 0.45 的普通混凝土和耐腐蚀混凝土的抗盐冻性能均能达到 F200。当混凝土水胶比为 0.55 时，其抗盐冻性能只能达到 F50。由图 10 - 16 可知，在相同的冻融循环龄期内，耐腐蚀混凝土的质量损失比普通混凝土大。这可能是因为耐腐蚀混凝土表面和内部之间的盐浓度梯度比普通混凝土略大，使混凝土受冻时因分层结冰而产生的应力差增加，使破坏力增加，进而导致混凝土的剥落量增加。

表 10 - 11　不同混凝土的抗冻盐性能

		试件编号	P35	P45	P55	S35	S40	S45
冻融循环/次数	50	质量损失率/%	0	0.30	1.31	0.33	0.33	0.57
		相对动弹模/%	96.4	91.1	72.9	98.5	93.1	85.2
	100	质量损失率/%	0	0.36	—	0.41	0.62	0.76
		相对动弹模/%	88.5	84.5		91.5	88.7	80.4
	150	质量损失率/%	0	1.00	—	0.74	1.22	1.92
		相对动弹模/%	82.8	80.9		81.0	78.6	77.3
	200	质量损失率/%	0.57	3.02		0.92	1.55	3.63
		相对动弹模/%	75.3	68.4		76.3	71.3	67.6

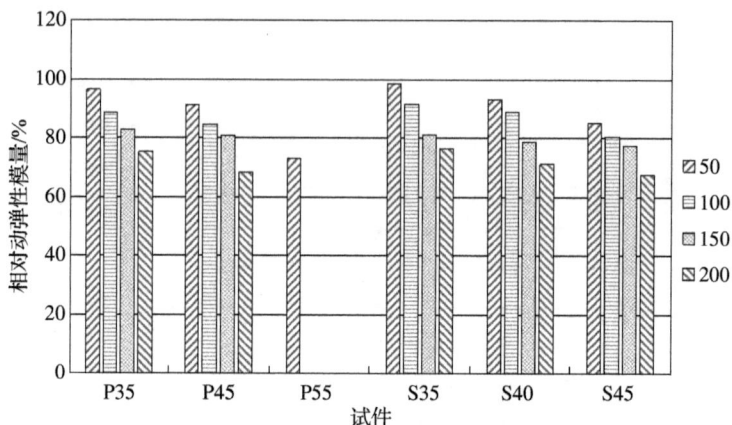

图 10-15 不同混凝土在不同冻融循环次数下的相对动弹性模量

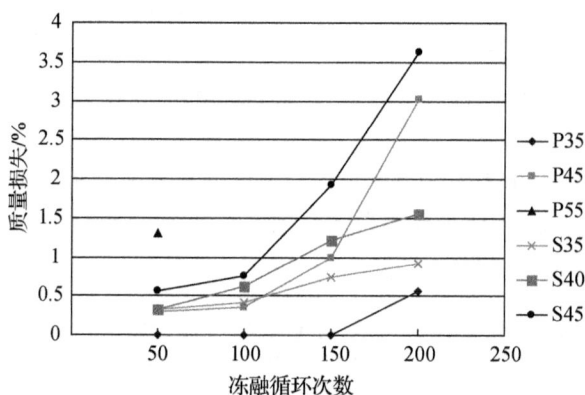

图 10-16 不同混凝土在不同冻融循环龄期下的质量损失

10.6.2 气泡参数分析

混凝土气泡参数依照《水工混凝土试验规程》(SL/T 352—2020),采用直线导线法由 RapidAir-3000 型气孔参数测试仪进行测试。通过测定硬化混凝土中气泡的数量、大小和间距,计算混凝土的含气量、气泡比表面积和间距系数等气泡参数。

对不同含气量的高耐久混凝土进行硬化混凝土气泡参数测试分析,测试结果见图 10-17 和表 10-12。

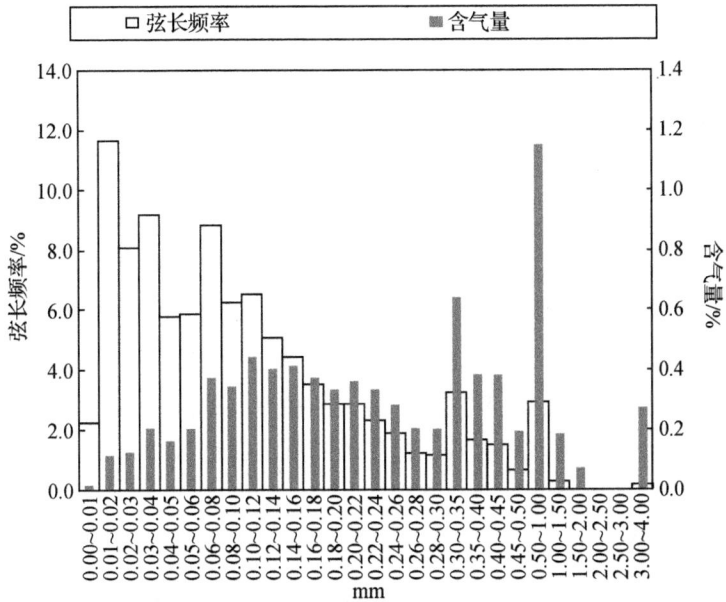

（a）含气量 4%

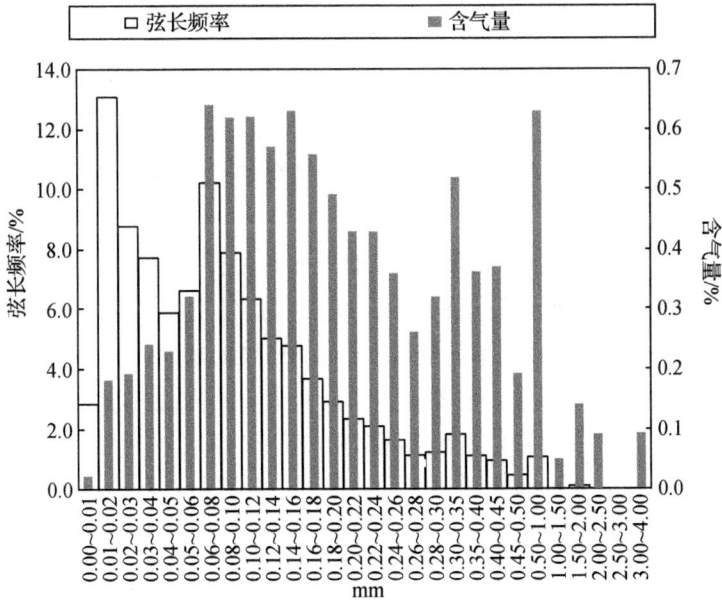

（b）含气量 6%

图 10-17　不同含气量混凝土气泡参数测试结果

表 10 - 12　不同含气量下高耐久混凝土的气泡参数

试件编号	含气量/%	气泡平均弦长/mm	胶气比	气泡比表面积/（mm²/mm³）	气泡间距系数/mm
1	5.64	0.143	5.35	26.72	0.179
2	7.17	0.182	4.14	31.75	0.130

由图 10 - 17 和表 10 - 12 中的硬化混凝土气泡参数测试结果可知,含气量高的混凝土气泡多,气泡间距系数小。因此,静水压力随孔隙液流程长度的增加而增加,当静水压力超过混凝土的抗拉强度即对混凝土造成破坏。混凝土通过引气剂引入气泡后,这些相互独立且封闭的气泡为未结冰孔隙液的迁移渗透提供了空间。气泡间距系数越小,未结冰孔隙液迁移渗透的流程就越短,因此产生的静水压力就越小,从而使混凝土的抗冻性能显著提高。

10.6.3　孔结构分析

通过压汞试验分析拉应力对混凝土受盐冻侵蚀后的孔结构的影响。压汞法（MIP）是测量水泥基材孔结构特征的一种常用方法,可用以分析多种因素对混凝土孔结构的影响。

采用某公司生产的 poromasterGT - 60 压汞仪对混凝土中的砂浆进行孔结构测定。其中, 低压范围 1.5～350 kPa,高压范围 140～420 MPa,可测量直径在 0.003 5～400 μm 范围内变化的孔容。试验结果的代表参数包括总孔隙率、最可几孔径、临界孔径、平均孔径等。

最可几孔径（出现概率最高的孔径）即微分孔径分布曲线峰值所对应的孔径。对大多数混凝土而言,硬化后的混凝土是以毛细孔为主要孔隙的多孔体系。一般情况下,随着混凝土内部孔隙率的降低,大毛细孔数量减少,微毛细孔数量增多,混凝土的最可几孔径尺寸减小。混凝土内部最可几孔径尺寸的大小,代表了混凝土孔隙率和孔径分布的主要特点,也直接影响混凝土的强度和耐久性。

临界孔径即压入汞的体积明显增加时所对应的最大孔径。其理论基础为材料由不同尺寸的空隙组成,较大孔隙之间由较小孔隙连通,临界孔径是指能够将较大的孔隙连通起来的各孔的最大孔级。孔径凡是大于临界孔径的孔均互不相通,而孔径等于或小于临界孔径的孔则是相通的。显然,水泥基材孔网络中,临界孔径越小,孔结构网络的连通性越弱,抗渗性和耐久性越好。

平均孔径则表征了孔结构的总体情况。平均孔径有多种计算方法,本书采用的是压入汞的 50% 体积所对应的孔径。平均孔径和氯离子快速渗透系数之间的相关性较强,氯离子快速渗透系数随着平均孔径的增加而增加,平均孔径和混凝土的渗透性能密切相关。

对含气量为 6% 的高耐久混凝土在不同拉应力的情况下经历 200 次冻融循环进行压汞试验,得到的混凝土的各项孔结构参数结果见表 10-13。

表 10-13　200 次冻融循环后不同拉应力混凝土孔结构参数

试件编号	孔结构参数			
	最可几孔径/nm	平均孔径/nm	临界孔径/nm	总孔隙率/%
1	34.8	40.3	2 117	14.8
2	62.0	40.0	2 679	15.0
3	165.9	63.0	3 859	15.1

由表 10-13 中混凝土的孔结构参数可知,与不承受拉应力的混凝土相比,承受拉应力的混凝土经历 200 次冻融循环的孔结构发生明显劣化,其孔结构各项参数均比无应力混凝土增加。而且随着混凝土承受的拉应力的提高,混凝土的孔结构劣化更为严重。拉应力劣化了混凝土孔结构,尤其是增大了混凝土的最可几孔径和临界孔径,最可几孔径的增大增强了混凝土渗透性,导致侵蚀性离子在混凝土中进一步渗透;临界孔径孔的增大增强了孔隙的连通性,导致冰冻时未结冰水的迁移流程增加、静水压力增大。因此,拉应力下混凝土抗腐蚀离子的侵蚀性能和抗冻耐久性均显著降低。

10.7　小结

本章针对普通混凝土、大掺量磨细矿渣耐腐蚀混凝土,分别开展多种腐蚀介质与环境耦合的耐腐蚀试验研究,主要结论如下:

(1) 在干湿循环条件下,氯离子浓度随扩散深度的增加逐步下降。对于同种混凝土,氯离子浓度随水胶比的增加而增大;对于不同种类的混凝土,耐腐蚀混凝土中的氯离子浓度明显低于普通混凝土,即使水胶比较高的耐腐蚀混凝土相比低水胶比的普通混凝土,氯离子也不易扩散至混凝土内部深处。

(2) 在饱水条件下,耐腐蚀混凝土中的氯离子主要聚集在表层,内部氯离子很少;而普通混凝土中氯离子由表及里逐步扩散至内部。但在干湿循环条件下,无论是耐腐蚀混凝土还是普通混凝土,渗透进入混凝土中的氯离子明显高于饱水条件。

(3) 干湿循环一年后,对于高耐腐蚀混凝土,浸泡于氯盐-硫酸镁混合溶液中的混凝土试件抗压强度略高于浸泡于水中混凝土基准试件,表明硫酸盐与混凝土中水化产物发生反应导致混凝土表面致密,侵蚀性 CO_2 对混凝土腐蚀程度不高。由混凝土试件碳化深度检测结果可知,干湿循环一年后,混凝土表面均无碳化反映,这同样证明侵蚀性 CO_2 对混凝土腐蚀程度不高。试验结果显示,耐腐蚀混凝土在严酷环境下可以较好地抵抗 CO_2 与多种介质复合的腐蚀。

(4) 硫酸盐的存在,降低了混凝土中氯离子的侵蚀浓度,特别是在侵蚀早期。随着侵蚀龄期的延长,这种影响逐步降低,硫酸镁的存在对降低混凝土中氯离子的侵蚀浓度变得不明显。

(5) 在相同的水胶比条件下,普通混凝土和耐腐蚀混凝土的抗盐冻性能相当。在相同的冻融循环龄期内,耐腐蚀混凝土的质量损失比普通混凝土略大,这可能是因为耐腐蚀混凝土表面和内部之间的盐浓度梯度高于普通混凝土,使混凝土受冻时因分层结冰而产生的应力差增加,从而使破坏力增加,进而导致混凝土的剥落量增加。

11 荷载与腐蚀介质耦合作用下钢筋混凝土劣化进程及机理

钢筋混凝土在单一因素侵蚀性离子以及冻融耦合作用下的劣化机理已有较多学者研究,但是针对两种耦合条件下的情况很少有人分析。新沂河进海口枢纽工程则是在长期运行荷载应力下,氯离子侵蚀以及冻融耦合共同作用。材料内部具体的作用机理形式相互耦合嵌套,具体的混凝土材料的破坏演化机理更为复杂。本章针对处于水位变动区或水下环境中的钢筋混凝土,考虑多种腐蚀介质与荷载叠加作下的钢筋混凝土的退化机理和规律。

11.1 压荷载与弯曲荷载氯离子渗透性测试装置研究

过去的几十年里,国内外对混凝土氯离子渗透性的研究取得了大量成果,有的成果更成为行业标准,并且在实际工程中被广泛地使用和验证。现在比较常用的测试混凝土抗氯离子渗透性的方法有:电通量法(ASTM C1202 和 AASHTO T277)、RCM 法(Nord NTBuild492)、电阻(导)率法(中国电力行业标准 DL/T 5150—2017)等。这些方法被广泛地应用于各类科研试验和工程检测当中。这些方法都是在无荷载作用下测试混凝土抗氯离子渗透性,并没有考虑荷载因素的影响。而实际工程结构中,往往是多种荷载因素和环境因素共同作用,因此在无荷载条件下研究混凝土抗氯离子渗透性明显与实际工程要求不符,无荷载作用下氯离子渗透性的研究结果很难代表工程真实所处的状态,研究结论往往与工程检测有出入。

本章根据工程实际情况,设计改进了原有的电解槽夹具,并且按照加载需求,设计加工了压荷载作用下的加载装置;对试验混凝土原材料、配合比,试件尺寸等试验工作和目的进行了说明。

11.1.1 荷载作用下混凝土电通量测试装置设计

1. 压荷载试验加载装置

国内外的研究人员为了进行荷载加载与混凝土耐久性测试同时进行的试验,设计了多种加载装置。

邓宏卫在研究压荷载对轻质高强粉煤灰混凝土的氯离子渗透性的影响时,采用如图 11-1 所示的装置。该装置通过油压千斤顶对混凝土试件进行持续加载,但此方法存在一定的问题,使用油压千斤顶提供持续荷载是不可靠的,因为油压千斤顶自身存在稳定问题(比如漏油、松弛),可能无法长时间保持恒定压力,必然会影响试验的结果,过程中需要不断地检测应力变化。

浙江大学的彭智在干湿循环和荷载耦合作用下氯离子侵蚀混凝土模型的研究中,设计了单轴受压荷载加载装置,如图12-2所示。该装置利用千斤顶提供加载力,而荷载力的大小则由底部的应力传感器来控制,在达到规定荷载水平后拧紧螺母以保证加载装置的稳定性。因同样也是利用千斤顶加载,仍然存在上面所述的问题,无法长时间保持恒定荷载,需要对荷载数据进行实时监测。

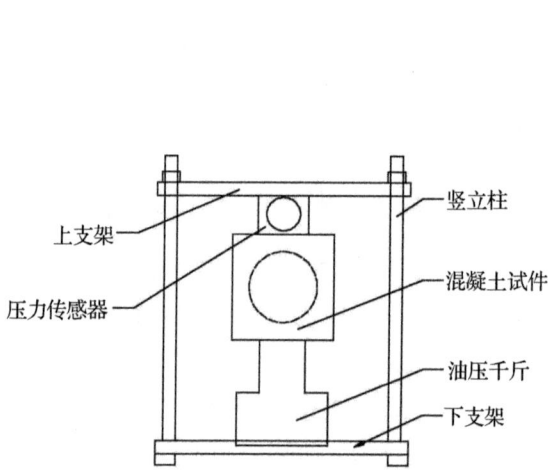

图 11-1　千斤顶加载装置

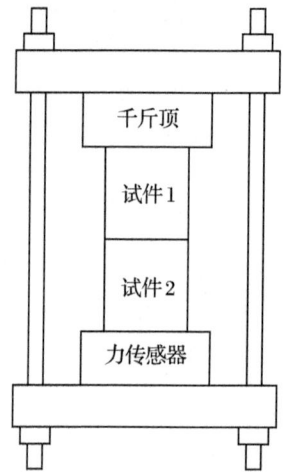

图 11-2　单轴受压荷载加载示意图

方永浩研究了持续压荷载作用下混凝土的渗透性,试验采用稳态法测量混凝土的渗透系数,为了提供稳定持续的荷载力,研究者设计了一套装置进行加载,如图 11-3 所示。该装置依靠压力机对 4 根对称分布的弹簧加压,压力的数值由压力机的表盘数值来控制,当到达规定压力值时,立即将 4 根弹簧上部的螺帽拧紧并关闭压力机。此时试件所需的荷载力就由弹簧来提供。由于弹簧力受混凝土变形影响小、保压性能好,并且应力损失小,不易受外部断电的影响。因此利用弹簧加载装置可以进行长时间的压应力状态下的混凝土的水渗透试验,但用于氯离子渗透试验尚需对其进行适当改进。

2. 压荷载加载装置改进

本试验参考已有的文献资料,自行设计了一套压荷载与弯曲荷载加载装置。为了提供持续稳定的荷载输出源,避免混凝土自身徐变影响造成的应力松弛,减少试验过程对加载装置反复调整,本试验利用弹簧的储能特性,通过压缩弹簧对混凝土试件提供持续压荷载(图 11-4)。利用此装置可同时对两块混凝土试件进行加载试验,可以节约试验试件,提高试验效率。

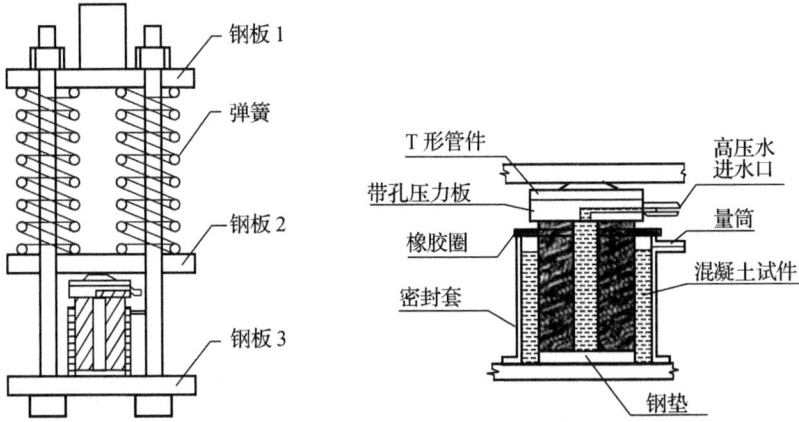

图 11-3　受压荷载作用下混凝土试件水渗透试验装置

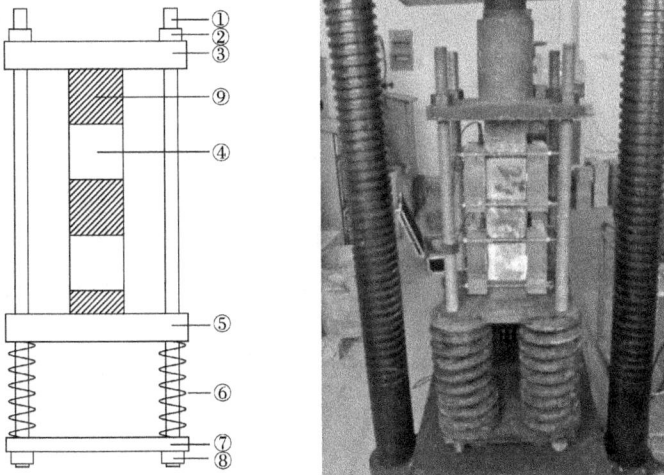

图 11-4　压荷载装置示意图与加载实物图

在示意图中,①为螺杆,②⑧为螺帽,③为上端受压钢板,④为混凝土试件,⑤为下端受压钢板,⑥为弹簧,⑦为底端钢板,⑨为中间垫块。螺杆为导向装置,其下端用螺帽⑧与底板固定,上端用螺帽②在压力值达到预设值时拧紧固定,以保持压力不变。该装置的工作原理是通过液压压力机对上端加压钢板施加荷载,荷载通过力的传递传到弹簧,使弹簧受力压缩到一定的程度。通过液压压力机表盘读数来控制施加荷载的大小,当荷载达到目标值时,关闭压力机送油阀,用扳手将上端的螺帽②拧紧,利用压缩弹簧储存的弹性势能提供试验所需的荷载力,从而达到混凝土试件持续受载的目的。其中各部分的参数如下：

（1）上下端受压钢板。上下端受压钢板由于正中间需要承受一个集中荷载，容易产生挠度，对荷载值的稳定性有一定的影响，因此从减少挠度的角度出发，所选用的受压钢板自身材质的刚度就要大，其次跨度不能过大，最后要有一定的厚度。综合考虑，本试验采用的上下受压钢板、底板，其俯视图和侧视图如图 11-5 所示，其尺寸大小为 340 mm×340 mm×50 mm，钢板的四个顶角附近离两边 35 mm 处各有一个 ϕ35 mm 的圆孔。

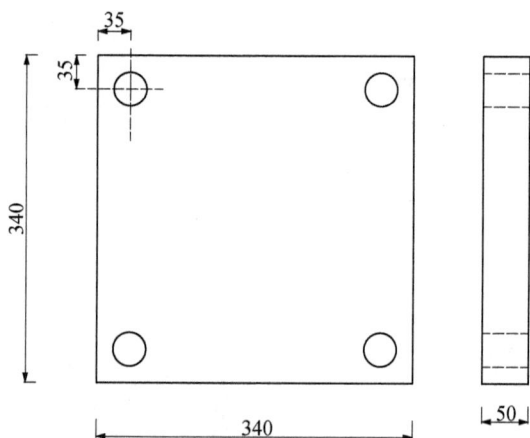

图 11-5　上下受压钢板、底板的俯视和侧视图(单位:mm)

（2）螺杆及螺帽。本试验所采用螺纹钢杆共 4 根，每根直径为 25 mm，长度为 1 m，分别从底板的四个圆孔中穿入，下端用螺帽与底板固定在一起。螺帽厚 22 mm。

（3）压缩弹簧。压缩弹簧不仅需要有足够的弹性范围，而且承受的最大荷载力需要满足试验设计要求，试验选用的 4 根弹簧满足试验要求。

3. 弯曲荷载加载装置

浙江大学的彭智在干湿循环和荷载耦合作用下氯离子侵蚀混凝土模型的研究中，又设计了四点弯曲加载装置。弯曲荷载加载装置通过拧螺帽压缩弹簧进行加力，荷载力值通过应变片读出，如图 11-6 所示。

邢峰等设计了如图 11-7 所示的多功能加载装置。该装置结构与图 11-6 完全相同，但是大小、承受的荷载水平不一样，可满足不同混凝土不同的试验要求。该装置可以适用于各种大小尺寸的试件，并且一次试验可以同时进行多个试样的测试，提高了试验效率。

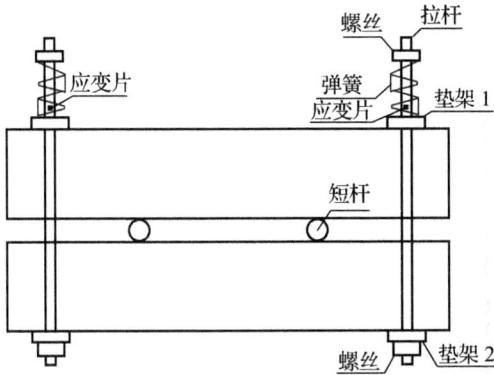

图 11 - 6　四点弯曲荷载加载示意图

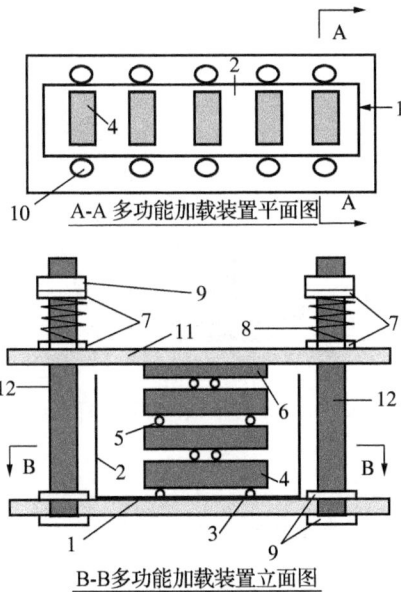

A-A 多功能加载装置平面图

B-B多功能加载装置立面图

1—底板；2—容器；3—支撑杆；4—试件；5—支撑杆；6—上加强板；
7—垫圈；8—弹簧；9—螺母；10—螺栓孔；11—杆梁；12—螺杆

图 11 - 7　多功能加载装置示意图

针对混凝土加载装置,有一些研究者利用杠杆原理对混凝土试件进行加载。
国内的林毓梅设计了一种双杠杆三点弯曲荷载加载试验装置,如图 11 - 8 所示。
Klaus-Christian Werner 设计了一种单杠杆三点弯曲加载装置,如图 11 - 9 所示。
图 11 - 10 为 Schneider 设计的四点弯曲荷载加载装置。

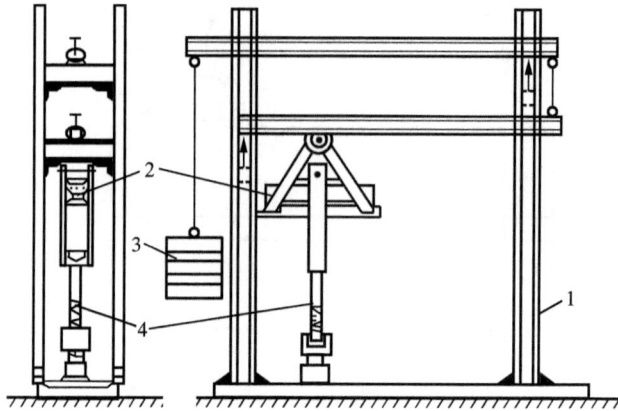

1—双杠杆加荷构架；2—试件；3—砝码；4—调节螺杆

图 11-8　林毓梅的双杠杆加载装置图

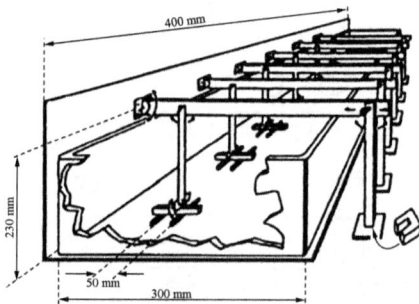

图 11-9　Klaus-Christian Werner 的单杠杆三点弯曲加载装置

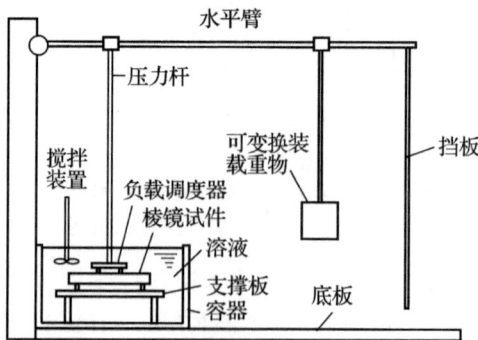

图 11-10　Schneider 的四点弯曲加载装置

4. 弯曲荷载加载装置改进

混凝土在实际工程服役中很少受到纯拉荷载的作用，并且如果产生相同的变形，那么纯拉伸所提供的荷载要远远大于弯曲受拉所需要施加的荷载，加载方法比较容易实现。混凝土在受到弯曲荷载作用而发生弯曲变形时,同时有弯曲和横向截面上的剪力作用,当作用在某一段横截面上的弯矩为常数而剪力为零时,该段就是纯弯区;当同时有弯矩和剪力共同作用时,该段就为弯剪区。纯弯区受到的应力要比弯剪区大。如图 11-11 所示,对比三点弯曲和四点弯曲,四点弯曲荷载作用下,构件部分区域处于纯弯区;而三点弯曲荷载作用下都有中间某一个截面受力最大。三点弯曲由于跨距很大,在加载过程中容易造成应力集中,会造成混凝土结构失稳断裂。为了保证试验所需求的持续弯曲荷载以及试验的顺利进行,本试验选择四点抗弯作为加载力类型。

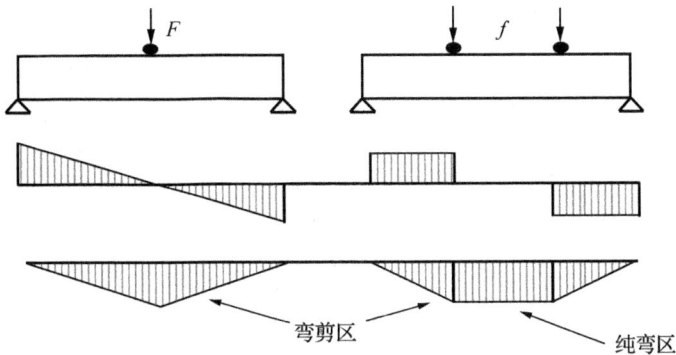

图 11-11　三点弯曲和四点弯曲荷载受力图(左边为三点弯曲,右边为四点弯曲)

　　综合分析文献中的各种弯曲荷载加载装置,为了控制持续加载试验过程中混凝土试件由于徐变造成的应力松弛,减少试验过程中对螺杆螺帽的多次调整,对加载装置加以改进,利用弹簧的储能特性,通过受压变形的弹簧对混凝土试件提供持续弯曲荷载,装置图如图 11-12 所示。利用此装置可同时对两块混凝土试件进行加载试验,可以节约试验试件,提高试验效率。

　　弯曲荷载加载装置示意图中,①为螺杆,②⑩为螺帽,③为上端受压钢板,④⑦为单侧带两个支点的支座钢构件,⑤为混凝土试件,⑥为两侧各带两个支点的中间支座钢构件,⑧为压缩弹簧,⑨为底端钢板,⑪为下端受压钢板。

　　弯曲荷载试验所需加载的荷载力和压荷载试验相比小了很多,其数值在试验室的液压压力机表盘上很难精确地读出。因此根据所需加载力大小及胡克定律使弹簧压缩到设定的距离后,用扳手拧紧螺帽,通过压缩弹簧存储的弹性势能来提供加载力,从而达到对混凝土试件持续加载的目的。本装置相对于其他弹簧加载装置,采用钢板加支座来支撑,代替支撑杆,防止加载过程中支撑杆的滑动,影响加载精度和荷载控制,其中各部件的参数如下:

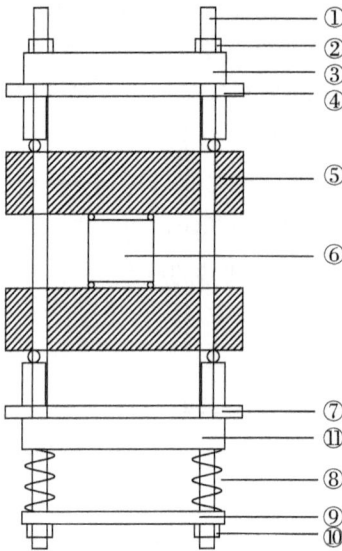

图 11-12 弯曲荷载加载装置示意图及实物图

（1）上下端受力钢板。本试验采用的上下加压钢板、底板，其俯视图和侧视图如图 11-13 所示，其尺寸为 340 mm×340 mm×50 mm，钢板的四个顶角附近离两边 35 mm 处各有一个 ϕ35 mm 的圆孔。

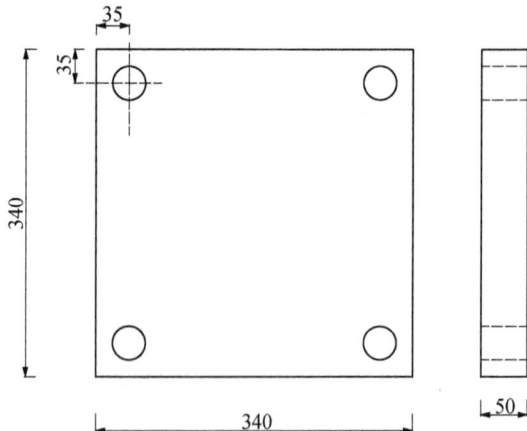

图 11-13 上下受力钢板、底板的俯视图和侧视图（单位：mm）

（2）螺杆及螺帽。本试验所用螺纹钢螺杆共 4 根，每根直径为 25 mm，长度为 1 m，分别从底板的四个圆孔中穿入，下端用螺帽与底板固定在一起。螺帽的厚度为 22 m。

（3）单侧带两个支点的支座钢构件。本试验将单侧带两个压头的钢板构件作为加载支点,两支点的间距为 300 mm,从而实现对混凝土试件施加弯曲荷载,钢板正面具体尺寸如图 11-14 所示,宽度与受力混凝土试件同宽,即为 100 mm。

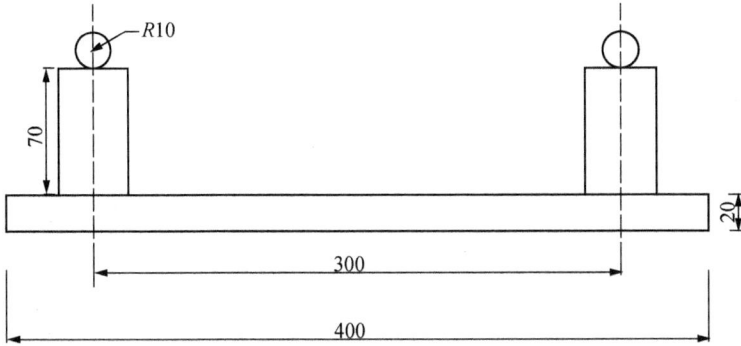

图 11-14　支座钢构件截面尺寸示意图(单位:mm)

(4) 两侧各带两个支点的中间支座钢构件。为了实现对两个混凝土试件同时施加弯曲荷载,本试验将两侧各带两个压头的中间支座钢构件作为加载支点,两支点之间的距离为 100 mm,钢构件具体尺寸如图 11-15 所示,宽度与受力混凝土试件同宽,即为 100 mm。

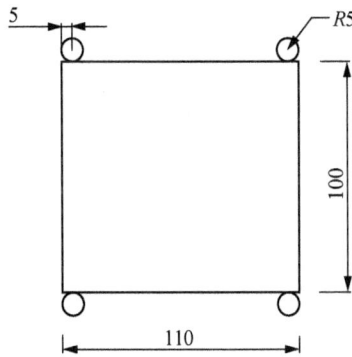

图 11-15　中间支座钢构件截面尺寸示意图(单位:mm)

(5) 压缩弹簧。压缩弹簧与压荷载装置相同,由于试验测试所施加的压荷载远远大于弯曲荷载,因此弯曲荷载装置的压缩弹簧选用的弹簧较小,开始试验前需对压缩弹簧进行校正。

5. 压缩弹簧的弹性系数

本试验需要依靠压缩弹簧为混凝土试件提供持续的荷载力,加载装置实际上是通过弹簧压缩储存的弹性势能来对混凝土试件进行加载。对混凝土试件施加的荷载是由弹簧变形间接获得的。试验需要进行几个小时,在此期间弹簧是否能为混凝土提供稳定的荷载力就显得尤为重要。

沿海建筑物钢筋混凝土防腐蚀

弹簧的弹力和弹簧变形之间符合胡克定律,由此可见,若弹簧的弹性系数存在误差,则将会对试验结果产生严重的影响,因此在试验前对弹簧的弹性系数进行标定显得非常重要。本试验使用了4根弹簧,分别穿过固定在底端钢板四周的螺纹螺杆,对其进行标定,得到4根弹簧的力-距离关系,如图 11-16 所示。

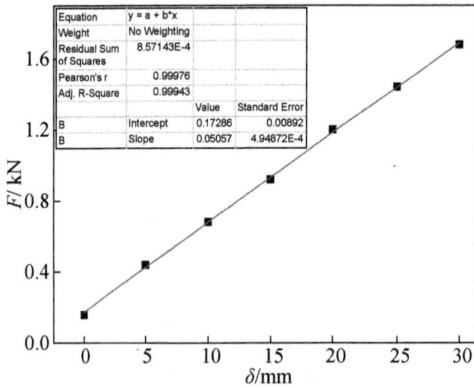

（a）弹簧 a 的力-距离关系图

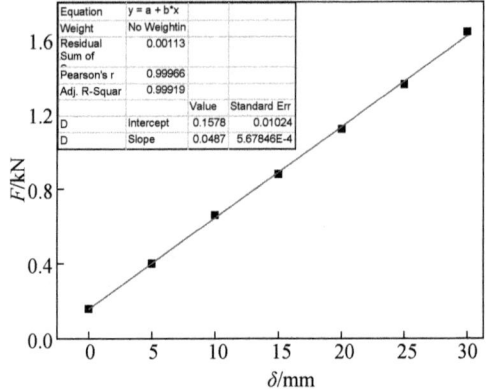

（b）弹簧 b 的力-距离关系图

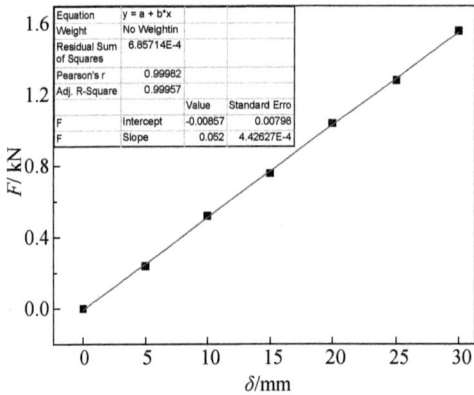

（c）弹簧 c 的力-距离关系图

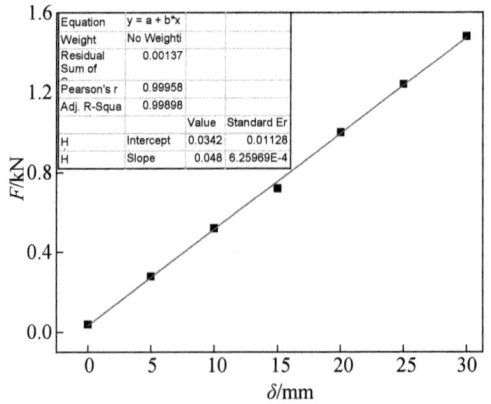

（d）弹簧 d 的力-距离关系图

图 11-16　弹簧的力-距离关系图

由图可知,4 根弹簧的弹性系数分别为 0.051 kN/mm、0.049 kN/mm、0.052 kN/mm、0.048 kN/mm,由于 4 根弹簧并联连接,故 4 根弹簧的等效弹性系数为四者的弹性系数之和,即 $k = 0.2$ kN/mm。

6. 电解液池

按照《普通混凝土长期性能和耐久性能试验方法标准》（GB/T 50082—2009）中,抗氯离子渗透试验电通量法测试的有关要求,在原有标准试验槽的基础上进行了改进。标准中电解槽装置的截面图如图 11-17 所示。

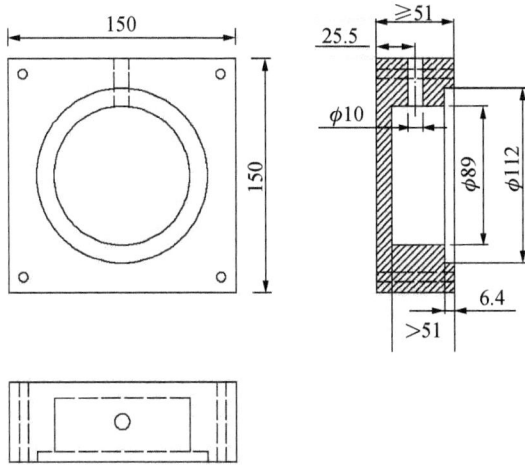

图 11 - 17 标准试验槽示意图(单位:mm)

(1) 混凝土试件形状对电通量试验的影响

Standard test method for electrical indication of concrete's ability to resist chlorideion penetration(ASTM C1202-07)中对试件尺寸的要求为 ϕ95 mm × 50 mm 的圆柱体试件,但圆柱体试件无论是在压荷载还是在弯曲荷载作用下都很难进行混凝土氯离子渗透性试验。

哈尔滨工业大学的邓宏卫对混凝土圆柱体试件(ϕ95 mm×50 mm)和长方体试件(150 mm×150 mm×50 mm)进行氯离子渗透性对比研究试验。他分别用 ϕ95 mm×50 mm 和 150 mm×150 mm×50 mm 两种尺寸,对两种相同强度等级的 C40 轻集料和普通集料混凝土进行电通量测试,研究发现无论采用什么形状的混凝土试件,两种混凝土 6 h 电通量值均小于 1 000 C,如图 11 - 18 所示。

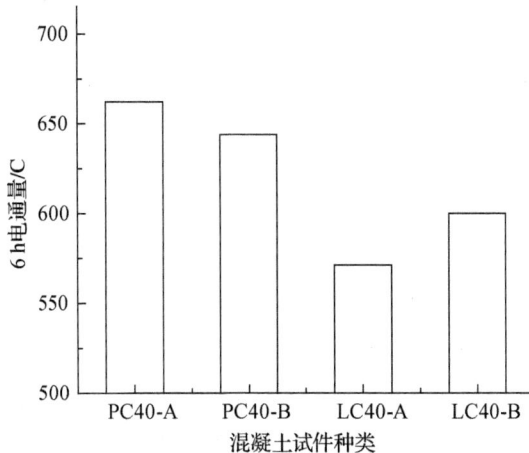

图 11 - 18 两种不同形状、尺寸的混凝土试件的电通量值

由此可以看出,不同形状和尺寸的混凝土试件的电通量测试结果是很接近的,采用其他形状、尺寸的混凝土试件运用基于进行氯离子渗透性测试也是可以的,其结果可以参照 ASTM C1202-07 标准进行评价。

(2) 电解液池的改进

上文介绍了不同于 ATSM C1202 的标准要求的混凝土试件是可以用于电通量法测试的,因此为了在进行混凝土试件氯离子渗透性试验的同时进行荷载加载,对原有的电解槽模具进行了改进。

本次压荷载加载试验成型了 100 mm×100 mm×100 mm 的立方体试件,弯曲荷载加载试验成型了 100 mm×100 mm×400 mm 的棱柱体试件。对原有的电解槽模具做了一些改进,自行设计加工了一套模具,主要是将中心的圆形槽改为正方形槽,以与混凝土渗透面相吻合。改进后的电解槽如图 11 - 19 所示。

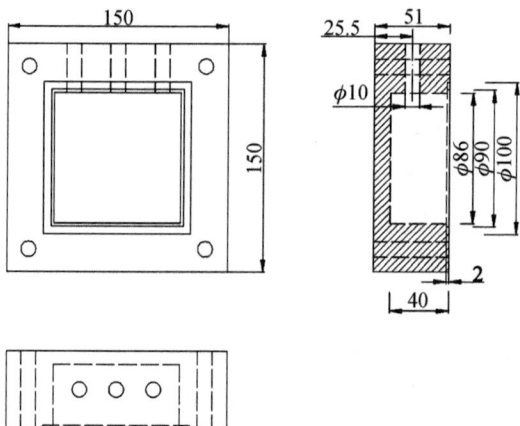

图 11 - 19　改进后的电解槽尺寸示意图(单位:mm)

电解液池选用耐热有机玻璃作为电解槽的材料,电解液池的边长为 150 mm,厚度为 51 mm。电解槽中心有两个边长分别为 86 mm 和 100 mm 的正方形槽,深度分别为 40 mm 和 2 mm。电解槽的顶部分别有三个直径为 10 mm 的加液孔。试验槽的四个角各有一个直径为 10 mm 的圆孔用来穿过固定用的螺杆。电解槽中心用紫铜垫板,宽度为 9 mm,厚度为 0.5 mm,铜板上有(5×5)个直径为 0.95 mm 的圆孔。圆形电解池与方形电解池模具实物图如图 11 - 20 所示。

11.1.2　荷载作用下混凝土电通量测试方法的建立

多年来人们对氯离子侵蚀引起的耐久性问题已经进行了广泛的研究,但是很多都是围绕单一影响因素进行的。大多数工程实际中,混凝土并不是在单一环境因素下工作的,荷载作用、干湿循环、氯盐/硫酸盐侵蚀、冻融等这些因素往往是两

图 11 - 20　圆形电解池与方形电解池模具实物图

种以上共同影响混凝土的耐久性。实际工程中几乎所有混凝土都会承受不同类型的荷载作用,荷载会影响混凝土中裂缝的产生和扩展,从而影响氯离子在混凝土中的渗透扩散。绝大部分研究都没有考虑到荷载力对混凝土氯离子渗透性的影响,大多数研究者只是单纯地在无荷载条件下研究混凝土的抗氯离子渗透性,或是做模型模拟。而荷载作用下混凝土氯离子渗透性试验的研究少有报道。

　　基于上述的研究内容,进行不同强度等级的混凝土试件的成型试验,根据规范要求和对比试验确定试验各项参数;并在不同应力水平条件下对不同强度等级的混凝土试件进行氯离子渗透性试验,借助相关仪器进行电通量测量。综合试验过程和结果建立荷载作用下混凝土电通量测试方法。

　　1. 试验方案及配合比设计

　　原材料种类及各项性能见 6.3 节。

　　根据混凝土耐久性试验有关规范的要求,使用电通量法测试混凝土氯离子渗透性,混凝土试件不能掺有亚硝酸盐和钢纤维等良导电材料,因此成型试件均为素混凝土。设计 4 种(C20、C25、C30、C35)不同强度等级的素混凝土配合比,分别成型压荷载和弯曲荷载试件。通过不同强度等级相同应力水平测试以及相同强度等级不同应力水平测试,横向和纵向比较分析荷载水平与混凝土强度等级及电通量之间的关系。

　　试验所用混凝土配合比见表 11 - 1。

表 11-1　混凝土配合比　　　　　　　　　　　　单位:kg/m³

编号	水	水泥	粉煤灰	矿渣	砂子	小石	中石	减水剂
C20	160	181	36	85	729	476	714	3.1
C25	162	211	42	99	709	463	694	3.5
C30	165	236	47	110	692	452	677	3.7
C35	166	262	52	122	676	441	661	4.2

根据配合比设计,分别成型 C20、C25、C30、C35 四个强度等级的立方体试件、棱柱体试件。

混凝土立方体试件(100 mm×100 mm×100 mm),每种应力水平使用 4 块立方体试件进行氯离子渗透性试验,3 块用于测定试件抗压强度;混凝土棱柱体试件(100 mm×100 mm×400 mm),每种应力水平使用 4 块棱柱体试件进行氯离子渗透性试验,3 块用于测定试件抗弯强度。

混凝土龄期:56 d。

压荷载试验应力水平等级:包括 0、20%、40%、60%、80%五个等级。

弯曲荷载试验应力水平等级:包括 0、10%、30%、50%、70%五个等级。

(1)混凝土的拌和和养护

根据《普通混凝土配合比设计规程》中试块的标准制备方法搅拌成型混凝土试块,成型后试件放置于温度为(20 ± 5)℃的养护室中养护至 56 d 龄期。

(2)试件制作

① 立方体试件的制作

制作 100 mm×100 mm×100 mm 的立方体混凝土试件,成型脱模后放于养护室标准养护至 56 d 龄期。到规定龄期时,从养护室取出,检查试件的尺寸及形状。在试验开始前应将试件浸泡于过饱和的 Ca(OH)₂ 溶液中进行饱水,在试验时取出擦干试件,保证表面干燥。

② 棱柱体试件的制作

制作 100 mm×100 mm×400 mm 的棱柱体混凝土试件,使用试验室相应尺寸的钢模具成型,成型 2 d 后脱模并放置于标准养护室进行养护。试验开始前也应将试件放置于过饱和的 Ca(OH)₂ 溶液中进行饱水,试验时取出擦干试件,保证表面干燥。

混凝土试件 56 d 抗压强度和抗弯强度测试数据见表 11-2。

表 11 - 2　混凝土试件 56 d 抗压强度和抗弯强度

强度等级	抗压强度/ MPa	抗弯强度/ MPa
C20	25. 6	5. 22
C25	29. 6	5. 46
C30	35. 5	5. 67
C35	41. 3	5. 88

本试验采用的设备主要有液压式万能试验机、液压式压力机、自行设计的压荷载/弯曲荷载加载装置、电解槽、混凝土氯离子渗透性电测仪(NEL - PER 型)。

(1) 液压式万能试验机

试验机型号:WE - 100;试验机级别:1 级;最大试验力:100 kN。

(2) 液压式压力机

最大试验力:2 000 kN

(3) 混凝土氯离子渗透性电测仪(NEL - PER 型)

本试验采用了某公司生产的混凝土氯离子渗透性电测仪。NEL - PER 型混凝土电通量测定仪符合 ASTM C1202、JTJ 275—2000 混凝土抗氯离子渗透性以及铁建设〔2005〕160 号的标准要求。利用本仪器可以测定 6 h 里通过混凝土的电通量,以此来判断混凝土氯离子渗透性的大小。本试验适用于各种沿海港口、桥梁、隧道等工程项目混凝土渗透性的检测,为混凝土工程的设计、质量检测提供依据。试验仪器如图 11 - 21 所示。

主要技术指标:工作电压:～220 V AC　60 V DC;电压精度:＜±0.1 V;电流精度:＜±1 mA;测试时间:6 h;测试通道:8 个。

图 11 - 21　混凝土氯离子渗透性电测仪

2. 试验测试方法

(1) 电通量法

电通量法是提出比较早、具有很大影响力的氯离子电迁移试验方法。电通量法是由美国硅酸盐水泥协会的 Whiting 首创的,1983 年被美国国家公路与运输协会(AASHTO)批准为 T277 标准试验方法,1991 年被美国材料实验协会定为 ASTM C1202 标准,并于 2005 年又进行了最新修订。我国水运工程以及铁路工程的一些相关标准也均已采纳此法。

电通量法以扩散槽试验为基础,利用外加电场对试件两端溶液槽中的离子进行电加速。在直流电压作用下,溶液中氯离子受到电场作用迁移速度加快,向正极方向移动,测定 6 h 内通过的总电量就可以反映出混凝土抵抗氯离子渗透的能力。电通量法适用于水灰比在 0.3～0.7 之间的中等渗透等级的混凝土,但不适用于掺亚硝酸钙和钢纤维基体的混凝土,利用此方法测试混凝土的渗透性,外加电场提供给氯离子的迁移能力要高于氯离子本身由于浓度差异而导致的扩散能力。

电通量法采用尺寸为 $\phi 95$ mm$\times 50$ mm 的圆柱体试件,两端用电解槽加固并在阴极槽加入 3% 的 NaCl 溶液,阳极槽加入 0.3 mol/L 的 NaOH 溶液。在确定溶液槽都加满溶液的情况下,正确连接各个线路然后接通电源。每隔 30 min 记录一次电流值,直至通电 6 h。试验应在 20～25 ℃ 的室内进行。

试验结束后,应绘制电流与时间的关系图。每个试件的总电通量可采用下列简化公式计算:

$$Q = 900 \times (I_0 + 2I_{30} + 2I_{60} + \cdots + 2I_t \cdots + 2I_{300} + 2I_{330} + 2I_{360}) \quad (11.1.1)$$

式中:Q——通过试件的总电通量(C);

I_0——初始电流(A),精确到 0.001 A;

I_t——在时间 t(min)的电流(A),精确到 0.001 A。

按照试验规范的要求,试验过后应将从每组中选取的 3 个试件电通量的算术平均值作为该组试件的电通量测定值。如果其中一个电通量值与算术平均值的差超过平均值的 15%,那么应该选取其他 2 个试件电通量的平均值作为该组试件最后的电通量平均值。如果剩下数据中有两个数值与中值的差超过平均值的 15%,那么应选取平均值作为该组试件的电通量测定值。

本试验使用的是混凝土氯离子电测仪,电脑软件会自动读出预估的电流和电通量值,记录电流的时间间隔设定为 15 min,电通量值的精度为 ±0.5 mA。得到的电流和电通量值可以直接用于试验数据处理与分析。

（2）试验参数的选取

根据《普通混凝土长期性能和耐久性能试验方法标准》（GB/T 50082—2009）的要求，在荷载作用下采用混凝土电通量法进行测试氯离子电通量的试验。一般研究者首先对试件预加荷载然后再用电通量法测试其电通量，而本试验需要对混凝土施加持续的荷载力，因此按照标准规定的装置无法对混凝土试件进行持续加载。因此在原有标准的基础上对试验装置进行了改进，并确定了以下几个试验参数。

电解池尺寸：电通量法装置的容积约为 350 mL，其中氯离子的含量约为 0.7 mol，而 1 mol 电子所含电量为 9.65×10^4 C，那么阴极区氯离子所含电量共为 6.76×10^4 C。通过试验我们知道，所用试件的最大电通量为 2 000 C，约为总电量的 3%，改装过的电解槽容积约为 300 mL，故所采用的电量足够维持氯离子渗透且基本能保持阴极测试槽内氯离子浓度保持不变。

（3）试件形状厚度及加载电压

为了验证试件厚度对电通量的影响，特设计了一组混凝土圆柱体试件（ϕ95 mm×50 mm）和立方体试件（100 mm×100 mm×100 mm）进行电通量测试的对比试验，可以看出试验中两组对比试件的厚度为 50 mm 和 100 mm，相差一半。按照砂浆配合比为水:水泥:砂子＝0.5:1:3 进行拌和，分别成型圆柱体和立方体试件。2 d 后拆模，放置于标准养护室养护 56 d，到龄期时取出，浸泡在饱和 $Ca(OH)_2$ 溶液中进行饱水，试验开始前取出自然风干。分别用标准试件模具和改进后的方形槽模具装配试件，在温度 20.5 ℃条件下通电 6 h，利用混凝土氯离子渗透性电测仪检测电通量。最后得到的数据结果是混凝土立方体试件电通量测试值为 1 312 C，混凝土圆柱体试件电通量测试值为 2 374 C。可见，当试件厚度增大一倍时，测得的电通量值大约为标准厚度试件的 1/2。当电压保持 60 V 不变时，试件厚度增大一倍，电场强度减小一半，从理论上来说厚度为 50 mm 的试件测试出的电通量应该是厚度为 100 mm 的试件的 2 倍，电通量与试件厚度成反比。本试验为了方便对试件进行加载，采用了立方体和棱柱体试件。虽然厚度对电场的影响不可避免，但考虑到本试验主要是研究电通量应力比变化的关系，而不是对电通量的具体数值进行测试，因此未对测试出的电通量值按照厚度进行修正。

本试验采用紫铜板作为阴阳两极的电极，紫铜导电性能好，耐腐蚀性高，而且打孔铜板较黄铜网更耐用，同时也可避免试验过程中电极腐蚀对电通量法测试结果的影响。利用电通量法测试混凝土氯离子渗透性需要对混凝土试件施加恒定的 60 V 直流电压，在这么高的电压情况下势必会对试验所用的电极板以及试验结果产生影响。由此可知,60 V 电压以及试件尺寸、形状对电通量测试的影响不是很大,但是这些影响是不可避免的,60 V 电压会使电极板产生大量的热量,这对氯离子在饱水混凝土试件内部的扩散是有影响的。其次,60 V 电压容易使阳极金属板发生溶解,而阴极电极板则易发生还原反应,两电极发生的反应方程式如下所示:

阴极反应:

$$2H_2O + 2e^- = 2OH^- + H_2 \uparrow \qquad (11.1.2)$$

$$2H_2O + O_2 + 4e^- = 4OH^- \qquad (11.1.3)$$

阳极反应:

$$2H_2O - 4e^- = 4H^+ + O_2 \uparrow \qquad (11.1.4)$$

$$2Cl^- - 2e^- = Cl_2 \uparrow \qquad (11.1.5)$$

本试验采用紫铜板作为阴极和阳极的电极材料,因此阳极还会发生以下反应:

$$Cu = Cu^{2+} + 2e^- \qquad (11.1.6)$$

$$Cu^{2+} + 2H_2O = Cu(OH)_2 \downarrow + 2H^+ \qquad (11.1.7)$$

试验过程中,电极板极易受到腐蚀而表面发黑,为了不影响试验的正常测试,每次试验前都要对阴阳极电极板进行检查,如果腐蚀严重,就应立即更换新的紫铜电极板。

荷载力对混凝土内部孔隙及其裂缝结构有着重要的影响,普通混凝土在轴向压力作用下的典型应力-应变曲线如图 11-22 所示。

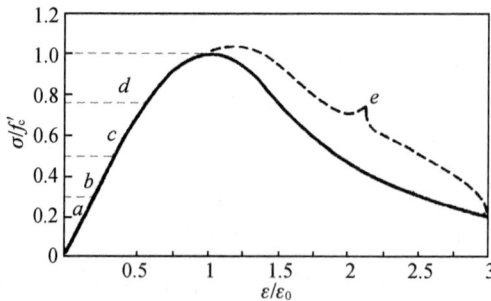

图 11-22 单轴荷载下混凝土的应力-应变曲线

从图中可以看出,当荷载达到极限荷载的 30%以前,随着应变的增大,混凝土呈现弹性性能(a 区),其 ε/σ 保持不变。这种弹性性能对应于集料和水泥浆体界面的过渡区裂缝的稳定增加,当荷载不再增加时,裂缝扩展停止。当荷载消失时,裂缝会完全闭合。当荷载达到混凝土极限荷载的 30%~50%时,混凝土内部集料与水泥浆体界面处的裂缝开始继续扩展,裂缝的长度、宽度及数量随着应力的提高而增大,此时 ε/σ 开始偏离直线变成曲线,材料的刚度降低(b 区),但是此时混凝内部的裂缝仍处于稳定状态,混凝土基体的开裂几乎可以忽略。而当荷载达到极限荷载的 50%～80% 时,混凝土内部的原有裂缝开始扩展并产生新的裂缝,集料与水泥浆体界面的过渡区域裂缝不再稳定,基体开始出现裂缝的延伸和扩展,导致 ε/σ 进一步增大,曲线弯曲程度明显增大(c 区),内部裂缝增多并且不可恢复到闭合状态。随着荷载的不断增大,当大于 80% 时,混凝土内部裂缝开始迅速扩展并且连通,导致随应力增大,应变急剧增大。

可见荷载对混凝土内部裂缝的产生及扩展的影响是不同的,混凝土加载过程中伴随着裂缝的开关与闭合、延伸与扩展。当荷载水平较低时,荷载对微裂缝的影响主要是横向裂缝的压合效应;而当荷载水平提高时,裂缝的产生和扩展逐渐占主要地位,故选择合适的应力水平(应力比即为 σ/σ_0,σ 是施加的应力,σ_0 是混凝土的极限破坏应力)对试验的测试显得非常重要。

根据上述研究的试验结果,为了在试验中可以对混凝土施加具有代表性并且可以保证试验可以安全进行的持续荷载,本试验压荷载作用状态下混凝土氯离子渗透性试验选用的应力比为 0.2、0.4、0.6、0.8;弯曲荷载作用状态下混凝土氯离子渗透性试验选用的应力比为 0.1、0.3、0.5、0.7。

本试验最后采用的试验条件为:按照电通量法标准试验,选用尺寸为 100 mm ×100 mm×100 mm 的立方体试件和 100 mm×100 mm×400 mm 的棱柱体试件,用改进后的电解槽加固,电解槽的阴极槽加入 3% 的 NaCl 溶液,阳极槽加入 0.3 mol/L 的 NaOH 溶液,利用混凝土电测仪在电压为 60 V 的条件对加载试件通电 6 h。本试验中成型的四种强度等级(C20、C25、C30、C35)的混凝土试件,每种强度等级成型 3 块试件用于测定混凝土强度,从而确定极限应力的大小。为了保证试验的精确性和可靠度,每种强度等级对应每个应力比,利用电通量法测试 4 块,另外再成型 4 块各个强度等级的混凝土立方体和棱柱体试件进行无荷载测试。

(4) 压荷载作用下混凝土氯离子渗透性试验

为了测试荷载作用和氯离子在混凝土中渗透的关系,下面依据电通量法测试混凝土氯离子渗透性,利用自行设计的荷载加载装置,对四种不同强度等级的混凝土立方体试件进行不同应力水平下的氯离子渗透性试验,并进行试验数据的比较分析。

① 试验准备

用电通量法测试混凝土氯离子渗透性,进行试验前将试件从 Ca(OH)$_2$ 溶液中取出,擦去表面的液体,保证表面干燥,然后打磨作为承压面的两个混凝土试件的表面,保证两个平面相对平行且表面平整。待处理过混凝土试件之后,将混凝土立方体试件安置于试验测试所准备的模具当中,安装电通量测试设备时需注意,要保证混凝土试件与防水胶条结合处吻合并结合紧密。装置安装完成之后,在混凝土试件与胶条的结合处均匀地涂抹一定量的硅橡胶,涂抹硅橡胶要注意试件表面和模具表面要干燥,不能有水珠、油污。涂抹硅橡胶之后要放置 1 h 等待硅橡胶硬化;等硅橡胶硬化之后,往电解槽里加入少量的水,检测密封性,静止 30 min 之后如若没有渗漏,则证明装置密封性良好,可以进行试验。配制电解液,阴极槽配制 3% 的 NaCl 溶液,阳极槽配制 0.3 mol/L 的 NaOH 溶液,并加入溶液槽内。

② 加载试验

当混凝土试件与电解池模具安装好之后,安放于加载装置地板上,用截面尺寸为 100 mm×100 mm 的花岗岩垫块调节两个试件之间的高度。加载开始前需要调节加载装置的位置,需使加载装置位于压力机平台的中心位置。调整混凝土试件在加载装置下端受压钢板上的位置,使其处于中心位置。加载开始时,利用压力机表盘数值来控制压力值大小,当压力值到达规定压力时立即将螺栓拧紧并关闭压力机。此时试件所受的外部荷载就全部由 4 根压缩弹簧提供。

③ 电通量法测试氯离子渗透性试验

当加载完成之后,接通电极,打开电源,利用混凝土氯离子渗透性电测仪自行测定荷载作用下混凝土氯离子渗透性,整个过程由仪器配套的软件进行测试和控制。软件会每 15 min 自动读出一个当前的电流值和电通量值,测试 6 h 后试验结束。

(5) 弯曲荷载作用下混凝土氯离子渗透性试验

弯曲荷载作用下混凝土氯离子渗透性试验所需的准备工作与压荷载试验相似。但值得注意的是,由于所施加的弯曲荷载要远远小于压荷载,因此在压力机表盘上很难精确地控制所施加的荷载力值。上文我们已经得到了弹簧的等效弹性系数 $k=0.2$ kN/mm,因此根据胡克定律 $F=kx$,可以得到弹簧的压缩值。

① 试验准备

将成型好的混凝土试件拆模后,在饱和的 $Ca(OH)_2$ 溶液中浸泡 56 d 后取出,将试件表面的水分稍加擦干,用砂纸打磨平整,去除表面杂物后冲洗干净,擦干表面,保证试件表面干燥干净。为了保证测试槽、试件在加载装置中的位置准确,故在试验前在中心线两侧 50 mm、75 mm、150 mm 处分别画上六条标记线,将阴极测试槽、阳极测试槽通过试验槽紧固螺栓分别安装于混凝土试件的两相对侧面。安装完毕后,先往两个溶液槽内注满水,静置 15 min 后,检查密封性是否良好,若发生泄露，则重新安装或用 704 硅橡胶进行密封，放置 30 min 等待硅橡胶凝固。待密封性合格后在阴极测试槽、阳极测试槽中分别注入 3% 的 NaCl 和 0.3 mol/L 的 NaOH 溶液。

② 加载试验

将试件放置于弯曲荷载加载装置上，确保试件的中心位于加载平台的中心点上，用花岗岩垫块调节试件的整体高度，然后通过压力机缓缓对上端钢板进行加压，控制弹簧长度变形值为 $\delta = \sigma/k$（σ 为所要施加的应力，k 为 4 根弹簧的等效弹性系数，即 0.2 kN/mm）。当弹簧变形值达到变形控制值时，关闭油门，拧紧上端加压钢板上的螺帽后回油，通过压缩弹簧储存的弹性势能对混凝土试件进行反力加载。

③ 电通量法测试氯离子渗透性试验

与压荷载试验相同，当加载完成之后，接通电极，打开电源，利用混凝土氯离子渗透性电测仪自行测定荷载作用下混凝土氯离子渗透性，整个过程由仪器配套的软件进行测试和控制。软件会每 15 min 自动读出一个当前的电流值和电通量值，测试 6 h 后试验结束。

11.2 持续压荷载对混凝土氯离子渗透性的影响

混凝土抗氯离子渗透性是混凝土耐久性的一个重要指标，多年以来国内外众多学者已经对这方面做了大量的研究，并且发明衍生了一系列测试评价混凝土抗氯离子渗透性的方法，例如电通量法、氯离子快速迁移法、电导率法等。但是这些方法都是在无荷载作用下，测试混凝土氯离子渗透性结果，用于评价混凝土抗氯离子性能的优劣。然而，在实际工程中，混凝土在服役期间是存在于多种荷载力共同作用影响下的。荷载作用会引起混凝土内部微裂缝的产生、扩展以及孔结构的变化，从而影响混凝土中氯离子的传输迁移。因此不考虑荷载作用研究混凝土氯离子渗透性与实际工程不符。近年来也有不少学者开始研究荷载对氯离子渗透的影响。Samaha 等利用电通量法测试一次预加荷载再卸载的混凝土的氯离子迁移电通量，但是加卸载过程存在混凝土内部裂缝的闭合问题，与实际工程情况不符。国内的孙继成利用电导率法测试持续压荷载作用下混凝土氯离子的渗透性。本节将在电通量法的基础上，研究压荷载作用对混凝土氯离子渗透性的影响，探寻电通量与荷载、强度等级之间的关系。

11.2.1 试验中电流与时间的关系

根据电通量法测试混凝土氯离子渗透性试验得到的电流-时间曲线可以看出

混凝土渗透性的大小,还可以根据此曲线分析混凝土内部孔隙、裂缝溶液与接触溶液之间的离子交换过程以及电极板腐蚀情况对电流大小的影响。电通量法实际上也是一个电化学反应的过程,60 V 的直流电压产生的热量对氯离子扩散必然会产生一定的影响,而电极反应则会消耗一部分的测试电量,从而影响试验的测试结果。本试验比较了无荷载作用下 4 种配合比的混凝土压荷载试件(尺寸为 100 mm ×100 mm×100 mm)的电流与时间的关系曲线图,具体如图 11-23 所示。

图 11-23 中可以看出,C20 和 C25 两种配合比的混凝土试件的电流随着时间的推移电流值不断地增大。C20 和 C25 混凝土配合比高,混凝土强度低,内部密实程度不如 C30 和 C35,并且其内部的孔隙和裂缝较 C30 和 C35 要多,渗透性比较好,而混凝土试验的阻抗较小,这种情况下接触溶液的温度会升高,因此电流值一直增大。

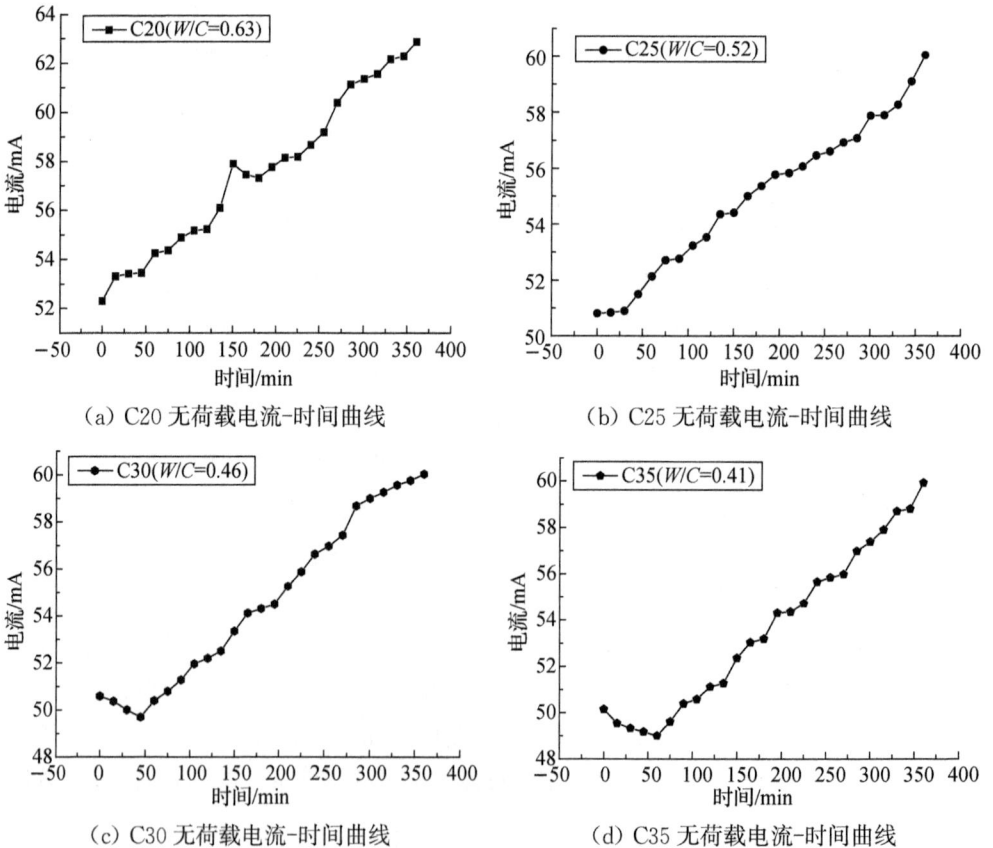

(a) C20 无荷载电流-时间曲线

(b) C25 无荷载电流-时间曲线

(c) C30 无荷载电流-时间曲线

(d) C35 无荷载电流-时间曲线

图 11-23 无荷载电流-时间曲线

图 11-23(c)、图 11-23(d)显示的是 C30 和 C35 混凝土试件在无荷载作用下

的电流与时间的关系曲线,电流值随时间的推移先下降后上升,这种情况通常发生于渗透性为中等或低等的混凝土,电流先下降后上升的现象反映了混凝土孔隙溶液与电解槽溶液之间存在离子交换过程。

试验中部分试件的电流-时间曲线出现了电流值随时间持续下降的现象,这可能与使用的紫铜板电极腐蚀有关系,因为在电通量法测试过程中,阴极会发生电解反应,造成铜板表面被氧化形成绝缘保护膜,而阳极电极板则会溶解,从而影响了电极的导电性。另外,有些试件的电流-时间曲线如图 11-24 所示,后面一段曲线电流的下降可能是电解产生的气泡导致的,电通量法试验也相当于一个电解过程,电解会产生气泡并附着在电极板的表面。这个时候如果搅动溶液将气泡放出,那么仪器测试出的电流值可能会增大。一般情况下,如果电流出现了降低,那么首先应先检查电极表面是否有气泡聚集。

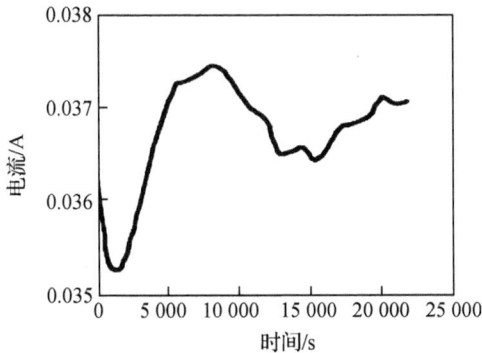

图 11-24　电流与时间的关系曲线

11.2.2　持续压荷载对混凝土氯离子渗透性的影响

1. 压荷载和电场共同作用下氯离子的渗透性试验

为了探究荷载和电场作用下混凝土氯离子的渗透性,本试验利用自行设计的压荷载加载装置(图 11-4),对不同配合比的混凝土试件在不同应力水平下的电通量进行测试。试验按照表 11-1 所示的配合比进行成型,试验施加的应力水平为 0、20%、40%、60%、70%(80%)。这里需特别说明,由于试验所用弹簧的限制,对于高强度的混凝土(C30、C35),80%应力水平超过弹簧的压缩限制,故调整至施加 70%的荷载力。根据之前的试验结果,电通量法测定是混凝土的 6 h 电通量,其与试件厚度成反比,本试验所用试件厚度为 100 mm,为标准试验方法中标准试件厚度的 2 倍,因此同条件下测得的电通量也会比标准厚度试件小一半。表 11-3 列出了试验的分级加载控制情况,表 11-4 至表 11-7 为不同强度等级的混凝土试件在不同压荷载水平作用下的实测结果,未对厚度影响进行修正。

表 11-3 压荷载加载设计值和荷载控制值

试件编号	抗压强度/MPa	极限荷载 F_k/kN	分级荷载/kN	荷载设计值/kN	荷载控制值/kN
C20-00	25.6	256	0	0	0
C20-20	25.6	256	$0.2F_k$	51.2	50
C20-40	25.6	256	$0.4F_k$	102.4	100
C20-60	25.6	256	$0.6F_k$	153.6	150
C20-80	25.6	256	$0.8F_k$	204.8	200
C25-00	29.6	296	0	0	0
C25-20	29.6	296	$0.2F_k$	59.2	60
C25-40	29.6	296	$0.4F_k$	118.4	120
C25-60	29.6	296	$0.6F_k$	178.8	180
C25-80	29.6	296	$0.8F_k$	236.8	240
C30-00	35.5	355	0	0	0
C30-20	35.5	355	$0.2F_k$	71.0	70
C30-40	35.5	355	$0.4F_k$	142.0	140
C30-60	35.5	355	$0.6F_k$	213.0	210
C30-70	35.5	355	$0.7F_k$	248.5	250
C35-00	41.3	413	0	0	0
C35-20	41.3	413	$0.2F_k$	82.6	80
C35-40	41.3	413	$0.4F_k$	165.2	165
C35-60	41.3	413	$0.6F_k$	247.8	250
C35-70	41.3	413	$0.7F_k$	289.1	290

表 11-4 C20混凝土在持续压荷载作用下电通量测试试验结果

试件编号	电流/mA	电通量/C	电通量平均值/C
C1-P00-01	64.212	1 387.016	
C1-P00-02	60.769	1 334.782	1 347
C1-P00-03	62.874	1 356.676	
C1-P00-04	59.320	1 311.231	

试件编号	电流/mA	电通量/C	电通量平均值/C
C1 - P20 - 01	62.816	1 354.927	
C1 - P20 - 02	59.251	1 315.672	1 334
C1 - P20 - 03	60.988	1 345.285	
C1 - P20 - 04	59.492	1 319.834	
C1 - P40 - 01	60.764	1 339.582	
C1 - P40 - 02	59.526	1 306.634	1 315
C1 - P40 - 03	59.929	1 318.171	
C1 - P40 - 04	58.239	1 295.749	
C1 - P60 - 01	61.748	1 332.416	
C1 - P60 - 02	58.213	1 292.325	1 313
C1 - P60 - 03	60.921	1 327.683	
C1 - P60 - 04	59.293	1 299.461	
C1 - P80 - 01	61.343	1 337.258	
C1 - P80 - 02	64.327	1 363.619	1 362
C1 - P80 - 03	65.027	1 391.158	
C1 - P80 - 04	64.592	1 356.334	

表 11 - 5　C25 混凝土在持续压荷载作用下电通量测试试验结果

试件编号	电流/mA	电通量/C	电通量平均值/C
C2 - P00 - 01	62.233	1 358.236	
C2 - P00 - 02	60.051	1 329.521	1 330
C2 - P00 - 03	60.908	1 345.305	
C2 - P00 - 04	58.032	1 286.662	
C2 - P20 - 01	60.385	1 332.066	
C2 - P20 - 02	59.726	1 318.336	1 321
C2 - P20 - 03	60.929	1 342.102	
C2 - P20 - 04	58.021	1 293.337	

试件编号	电流/mA	电通量/C	电通量平均值/C
C2 - P40 - 01	60. 213	1 321. 452	
C2 - P40 - 02	61. 027	1 329. 623	1 306
C2 - P40 - 03	59. 834	1 296. 802	
C2 - P40 - 04	58. 772	1 274. 763	
C2 - P60 - 01	40. 645	852. 961	
C2 - P60 - 02	60. 250	1 336. 220	1 302
C2 - P60 - 03	57. 953	1281. 167	
C2 - P60 - 04	58. 682	1 289. 783	
C2 - P80 - 01	61. 512	1 340. 225	
C2 - P80 - 02	62. 296	1 353. 472	1 344
C2 - P80 - 03	61. 948	1 347. 703	
C2 - P80 - 04	60. 726	1 335. 056	

表 11 - 6 C30 混凝土在持续压荷载作用下电通量测试试验结果

试件编号	电流/mA	电通量/C	电通量平均值/C
C3 - P00 - 01	55. 959	559. 180	
C3 - P00 - 02	62. 168	1 332. 862	1 319
C3 - P00 - 03	60. 022	1 323. 661	
C3 - P00 - 04	59. 581	1 301. 687	
C3 - P20 - 01	72. 0789	1 601. 209	
C3 - P20 - 02	61. 708	1 346. 538	1 386
C3 - P20 - 03	59. 018	1 307. 210	
C3 - P20 - 04	58. 257	1 287. 224	
C3 - P40 - 01	59. 016	1 308. 589	
C3 - P40 - 02	57. 594	1 281. 241	1 294
C3 - P40 - 03	58. 091	1 288. 557	
C3 - P40 - 04	58. 933	1 297. 392	

试件编号	电流/mA	电通量/C	电通量平均值/C
C3 - P60 - 01	58.482	1 284.853	
C3 - P60 - 02	55.295	1 265.087	1 289
C3 - P60 - 03	59.208	1 297.256	
C3 - P60 - 04	59.985	1 308.103	
C3 - P70 - 01	61.509	1 349.295	
C3 - P70 - 02	58.923	1 287.240	1 319
C3 - P70 - 03	60.425	1 323.250	
C3 - P70 - 04	60.114	1 316.582	

表 11 - 7　C35 混凝土在持续压荷载作用下电通量测试试验结果

试件编号	电流/mA	电通量/C	电通量平均值/C
C4 - P00 - 01	49.155	1 126.100	
C4 - P00 - 02	59.927	1 289.309	1 308
C4 - P00 - 03	60.338	1 315.341	
C4 - P00 - 04	60.582	1 320.159	
C4 - P20 - 01	59.242	1 302.385	
C4 - P20 - 02	60.295	1 332.294	1 306
C4 - P20 - 03	57.930	1 281.625	
C4 - P20 - 04	59.753	1 308.508	
C4 - P40 - 01	58.049	1 293.247	
C4 - P40 - 02	59.190	1 310.469	1 298
C4 - P40 - 03	59.022	1 302.372	
C4 - P40 - 04	57.899	1 285.594	
C4 - P60 - 01	59.571	1 305.210	
C4 - P60 - 02	60.226	1 319.439	1 297
C4 - P60 - 03	56.240	1 275.242	
C4 - P60 - 04	58.198	1 286.417	

试件编号	电流/mA	电通量/C	电通量平均值/C
C4 - P70 - 01	61.501	1 334.650	
C4 - P70 - 02	60.367	1 313.414	1 313
C4 - P70 - 03	59.752	1 307.178	
C4 - P70 - 04	59.029	1 296.520	

注:表中参数的含义:例如 C1-P20-01,C1 表示配合比序列号,P 代表压荷载,20 表示所施加的
荷载为极限荷载的 20%,01 表示试件编号。

2. 电通量与压荷载作用之间的关系

不同配合比的混凝土试件利用电通量法测试出的电通量 Q 与应力水平之间
的关系如图 11-25 所示。

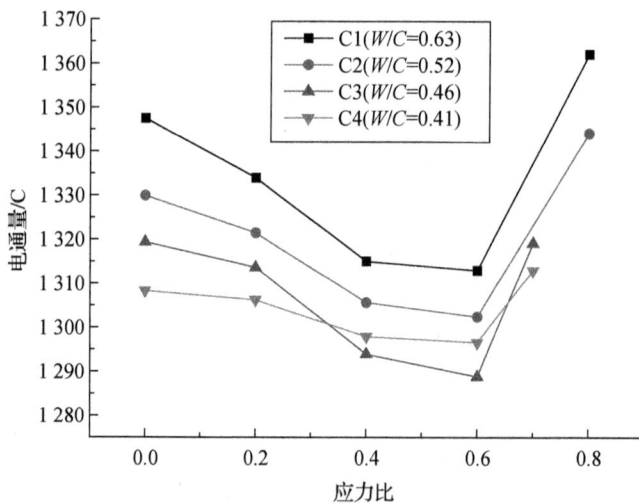

图 11-25　不同配合比混凝土试件的应力比与电通量的关系

从图 11-25 中可以看出,水灰比越大,电通量值越大,这表明水灰比和电通量
之间的关系正如预期一样,低水灰比的混凝土抗渗性能越好。这是因为随着混凝
土水灰比的增加,单位水泥用量减小,混凝土水化反应虽然会更完全,但是未参与
水化反应的水量增多。这些未参与水化反应的水,当蒸发之后会使混凝土在内部
形成大量的毛细孔,随着混凝土龄期的增加,这些毛细孔会连成网,形成通道,为氯
离子的扩散提供途径。在满足水化反应条件的前提下,水灰比越小,混凝土越密实,
内部的孔隙也就相对越少,这对提高混凝土抗性是非常重要的。而且强度越高的混
凝土,单位集料的用量越少,水泥浆体和集料的结合薄弱区域也就越少,所以因应力

作用引起的裂缝产生和扩展相应也会减少,避免形成容易水渗透的快速通道。

由图 11-25 可以看出,C1、C2、C3、C4 曲线表现的规律基本相同,当应力比小于 0.6 时,各试件的电通量值随应力比的增加而减小,减小幅度不同。其中 C1 配合比的混凝土试件的电通量值在应力比小于 0.2 时变化幅度最大,这可能是因为 C1 混凝土的水灰比最大,水泥基体中的孔隙较多,即使在荷载水平并不是很大的情况下,氯离子依然可以通过混凝土基体中的毛细孔传输。而相对于 C1 混凝土,水灰比高的混凝土试件的电通量值下降得相对缓慢。这个应力比小于 0.2 的区间里,压应力对混凝土内部的孔隙和微裂缝产生压合效应,使得水平轴向的微裂缝闭合;而对平行于压荷载力方向的孔隙和微裂缝,此时的应力水平并没有对其产生很大的影响,因此电通量值相对于无荷载状态时减小。

当应力比在 0.2~0.4 区间时,四种配合比的混凝土试件的电通量值继续保持下降趋势。在此区间内,压应力的大小还不足以破坏原有裂缝使其扩展或产生新裂缝,而是使得混凝土内部原有的裂缝和毛细孔受压闭合,并且可能切断了某些毛细孔的连通,在一定程度上使得混凝土内部结构更加紧密,使得氯离子在混凝土内部迁移困难,压合效应明显使得电通量值减小。

当应力比在 0.4~0.6 时,电通量值变化趋于平缓,荷载力对裂缝的作用已达到极限,垂直于压荷载方向的裂缝保持闭合,而平行于荷载方向的裂缝因受压而横向扩展。由于可能扩展出的裂缝开始增多,抵消了一部分的压合效应,而压合效应大于裂缝的扩展,因此在此区间电通量值仍然保持降低,但是有转变的趋势。

四种配合比的混凝土试件的电通量值在应力比为 0.6 时均达到最小值,随着应力比继续增加,电通量值开始转向急剧上升。因为在此应力范围里,原有的裂缝和毛细孔开始遭到破坏,进而产生新的裂缝并且开始扩展。在浆体和骨料的结合薄弱区域,裂缝可能会快速地发展,而且这种裂缝的发展大大地超过了荷载的压合效应,会形成更多的氯离子传输通道,故而导致在外电场加速的条件下,氯离子在混凝土内部发生大量迁移。

综上分析,四种配合比的混凝土试件在应力比小于 0.6 时,混凝土电通量值逐渐降低;当应力比大于 0.6 时,混凝土电通量值快速增加。本试验选择的应力水平是 20%、40%、60%、80%,试验数据显示电通量值的转折点基本在应力比为 0.6 处,但由于测试方法、试验环境等因素的影响,不同研究人员得到的结果也不一定相同。Samaha 等对混凝土试件施加不同水平压应力再卸载,然后测试氯离子迁移电通量,结果表明当应力水平低于极限应力的 75% 时,电通量只有很小的变化;而当应力水平超过 75% 时,电通量增加了 10%~20%。Lim 用 RCPT 法进行的研究也得到了类似的结果,与本节试验结果有较大差别,这可能是由于本节试验均是在持续荷载下进行,而文献报道的是卸载后测得的结果。

11.2.3 压荷载作用下电通量的演变规律

本试验利用电通量法测试出持续荷载作用下混凝土的电通量值,得到了如图 11-26 所示的应力比与电通量之间的关系曲线图。为了更好地说明电通量与应力比以及强度等级之间的关系,为以后的研究工作提供依据,本节尝试对各强度等级混凝土的电通量值与应力比进行拟合分析,寻找它们之间的数量关系。

C1、C2、C3、C4 的试验结果表明,当应力比小于 0.6 时,混凝土的电通量值随着应力比的增大而减小。从变化趋势上来看,混凝土的电通量值与应力比之间近似呈指数关系递减,因此基于图 11-25 中各组试件的试验数据按式(11.2.1)进行曲线拟合。

$$y = y_0 + Ae^{-x/t} \tag{11.2.1}$$

式中,y_0、A、t 均为回归系数,$y_0 + A$ 代表的是无荷载作用下混凝土的电通量值。曲线拟合的结果见表 11-8,图 11-26 是按照拟合公式计算得到的拟合曲线。

表 11-8 压荷载作用下应力比与电通量拟合系数

编号	y_0	A	t	$y_0 + A$	R
C1	1 295.149 87	53.108 07	0.502 33	1 348.258	0.888 91
C2	1 281.671 57	49.072 09	0.695 28	1 330.744	0.938 68
C3	1 282.255 73	39.266 24	0.333 57	1 321.522	0.878 99
C4	1 295.318 87	14.416 09	0.240 32	1 309.735	0.855 61

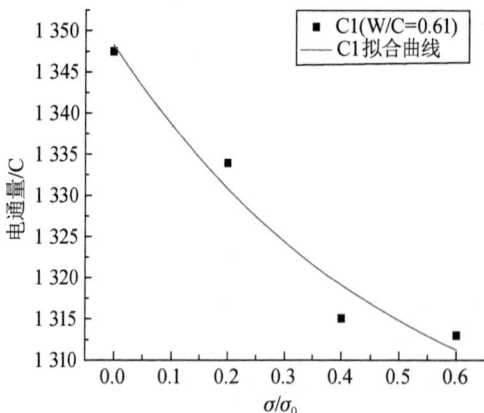

(a) C1 电通量与应力比拟合曲线

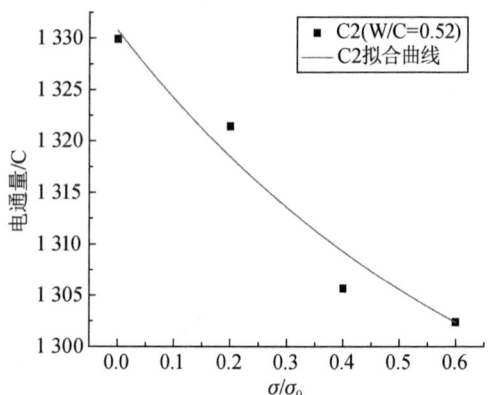

(b) C2 电通量与应力比试件拟合曲线

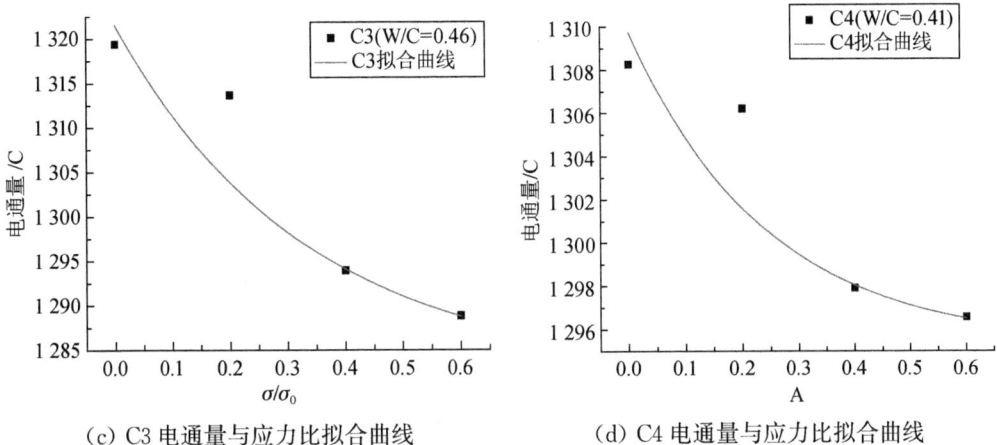

（c）C3 电通量与应力比拟合曲线 　　　（d）C4 电通量与应力比拟合曲线

图 11-26　电通量与应力比拟合曲线(1)

由表 11-8 可以看出：用指数关系拟合得到的数学公式的相关系数 R 都在 0.85 以上，说明电通量值与应力比之间有着很好的相关性。拟合出的曲线与测试出的结果较为符合，反映出了在此荷载水平区间内，电通量值随应力比的增大而减小。因此，可以在无荷载状态下利用电通量法测出混凝土电通量值，通过公式（11.2.1）估算出一定应力比范围的(0～0.6)试件的电通量值。

本节分析了电流-时间曲线，得到电流变化可能的影响因素，并且通过对压荷载作用下混凝土氯离子渗透性试验所得数据的处理与分析，可得出以下结论：

（1）混凝土在无荷载作用下，强度等级越高的混凝土抗氯离子渗透性越好。

（2）压荷载作用下，当应力比在 0～0.2 区间时，电通量值随应力比的增加而缓慢减小；当应力比在 0.2～0.4 区间时，压合效应作用使得电通量值随应力比的增加快速减小；当应力比在 0.4～0.6 区间时，电通量值随应力比的增加再次缓慢减小；当应力比大于 0.6 时，混凝土内部裂缝扩展并产生新的裂缝，为氯离子迁移形成有利通道，电通量值快速上升。

（3）氯离子渗透性与混凝土自身的密实程度、内部裂缝、毛细孔紧密相关。裂缝的产生和扩展，以及压合效应，对混凝土氯离子渗透有着重要的影响。

（4）在持续压荷载状态下，利用电通量法测试出混凝土的电通量值并对数据进行拟合处理，得到混凝土电通量与应力比之间的数量关系。应力比在 0～0.6 范围内，电通量与应力比之间近似呈递减指数关系，可以用拟合公式 $y=y_0+Ae^{\frac{\sigma}{\sigma_0 t}}$ 来表示，其中 y_0、A、t 是相应强度等级混凝土的拟合系数。

11.3 持续弯曲荷载对混凝土氯离子渗透性的影响

混凝土在服役期间会受到各种类型荷载的作用,弯曲荷载就是其中之一。当弯曲荷载与环境中的氯离子共同作用时,就形成了一个对混凝土结构的侵蚀体。研究弯曲荷载作用下混凝土氯离子渗透性则显得非常必要。何世钦采用电通量法研究了受弯曲荷载作用的混凝土氯离子渗透性。卞雷采用电通量法研究了持续弯曲荷载作用下混凝土氯离子渗透性,得出当应力比大于 0.4 时,电通量快速上升的结论。本节在有关研究成果的基础上,利用自行设计的加载装置,基于电通量法测定弯曲荷载作用下混凝土氯离子的电通量值,以此探究电通量与弯曲荷载以前强度等级之间的相互关系。

11.3.1 弯曲荷载和电场共同作用下氯离子的渗透性

本节的主要工作是,利用自行设计的加载装置(图 11-12),基于电通量法测试混凝土在弯曲荷载下氯离子的渗透性。本试验自行设计了加载装置,可以对混凝土棱柱体试件提供持续的弯曲荷载力,并且一次可以对两组试件进行试验,缩短了试验周期。利用电通量法测试出混凝土试件的总电通量,对总电通量、应力水平、混凝土强度等级进行分析,探寻它们之间的相互关系。

本试验按照表 11-1 所示的配合比进行成型,对弯曲荷载试件施加的应力水平为 0、10%、30%、50%、70%。各组试件编号及分级加载情况见表 11-9。棱柱体试件的厚度为 100 mm,根据上文的结果,其测试出的电通量值应为标准试件的一半。表 11-10 至表 11-13 所列均为实测值,并未对厚度影响进行修正。

表 11-9 弯曲荷载加载设计值和弹簧变形控制值

试件编号	抗折强度/MPa	极限荷载 F_k/kN	分级荷载/kN	弹簧变形设计值/mm	弹簧变形控制值/mm
C1 - F00	5.22	17.4	0	0	0
C1 - F10	5.22	17.4	$0.1 F_k$	8.7	9.0
C1 - F30	5.22	17.4	$0.3 F_k$	26.1	26.0
C1 - F50	5.22	17.4	$0.5 F_k$	43.5	44.0
C1 - F70	5.22	17.4	$0.7 F_k$	60.9	61.0
C2 - F00	5.46	18.2	0	0	0

试件编号	抗折强度/MPa	极限荷载 F_k/kN	分级荷载/kN	弹簧变形设计值/mm	弹簧变形控制值/mm
C2 - F10	5.46	18.2	$0.1F_k$	9.1	9.0
C2 - F30	5.46	18.2	$0.3F_k$	27.3	27.0
C2 - F50	5.46	18.2	$0.5F_k$	45.5	46.0
C2 - F70	5.46	18.2	$0.7F_k$	63.7	64.0
C3 - F00	5.67	18.9	0	0	0
C3 - F10	5.67	18.9	$0.1F_k$	9.4	9.0
C3 - F30	5.67	18.9	$0.3F_k$	28.2	28.0
C3 - F50	5.67	18.9	$0.5F_k$	47.0	47.0
C3 - F70	5.67	18.9	$0.7F_k$	65.8	66.0
C4 - F00	5.88	19.6	0	0	0
C4 - F10	5.88	19.6	$0.1F_k$	9.8	10.0
C4 - F30	5.88	19.6	$0.3F_k$	29.4	29.0
C4 - F50	5.88	19.6	$0.5F_k$	49.0	49.0
C4 - F70	5.88	19.6	$0.7F_k$	68.6	69.0

表 11 - 10　C20 混凝土在持续弯曲荷载作用下电通量测试试验结果

试件编号	电流/mA	电通量/C	电通量平均值/C
C1 - F00 - 01	63.532	1 375.427	
C1 - F00 - 02	62.485	1 355.301	
C1 - F00 - 03	60.387	1 321.109	1 354
C1 - F00 - 04	63.158	1 366.062	
C1 - F10 - 01	63.723	1 368.316	
C1 - F10 - 02	55.636	1 126.510	
C1 - F10 - 03	63.668	1 364.847	1 373
C1 - F10 - 04	64.593	1 385.565	

试件编号	电流/mA	电通量/C	电通量平均值/C
C1-F30-01	63.247	1 356.239	
C1-F30-02	67.819	1 454.408	1 385
C1-F30-03	60.578	1 317.542	
C1-F30-04	66.246	1 413.493	
C1-F50-01	67.464	1 478.350	
C1-F50-02	63.928	1 370.468	1 419
C1-F50-03	65.184	1 406.631	
C1-F50-04	66.854	1 418.712	
C1-F70-01	66.355	1 473.601	
C1-F70-02	69.447	1 527.832	1 493
C1-F70-03	68.698	1 495.534	
C1-F70-04	76.952	1 720.170	

表 11-11　C25 混凝土在持续弯曲荷载作用下电通量测试试验结果

试件编号	电流/mA	电通量/C	电通量平均值/C
C2-F00-01	60.598	1 329.691	
C2-F00-02	55.314	1 261.354	1 327
C2-F00-03	63.325	1 376.889	
C2-F00-04	61.625	1 339.783	
C2-F10-01	63.598	1 371.691	
C2-F10-02	64.365	1 389.803	1 340
C2-F10-03	57.128	1 254.538	
C2-F10-04	62.814	1 343.797	
C2-F30-01	64.768	1 364.813	
C2-F30-02	66.365	1 403.732	1 343
C2-F30-03	56.528	1 263.208	
C2-F30-04	62.114	1 338.404	

试件编号	电流/mA	电通量/C	电通量平均值/C
C2 - F50 - 01	65.892	1 419.555	
C2 - F50 - 02	62.618	1 347.397	1 388
C2 - F50 - 03	64.214	1 396.556	
C2 - F50 - 04	44.325	1 090.039	
C2 - F70 - 01	68.254	1 494.032	
C2 - F70 - 02	61.143	1 336.814	1 485
C2 - F70 - 03	68.452	1 656.085	
C2 - F70 - 04	65.614	1 452.648	

表 11 - 12　C30 混凝土在持续弯曲荷载作用下电通量测试试验结果

试件编号	电流/mA	电通量/C	电通量平均值/C
C3 - F00 - 01	56.324	1 237.356	
C3 - F00 - 02	59.698	1 302.647	1 312
C3 - F00 - 03	61.258	1 332.321	
C3 - F00 - 04	63.648	1 377.307	
C3 - F10 - 01	59.548	1 303.081	
C3 - F10 - 02	56.801	1 270.352	1 317
C3 - F10 - 03	62.587	1 357.367	
C3 - F10 - 04	61.489	1 336.836	
C3 - F30 - 01	65.107	1 401.134	
C3 - F30 - 02	59.156	1 292.697	1 351
C3 - F30 - 03	63.596	1 362.219	
C3 - F30 - 04	62.962	1 348.254	
C3 - F50 - 01	65.774	1 416.537	
C3 - F50 - 02	63.850	1 351.130	1 364
C3 - F50 - 03	61.982	1 335.941	
C3 - F50 - 04	62.268	1 351.301	

试件编号	电流/mA	电通量/C	电通量平均值/C
C3 - F70 - 01	67.658	1 465.606	
C3 - F70 - 02	68.168	1 462.720	1 445
C3 - F70 - 03	78.223	1 676.452	
C3 - F70 - 04	65.123	1 405.379	

表 11 - 13 C35 混凝土在持续弯曲荷载作用下电通量测试试验结果

试件编号	电流/mA	电通量/C	电通量平均值/C
C4 - F00 - 01	62.124	1 345.692	
C4 - F00 - 02	53.361	1 212.451	1 289
C4 - F00 - 03	60.478	1 317.672	
C4 - F00 - 04	58.547	1 281.243	
C4 - F10 - 01	58.164	1 274.12	
C4 - F10 - 02	60.598	1 318.064	1 302
C4 - F10 - 03	58.145	1 273.459	
C4 - F10 - 04	61.453	1 343.533	
C4 - F30 - 01	58.896	1 288.834	
C4 - F30 - 02	61.891	1 341.285	1 312
C4 - F30 - 03	62.196	1 349.593	
C4 - F30 - 04	57.743	1 267.875	
C4 - F50 - 01	71.235	1 520.079	
C4 - F50 - 02	60.269	1 315.127	1 330
C4 - F50 - 03	61.145	1 322.640	
C4 - F50 - 04	63.482	1 352.005	
C4 - F70 - 01	61.235	1 329.155	
C4 - F70 - 02	66.269	1 451.014	1 431
C4 - F70 - 03	65.145	1 424.836	
C4 - F70 - 04	71.482	1 519.552	

11.3.2　电通量与弯曲荷载作用之间的关系

弯曲荷载作用下混凝土的电通量与应力比的关系曲线如图 11-27 所示。

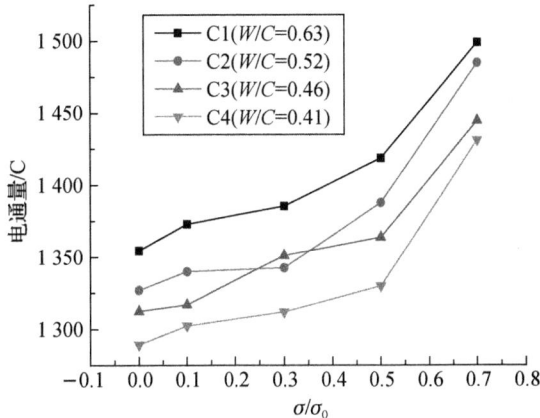

图 11-27　弯曲荷载应力比与电通量的关系

从图中可以看出,整体上混凝土的电通量值随着应力比的增加而增大。无荷载作用下混凝土强度等级越高渗透性越好,这与前一节压荷载对混凝土氯离子渗透性影响试验得到的结果是一样的。当应力比小于 0.5 时,混凝土的电通量值增加速度缓慢,而当应力比大于 0.5 时,增长速度显著提高。混凝土受到弯曲荷载作用时,以中性层为中心,上部为受拉区,下部位受压区,其混凝土截面所受应力与距中性层的距离有关,离中性层和拉应力区域越远,则裂缝受力张开的程度也就越大,裂缝产生、扩展并可能连通起来,形成有利于氯离子迁移的通道。当弯曲荷载作用于混凝土时,弯曲荷载纯弯力作用方向与氯离子渗透方向垂直,混凝土上半部分受拉区域的裂缝受到拉应力作用可能扩展以及产生新的裂缝,增加并连通了氯离子的渗透通道,使得混凝土渗透性增强。在受压区域,混凝土内部原有的裂缝受到挤压闭合,产生压合效应,阻断或抑制了氯离子在混凝土中的传输。弯曲荷载作用下混凝土氯离子渗透性是受拉和受压两种作用的共同作用影响下的结果。

当应力比在 0~0.1 区间时,混凝土内部集料和水泥浆体界面仍然保持稳定,荷载作用并没有造成内部裂缝大量产生和扩张。由于荷载力很小,受压区裂缝和毛细孔的压合效应并不明显,因此总体上混凝土氯离子渗透性缓慢增强。当应力比在 0.1~0.3 区间时,随着弯曲荷载力的增大,抗压区的压合作用效果明显,而抗弯区的拉应力还没有对裂缝产生破坏,因此在此区间电通量值较前增长趋势降低;

随着应力比的继续增加,混凝土上半部的受拉区逐渐进入弹塑性变形阶段,中性轴远离受拉区和中性层区域,使受拉应力影响的范围增大,从而使得弯曲荷载对裂缝的压合效应减小,导致内部裂缝的产生和扩展。当应力比在 0.3~0.5 区间时,电通量增加速率开始增大,裂缝的影响开始越来越显著,混凝土裂缝的扩展速度开始大大增加,此时混凝土内部集料与水泥浆体结合的薄弱区域可能开始产生新的裂缝并扩张连通。随着加载力的逐步增大,当应力比大于 0.5 时,混凝土内部水泥浆体中开始出现裂缝,并不断出现及连通扩展,裂缝扩展的影响已经大大超过了裂缝的压合效应对混凝土渗透性的影响。

同样,对于不同棱柱体试件,电通量值随应力比变化的规律不是绝对一致的,不同试件电通量的增长幅度、趋势是不同的,基本上符合低水灰比的混凝土试件电通量值相对应地也较低,但是在应力作用状态下,可能出现某一强度等级试件电通量曲线发生交叉等情况。

11.3.3 弯曲荷载作用下电通量的演变规律

本试验通过电通量法测试出弯曲荷载状态下混凝土氯离子渗透的电通量值,由图 11 - 27 可以看出电通量值在应力比小于 0.5 时缓慢增加;当应力比大于 0.5 时,电通量值增长速度急剧上升。从变化趋势上来看,混凝土电通量值与弯曲荷载应力比之间近似呈指数关系递增,因此基于试验各组试件的试验数据按式 (11.3.1) 进行曲线拟合。

$$y = y_0 + Be^{R_0 x} \tag{11.3.1}$$

式中: y_0、B、R_0 均是回归系数, $y_0 + B$ 是无荷载状态下混凝土的电通量值。拟合结果见表 11 - 14,图 11 - 28 是按照拟合公式计算得到的拟合曲线图。

表 11 - 14 弯曲压荷载作用下应力比与电通量拟合系数

试件编号	y_0	B	R_0	$y_0 + B$	R
C1	1 349.279 56	11.608 26	3.646 65	1 360.887 82	0.984 84
C2	1 324.573 06	5.455 06	4.832 25	1 330.028 12	0.989 88
C3	1 302.650 74	12.467 95	3.455 31	1 315.118 69	0.950 47
C4	1 295.061 11	1.607 75	6.335 82	1 296.668 86	0.981 35

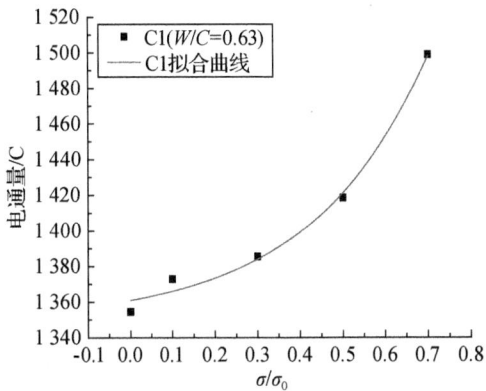

（a）C1 电通量与弯曲应力比拟合曲线

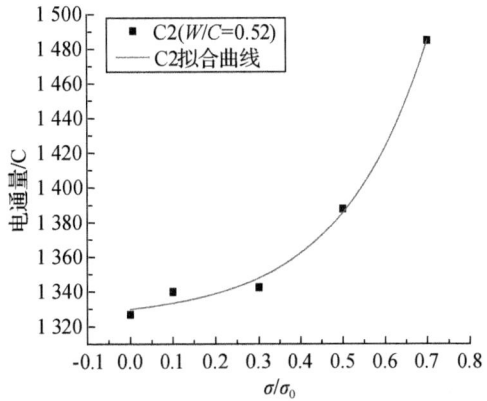

（b）C2 电通量与弯曲应力比拟合曲线

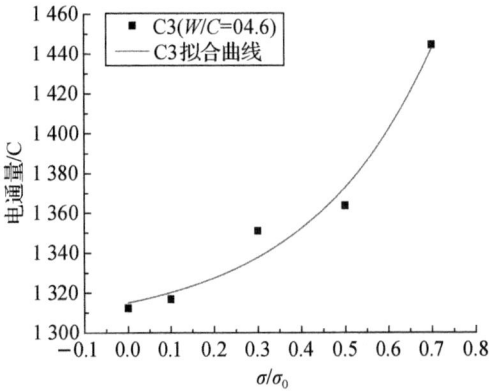

（c）C3 电通量与弯曲应力比拟合曲线

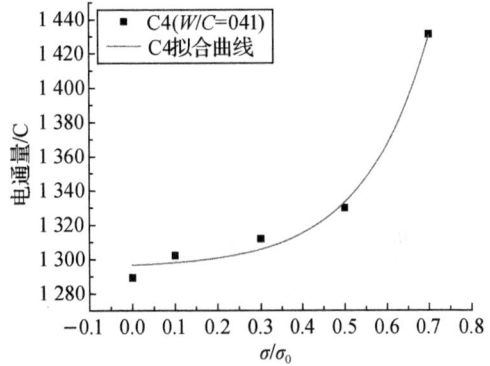

（d）C4 电通量与弯曲应力比拟合曲线

图 11－28　电通量与弯曲应力比拟合曲线(2)

由表 11－14 的结果可知:用指数关系拟合出的公式相关系数 R 均在 0.9 以上,说明电通量值与应力比之间有着比较好的相关性。因此可以在无荷载状态下利用电通量法测出的混凝土电通量值,通过公式(11.3.1)估算出一定应力比范围里内(0~0.7)试件的电通量值。

本节通过对弯曲荷载作用下混凝土氯离子渗透性试验所得数据的处理与分析,得出以下结论:(1) 混凝土棱柱体试件在无荷载作用下,强度等级越高的混凝土抗氯离子渗透性越好。(2) 弯曲荷载作用下,混凝土氯离子渗透性随应力比的增加而增强,应力比小于 0.5 时增强趋势缓慢,应力比大于 0.5 时快速增强。(3)氯离子渗透性与混凝土自身的密实程度、内部裂缝、毛细孔紧密相关。弯曲荷载对混凝土试件存在拉应力和压应力的作用,随着应力比的增加,作用力远离受拉区,拉应力对内部裂缝及孔隙的作用越大。(4)建立混凝土电通量与弯曲荷载应力比之间的数量关系,电通量与应力比之间近似符合递增指数曲线关系,可以用拟合公式 $y = y_0 + Be^{R_0\frac{\sigma}{\sigma_0}}$ 来表示,其中 y_0、B、R_0 是相应强度等级混凝土的拟合系数。

11.4 拉应力-氯离子-碳化耦合作用下钢筋混凝土性能研究

11.4.1 配合比

采用两组高耐久混凝土配合比,水胶比分别为 0.33 和 0.38,见表 11-15。

表 11-15 试验配合比(1)　　　　　　　　单位:kg/m³

编号	水	水泥	粉煤灰	矿渣粉	耐蚀剂	砂	小石	中石	减水剂
W33	150	250	45	136	23	666	448	670	6.82
W38	160	235	40	125	20	698	450	672	5.92

11.4.2 试验内容和方法

配制水胶比为 0.33 和 0.38 的两组混凝土,成型混凝土试件,分别分析在干湿循环条件下、不同腐蚀介质浓度以及受力状态下混凝土的性能劣化机理。

(1) 不同氯离子浓度条件下的混凝土性能试验

混凝土试件养护到 28 d 后,从养护室取出混凝土试件,在 80 ℃±2 ℃的温度下烘 4 d。冷却至室温后在腐蚀溶液中浸泡 24 h(图 11-29),再放入 60 ℃±2 ℃的烘箱中烘 13 d。从开始浸泡在腐蚀溶液中至烘干,共历时 14 d,为一次循环。浸烘循环试验分别历时 4 次(2 个月)、8 次(4 个月)、12 次(6 个月)、24 次(12 个月)。

试验结束后,检测在干湿循环条件下不同腐蚀溶液中混凝土中水溶性氯离子含量、抗压强度。其中水溶性氯离子含量取距离混凝土表面 1 cm、2 cm、3 cm、4 cm、5 cm 处的砂浆进行测量。

腐蚀介质采用 Cl⁻ 浓度为 7 000 mg/L 的溶液和 Cl⁻ 浓度为 15 000 mg/L 的两种盐溶液。

(2) 氯离子和碳化复合环境下的混凝土性能试验

两组混凝土在 Cl⁻ 浓度为 7 000 mg/L 的腐蚀介质中浸泡 24 h,再放入 CO_2 浓度为 20%的碳化箱(温度为 60 ℃±2℃,湿度为 70%±5%)中养护 13 d(图 11-30),从开始浸泡在腐蚀溶液中至在碳化箱中养护,共历时 14 d,为一次循环。

试验检测在氯离子-快速碳化试验条件下,干湿循环 4 次(2 个月)、8 次(4 个月)、12 次(6 个月)、24 次(12 个月)后混凝土的碳化程度和抗压强度变化。

（3）拉应力-氯离子-碳化复合环境下的混凝土性能试验

为研究混凝土碳化收缩和干缩应力对混凝土抗腐蚀耐久性的影响，混凝土试件施加 40% 抗拉强度的拉应力，在 Cl^- 浓度为 7 000 mg/L 的腐蚀介质中进行干湿-碳化循环试验；混凝土试件养护到规定龄期后，把混凝土试件固定于刚性试验架上，通过拉力试验机使试件承受 40% 极限拉应力，固定试件（图 11 - 29），然后把试件放入腐蚀溶液中进行干湿循环。

试验检测在 Cl^- 浓度为 7 000 mg/L 的腐蚀介质中，干湿循环 4 次（2 个月）、8 次（4 个月）、12 次（6 个月）、24 次（12 个月）混凝土中水溶性氯离子含量和混凝土碳化深度。

图 11 - 29　试件浸泡和试件应力架

图 11 - 30　数字式混凝土碳化仪

11.4.3　试验结果与分析

1. 抗压强度

按照表 11 - 15 的配合比成型混凝土试件，试件尺寸为 10 cm×10 cm×10 cm，养护到 28 d 后，取出用于干湿循环的试件，非干湿循环试件继续在标准养护室中养护。混凝土在 Cl^- 浓度为 7 000 mg/L 和 15 000 mg/L 的两种腐蚀介质中浸泡 24 h,再放入 CO_2 浓度为 20% 的碳化箱中烘 13 d,从开始浸泡在腐蚀溶液中至碳化箱中烘干(其中部分试件置于 60 ℃±2 ℃烘箱作为对比),共历时 14 d,为一次循环。相应干湿循环测试结束后,测试试件的抗压强度,同时取出同龄期标准养护室中的试件,测试标养条件下试件的抗压强度。试验结果如图 11-31 和图 11-32 所示。

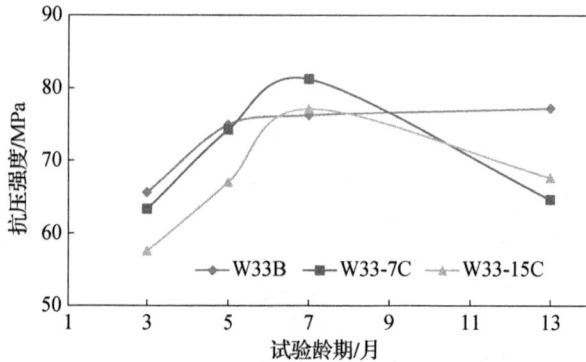

图 11-31 水胶比为 0.33 的试件在不同试验条件下的抗压强度

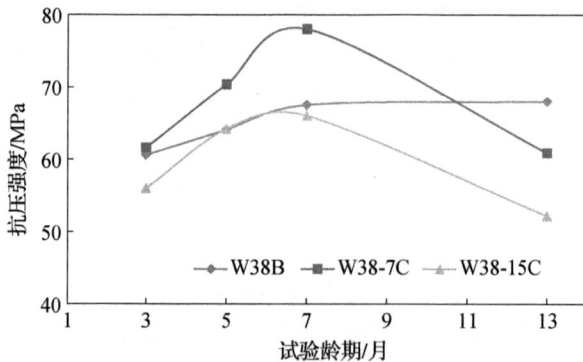

图 11-32 水胶比为 0.38 的试件在不同试验条件下的抗压强度

图 11-31 和图 11-32 中编号 W33B 和 W38B 为标准养护的试件,编号 W33-7C 和 W38-7C 表示在 Cl^- 浓度为 7 000 mg/L 的盐溶液浸泡后放入碳化箱中烘的试件,编号 W33-15C 和 W38-15C 表示在 Cl^- 浓度为 15 000 mg/L 的盐溶液浸泡后放入碳化箱中烘的试件。此外在图 11-33 中,编号 W33-7H 和 W38-7H 表示在 Cl^- 浓度为 7 000 mg/L 的盐溶液浸泡后放入烘箱中烘的试件;编号 W33-15H 和 W38-15H 表示在 Cl^- 浓度为 15 000 mg/L 的盐溶液浸泡后放入烘箱中烘的试件。

从上述图 11-31 和图 11-32 中可以看出：水胶比为 0.33 和 0.38 的两组试件在标准养护条件下，随着龄期增加，混凝土试件的抗压强度缓慢增加；在氯盐-碳化循环条件下，至 12 次循环后(7 个月)，混凝土试件的抗压强度发展迅速，尤其是在 Cl^- 浓度为 7 000 mg/L 的盐溶液中浸泡的试件，抗压强度值甚至超过标准养护的试件强度值，但至 24 次循环后(13 个月)，抗压强度值明显低于标准养护的试件强度值；在 Cl^- 浓度为 7 000 mg/L 和 15 000 mg/L 的盐溶液中浸泡的试件，在碳化干湿循环作用下，强度均呈现先增加后下降的规律。

图 11-33 中给出了经碳化浸烘循环和普通烘箱浸烘循环的试件抗压强度值。结果表明，普通的氯盐浸烘循环 12 次和 24 次后，混凝土试件的抗压强度值均低于标准养护的同龄期试件值，但随循环次数的增加未见明显下降。经氯盐-碳化浸烘循环，在 Cl^- 浓度为 7 000 mg/L 的盐溶液中浸泡后，试件的抗压强度在 12 次循环时显著增加，在 24 次循环时显著下降；而在 Cl^- 浓度为 15 000 mg/L 的盐溶液中浸泡后，试件的抗压强度在 12 次循环时变化不明显，在 24 次循环时显著下降。

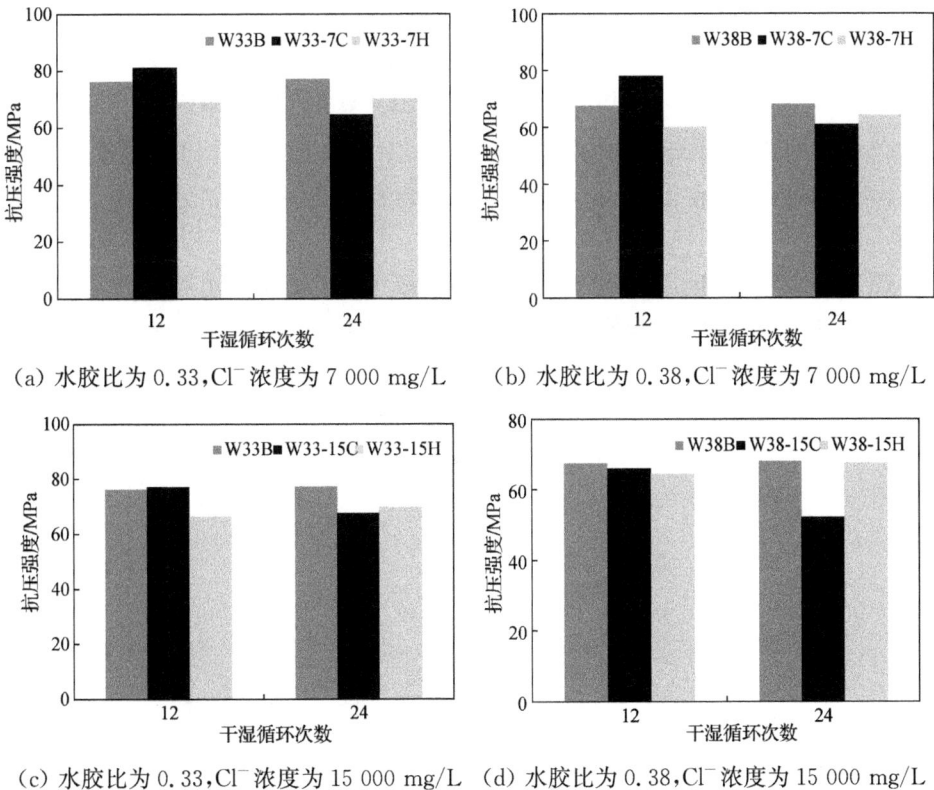

(a) 水胶比为 0.33，Cl^- 浓度为 7 000 mg/L

(b) 水胶比为 0.38，Cl^- 浓度为 7 000 mg/L

(c) 水胶比为 0.33，Cl^- 浓度为 15 000 mg/L (d) 水胶比为 0.38，Cl^- 浓度为 15 000 mg/L

图 11-33 不同试验条件下抗压强度变化比较

2. 氯离子渗透规律

图 11-34 为各组试件在 Cl^- 浓度为 7 000 mg/L 的盐溶液浸泡后放入碳化箱中循环烘，干湿循环 4 次（2 个月）、8 次（4 个月）、12 次（6 个月）、24 次（12 个月）后混凝土中水溶性氯离子的含量。

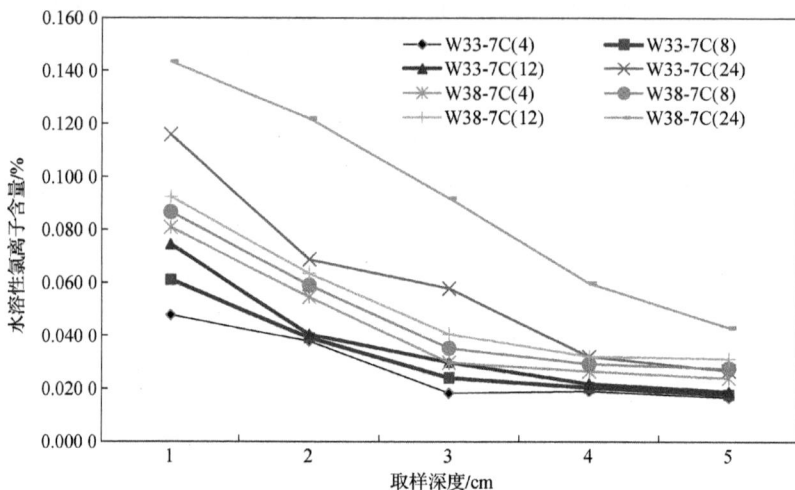

图 11-34　不同氯离子浓度下混凝土中氯离子的渗透规律

结果表明，随着循环次数的增加，混凝土试件内各层氯离子浓度逐渐增加；相同循环次数时，低水胶比（0.33）的试件内氯离子浓度要低于高水胶比（0.38）的试件。

图 11-35 为各组试件在拉应力作用下混凝土中氯离子的渗透规律，图中编号 W33-7L 和 W38-7L 代表使用拉应力架子，施加 40% 极限拉应力的试件。

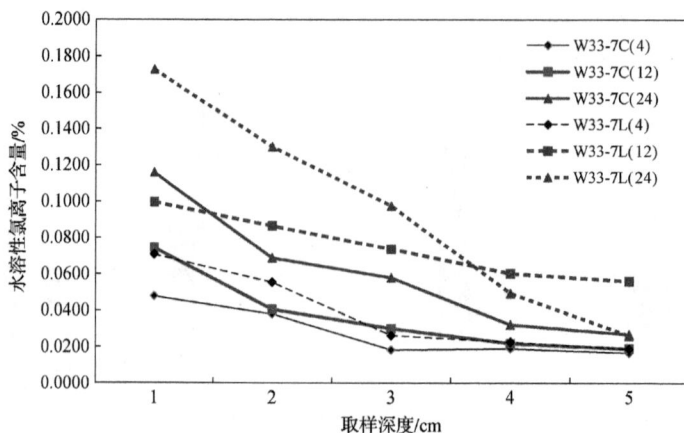

（a）水胶比为 0.33

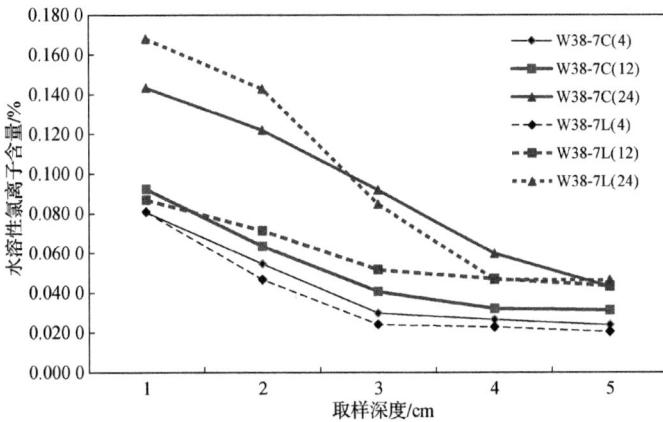

（b）水胶比为 0.38

图 11-35　拉应力作用下混凝土中氯离子的渗透规律

结果表明，试件施加拉应力后，水胶比为 0.33 的混凝土试件内各层氯离子浓度明显增高，说明在拉应力作用下，更多的氯离子渗入混凝土内部；而在水胶比为 0.38 的混凝土试件内，各层氯离子浓度增加不明显。

表 11-16 列出了不同配合比混凝土经 24 次循环，不同试验条件下，混凝土中不同取样深度下水溶性氯离子的含量。

试验结果表明，两组水胶比分别为 0.33 和 0.38 的混凝土试件随着盐溶液中氯离子浓度的增加，各层氯离子浓度明显增加，氯离子扩散速度显著加快；但是在碳化试验箱中浸烘后，各层氯离子浓度又显著下降，说明表层混凝土的碳化作用阻碍了氯离子的渗透。在施加 40% 的极限拉应力作用下，同样加速了氯离子渗透，相比较而言，低水胶比（0.33）的试验组更为明显。

表 11-16　不同配合比混凝土氯离子渗透性能试验结果（24 次循环）

试件编号	氯离子浓度/（mg/L）	外加应力	不同取样深度下水溶性 Cl⁻ 含量（以砂浆质量计）/%				
			0~10 mm	10~20 mm	20~30 mm	30~40 mm	40~50 mm
W33-7H	7 000	0	0.181 6	0.128 6	0.074 3	0.068 5	0.043 8
W33-15H	15 000	0	0.225 6	0.130 3	0.094 2	0.074 0	0.059 6
W33-7C	7 000	0	0.115 8	0.068 7	0.057 8	0.032 0	0.026 7
W33-7L	7 000	40%	0.172 6	0.129 9	0.097 4	0.049 3	0.026 0
W38-7H	7 000	0	0.178 0	0.160 4	0.111 0	0.078 9	0.054 0
W38-15H	15 000	0	0.311 3	0.247 3	0.177 3	0.108 6	0.075 1

试件编号	氯离子浓度/（mg/L）	外加应力	不同取样深度下水溶性 Cl⁻ 含量（以砂浆质量计）/%				
			0～10 mm	10～20 mm	20～30 mm	30～40 mm	40～50 mm
W38-7C	7 000	0	0.143 4	0.121 9	0.091 8	0.059 8	0.043 1
W38-7L	7 000	40%	0.168 0	0.142 8	0.084 7	0.046 7	0.046 3

图 11-36 比较了不同盐溶液浓度和碳化作用对氯离子的渗透影响，结果表明，盐溶液浓度对氯离子的渗透影响大，而碳化明显阻碍了氯离子的渗透。

比较表 11-16 中的 W33-7H 和 W33-7L 以及 W38-7H 和 W38-7L 试验组结果，可发现同时考虑碳化和拉应力作用时，试件中前两层氯离子浓度差别较小，说明拉应力和碳化两者对氯离子渗透的促进和阻碍作用相互抵消。

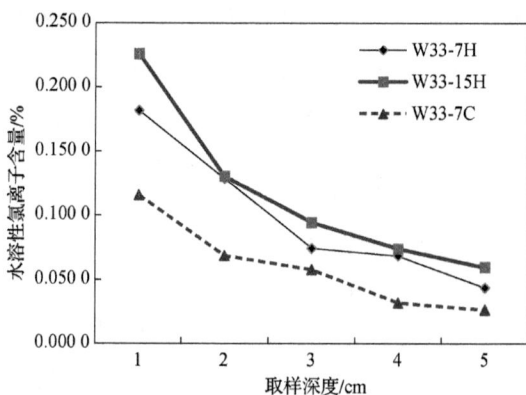

（a）水胶比为 0.33

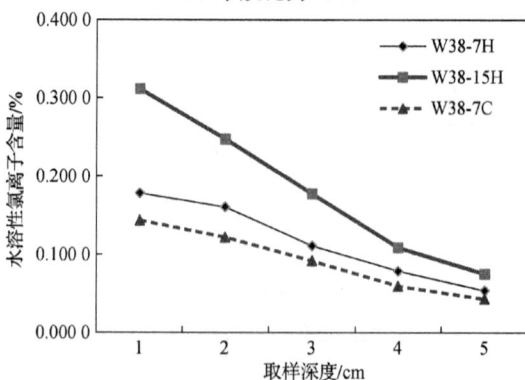

（b）水胶比为 0.38

图 11-36 碳化作用下混凝土中氯离子的渗透

3. 碳化性能

图 11 - 37 和图 11 - 38 为不同试验条件下(氯离子浓度分别为 7 000 mg/L 和 15 000 mg/L 以及 40%拉应力作用),随着循环次数的增加,混凝土的碳化深度有变化。

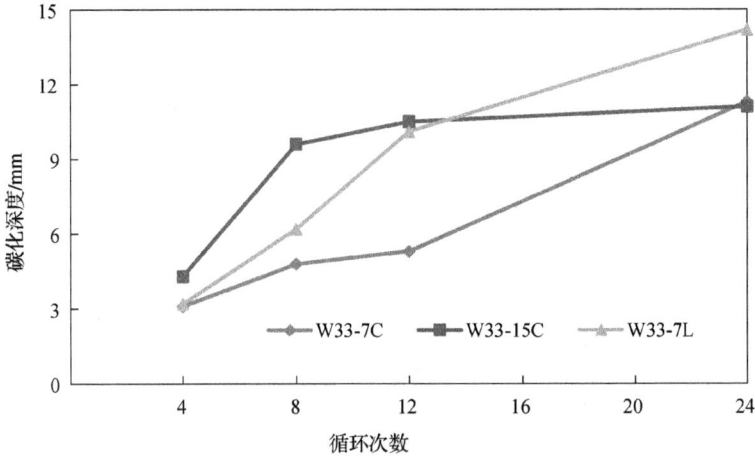

图 11 - 37　不同试验条件下混凝土的碳化深度(水胶比为 0. 33)

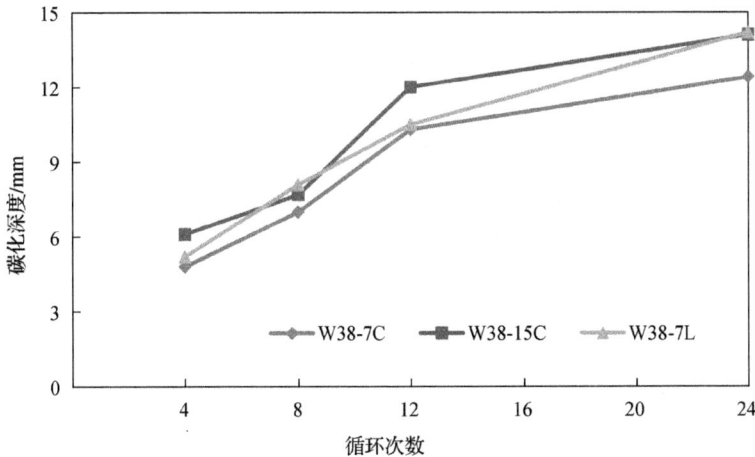

图 11 - 38　不同试验条件下混凝土的碳化(水胶比为 0. 38)

图 11 - 39 为考虑两种试验条件(浸泡盐溶液浓度增加和拉应力施加与否)在不同循环次数下(分为前期 4～8 次和后期 12～24 次两阶段)混凝土碳化深度的增幅,以区分两种试验条件对混凝土碳化影响的程度。

结果表明:随着干湿循环次数的增加,混凝土碳化深度不断增加;拉应力和盐溶液浓度均影响混凝土碳化深度,相同循环次数时,随着浸泡溶液中氯离子浓度的增加,混凝土的碳化深度也相应增加;同样,在试件施加 40％的极限拉应力后,混凝土碳化深度出现增加现象。相比较而言,总体上浸泡溶液中氯离子浓度对混凝土碳化的影响明显大于 40％的极限拉应力作用,在水胶比为 0.33 时,干湿循环前期(4～8 次),氯离子浓度对混凝土碳化的影响明显大于 40％的极限拉应力作用;而在干湿循环后期(12～24 次),40％的极限拉应力作用对混凝土碳化的影响大于氯离子浓度的影响。

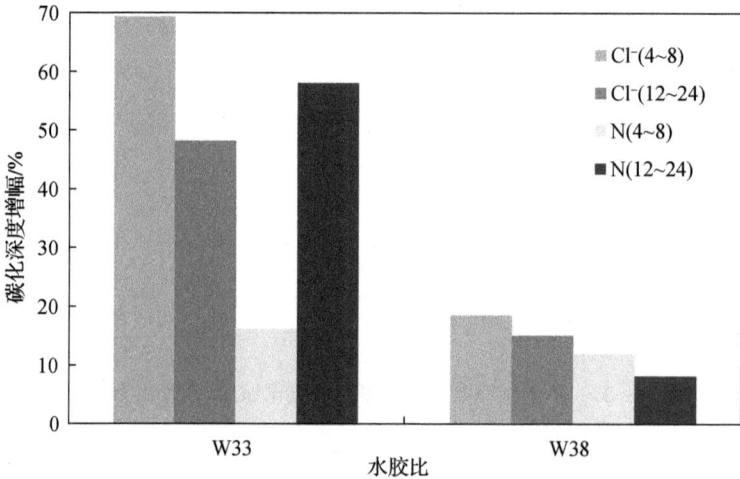

图 11－39　氯离子浓度和外加拉应力对碳化的影响

11.5　拉应力-氯离子-硫酸镁多重腐蚀环境下钢筋混凝土的劣化规律

11.5.1　试验配合比和试验方法

试验采用水胶比分别为 0.33、0.38、0.43 的三组配合比,具体配合比见表 11－17。

表 11－17　试验配合比(2)　　　　　　　　　单位:kg/m³

编号	水	水泥	粉煤灰	矿粉	砂	小石	中石	减水剂	引气剂
Y33	156	189	95	189	658	438	657	3.8	0.000
Y38	150	158	79	158	715	419	629	2.8	0.043
Y43	154	143	72	143	777	420	630	2.5	0.029

按照表 11－17 的配合比成型混凝土试件,养护到 28 d 后,从养护室取出混凝土试件,在 80 ℃±2 ℃的温度下烘 4 d。冷却至室温后在腐蚀溶液中浸泡 24 h,再放入 60 ℃±2 ℃烘箱中烘 13 d。从开始浸泡在腐蚀溶液中至烘干,共历时 14 d,

为一次循环,浸烘循环试验分别历时 2 次、6 次、12 次、24 次、36 次。

试验结束后检测在干湿循环条件下不同腐蚀溶液中混凝土中水溶性氯离子含量、抗压强度。其中水溶性氯离子含量取距离混凝土表面 0~1 cm、1~2 cm、2~3 cm、3~4 cm、4~5 cm 处的砂浆进行测量。

两种腐蚀性浸泡溶液:

溶液 1:Cl^- 7 000 mg/L+SO_4^{2-} 1 500 mg/L;

溶液 2:Cl^- 15 000 mg/L+SO_4^{2-} 3 000 mg/L+Mg^{2+} 1 500 mg/L。

拉应力-氯离子-硫酸镁多重腐蚀环境作用的试验方法为:混凝土试件养护到规定龄期后,把混凝土试件固定于刚性试验架上,通过拉力试验机使试件承受 40%和 60%极限拉应力,固定试件,然后把试件放入腐蚀溶液 2 中进行干湿循环。

11.5.2 试验结果与分析

1. 干湿循环时间对水溶性氯离子含量的影响

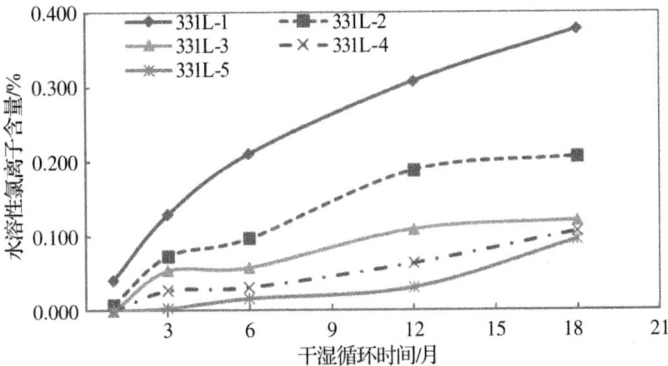

图 11-40 溶液 1 中不同深度处水溶性氯离子含量(水胶比为 0.33)

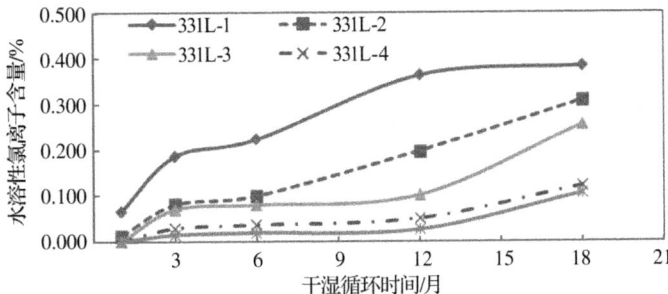

图 11-41 溶液 2 中不同深度处水溶性氯离子含量(水胶比为 0.33)

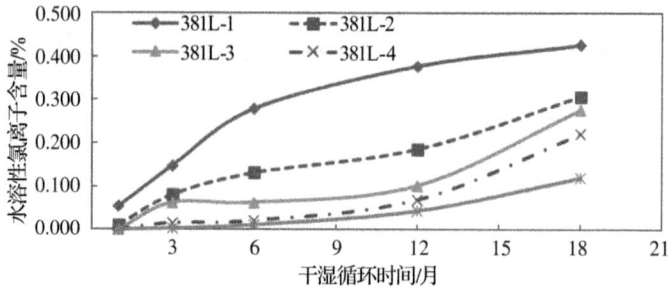

图 11‐42　溶液 1 中不同深度处水溶性氯离子含量(水胶比为 0.38)

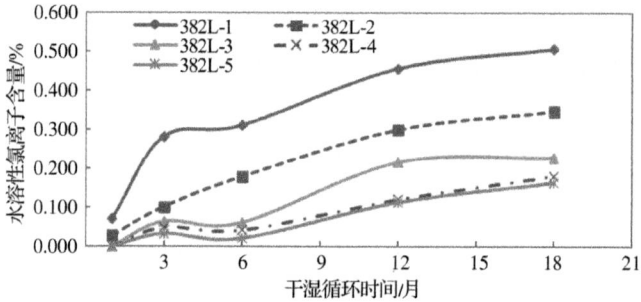

图 11‐43　溶液 2 中不同深度处水溶性氯离子含量(水胶比为 0.38)

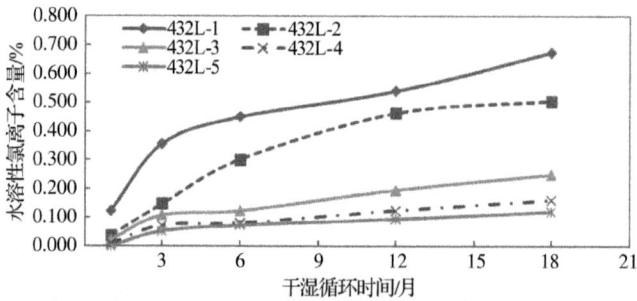

图 11‐44　溶液 2 中不同深度处水溶性氯离子含量(水胶比为 0.43)

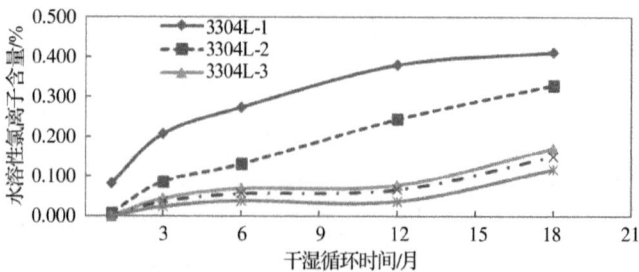

图 11‐45　溶液 2 中不同深度处水溶性氯离子含量(水胶比为 0.33、40%极限拉应力)

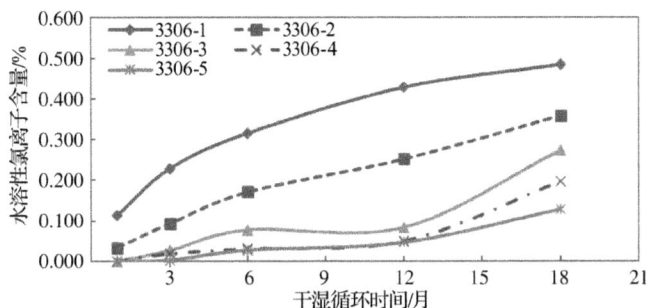

图 11-46 溶液 2 中不同深度处水溶性氯离子含量(水胶比为 0.33、60%极限拉应力)

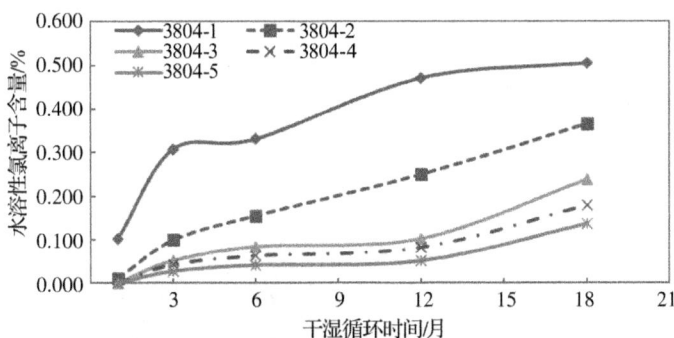

图 11-47 溶液 2 中不同深度处水溶性氯离子含量(水胶比为 0.38、40%极限拉应力)

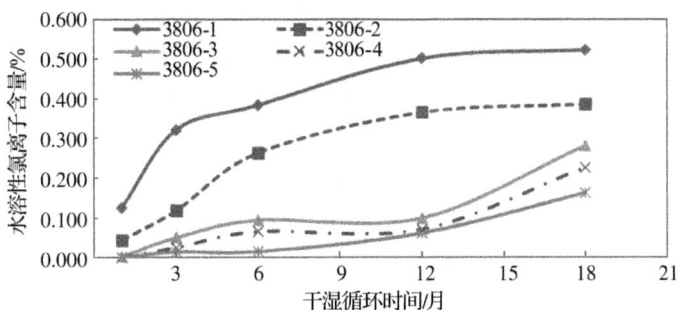

图 11-48 溶液 2 中不同深度处水溶性氯离子含量(水胶比为 0.38、60%极限拉应力)

从图 11-40 到图 11-48 中可以得出如下规律:

在同等深度处,随着浸烘循环次数的增加,混凝土中水溶性氯离子浓度增加,在距离表面 0~2 cm 处,在干湿循环 6 个月之前,水溶性氯离子浓度快速增加;而干湿循环在 6 个月到 18 个月时间,水溶性氯离子浓度增加但增速相对缓慢。在距离表面 2~5 cm 处,在干湿循环 12 个月之前,水溶性氯离子浓度增加缓慢;而在 12 个月到 18 个月时间,水溶性氯离子浓度增加速度特别快。

混凝土中水溶性氯离子浓度随时间的变化规律主要由以下两方面原因引起：

（1）根据菲克第二定律，混凝土中氯离子浓度与腐蚀溶液中氯离子的初始浓度相关。在干湿循环6个月之前，试件表面（0～2cm）处混凝土离腐蚀溶液最近，因此，在这段时间混凝土中氯离子浓度快速增加；在6个月之后，表面氯离子浓度与溶液中氯离子浓度差减小，因此浓度增加缓慢。另外，随着浸泡时间的增长，混凝土内部的水泥浆体结构发生了变化，其孔隙率不断缩小，使氯离子的渗透性随之降低，低渗透性也致使后期氯离子浓度变化减小。

（2）试件内部（2～5 cm）在干湿循环1个月之前，氯离子浓度低主要是由于氯离子还没有全部扩散到此处，因此增加速度缓慢，在12个月后快速增加。一方面是随着时间的延长，大量的氯离子扩散到此处；另一方面是由于溶液中含有大量的硫酸根离子，单硫型水化硫铝酸钙在大量硫酸根离子存在的条件下转化成钙矾石，体积增大，使胶凝材料内部产生裂缝，增加了氯离子的扩散通道，因此水溶性氯离子浓度显著增加。对18个月的试件做了SEM分析，从图片中看到大量裂缝（图11-49～图11-51）。

图 11-49　12 个月胶凝材料裂缝(1)

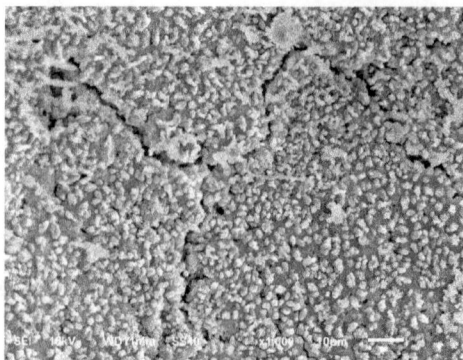

图 11-50　12 个月胶凝材料裂缝(2)

图 11‐51　12 个月胶凝材料裂缝(3)

2. 水胶比对水溶性氯离子含量的影响

为了分析水胶比在浸烘循环条件下对水溶性氯离子含量的影响规律,选择浸烘循环 6 个月和 18 个月的试验数据绘制图表,具体试验结果如图 11‐52～图 11‐55 所示。

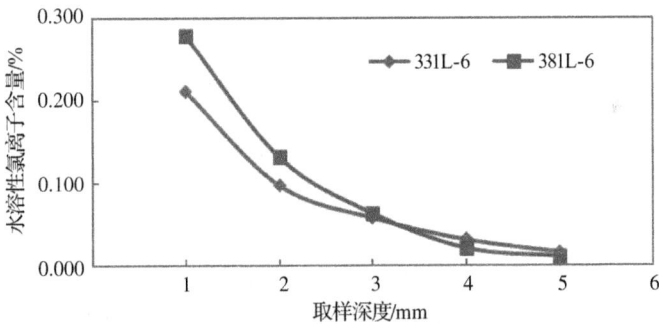

图 11‐52　溶液 1 中浸烘循环 6 个月水溶性氯离子含量

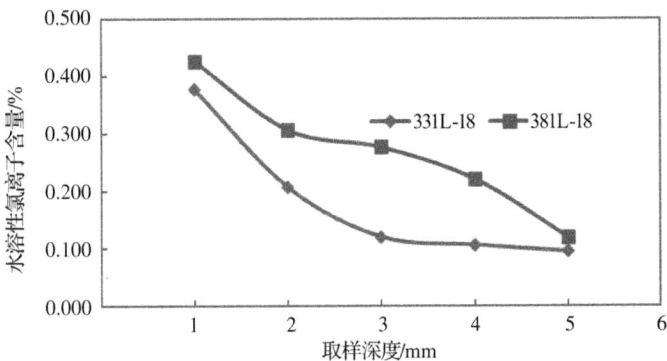

图 11‐53　溶液 1 中浸烘循环 18 个月水溶性氯离子含量

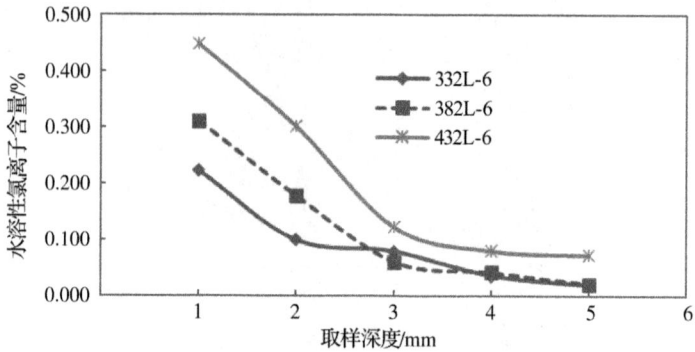

图 11-54　溶液 2 中浸烘循环 6 个月水溶性氯离子含量

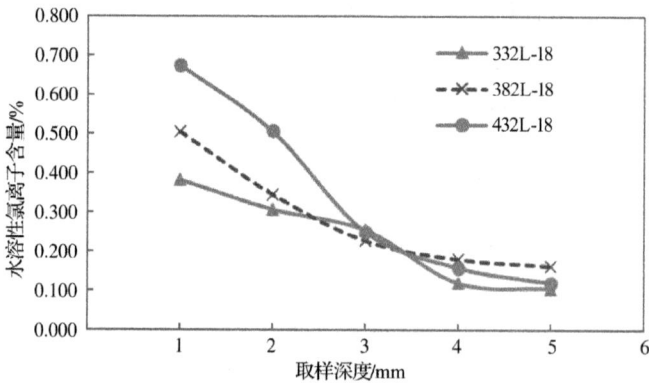

图 11-55　溶液 2 中浸烘循环 18 个月水溶性氯离子含量

从图 11-52 至图 12-55 中可以看出,相同腐蚀条件下,水胶比越大,混凝土中水溶性氯离子含量越多,对混凝土的腐蚀越严重;水胶比提高 0.05,相同深度处水溶性氯离子含量增加 30% ~ 50%。这主要是由于水胶比对水化产物的密实性、孔隙率、孔径大小起着决定性影响,水胶比越大,水化胶凝材料相对越疏松,孔隙率增加,大孔和连通孔增加,这些因素为氯离子的扩散提供了更多的通道,因此在相同条件下,氯离子含量显著增加。

3. 构件承受拉应力条件下水溶性氯离子含量分析

混凝土试件养护到规定龄期后,把混凝土试件固定于刚性试验架上(图 11-56),通过拉力试验机使试件承受 40% 和 60% 的极限拉应力,固定试件,然后把试件放入腐蚀溶液 2 中进行干湿循环。

从图 11-57 和图 11-58 中可以看出:相同拉应力条件下,水胶比越大,水溶性氯离子含量越多;相同水胶比条件下,拉应力越大,水溶性氯离子含量越多。有学者认为,拉应力会改变混凝土内部孔隙结构,使混凝土表面产生新的微裂缝,从而增加氯离子渗透通道,引起混凝土中水溶性氯离子含量增加;也有研究表明,持载情况下,混凝土渗透性随所施加拉应力的增大而增强。在这两种因素的作用下,承受的拉应力越大,混凝土中水溶性氯离子含量越高。

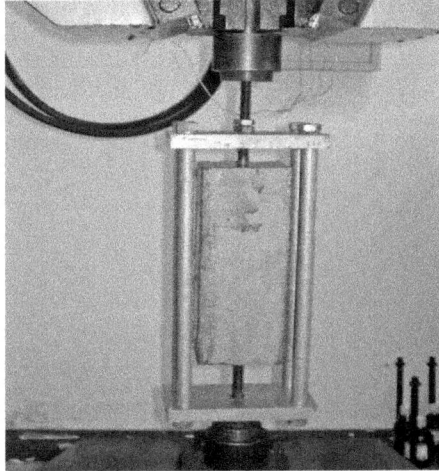

图 11‑56　试件加载

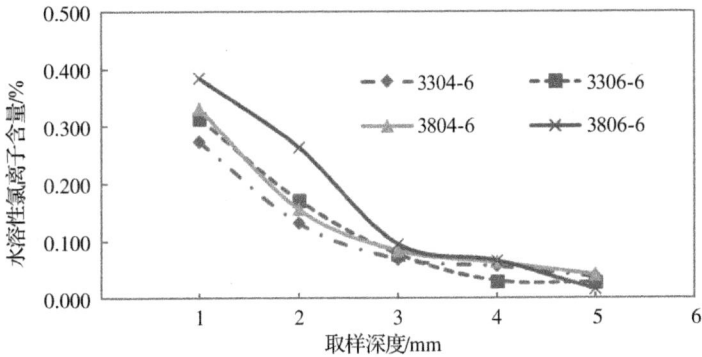

图 11‑57　在拉应力下试件中水溶性氯离子含量(6 个月)

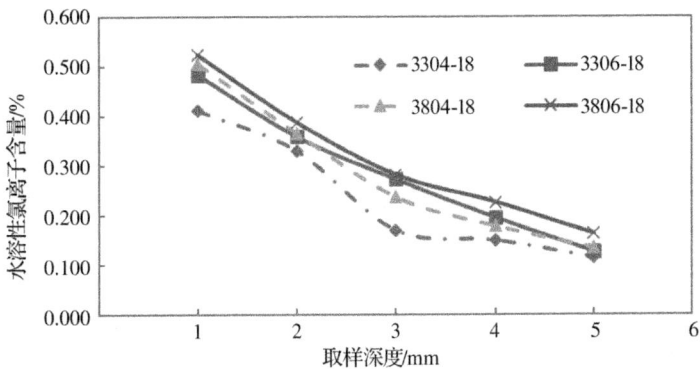

图 11‑58　在拉应力下试件中水溶性氯离子含量(18 个月)

4. 加载与非承载条件下水溶性氯离子含量分析

试验对比分析了相同腐蚀溶液中，试件在承受不同拉应力与不承受拉力时混凝土中的可溶性氯离子含量，用以分析拉应力条件下腐蚀介质对混凝土的侵蚀规律。

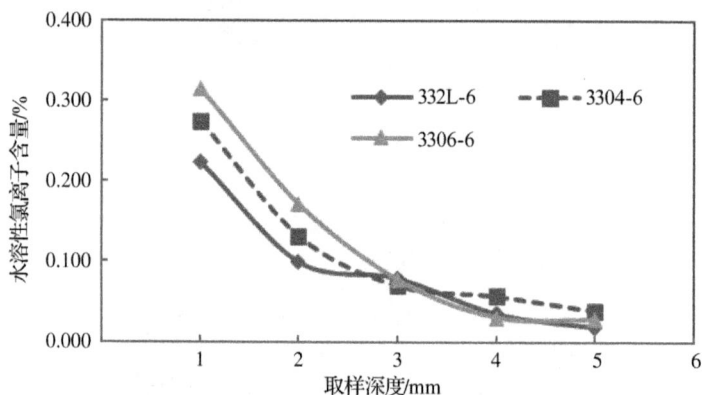

图 11-59 水胶比 0.33 的试件在不同拉应力下水溶性氯离子含量(6 个月)

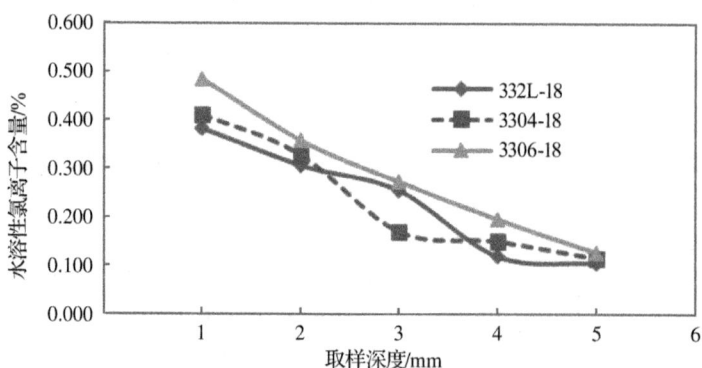

图 11-60 水胶比为 0.33 的试件在拉应力下水溶性氯离子含量(18 个月)

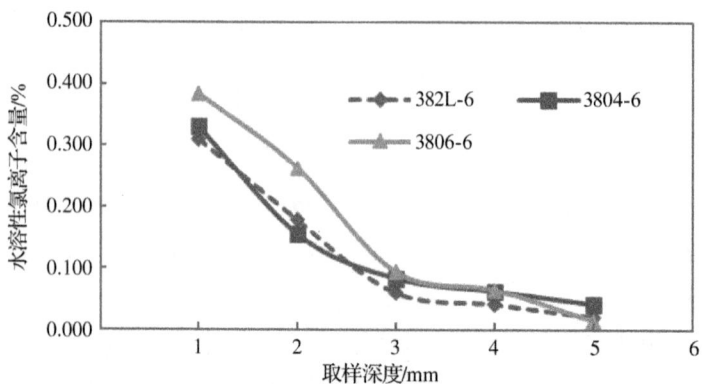

图 11-61 水胶比为 0.38 的试件在不同拉应力下水溶性氯离子含量(6 个月)

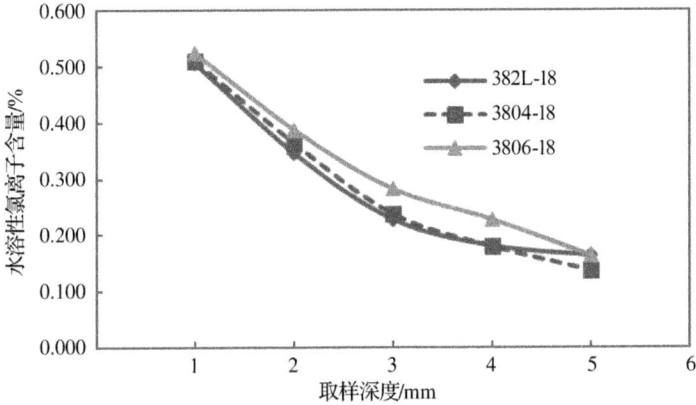

图 11 - 62　水胶比为 0.38 的试件在不同拉应力下水溶性氯离子含量(18 个月)

图 11 - 59 至图 11 - 62 是水胶比分别为 0.33 和 0.38 的试件在腐蚀溶液 2 中分别承载 0、40%、60%拉应力时混凝土中水溶性氯离子含量试验结果图,试验龄期选取 6 个月和 18 个月。从上述四幅图中可以看出:

试件在承受 60%极限拉应力时,在距离混凝土表面 0～3 cm 处,相同深度处混凝土中水溶性氯离子含量要高于试件承受 0 和 40%极限拉应力时的水溶性氯离子含量,在 3～5 cm 处水溶性氯离子含量基本相同;而试件在承受 0、40%极限拉应力时,相同深度处混凝土中水溶性氯离子含量基本相同。试验结果说明,混凝土构件在承受较低拉应力时(如<40%极限拉应力)混凝土表面没有产生微小的裂缝,且内部的孔隙结构也没有发生显著的变化,这使得氯离子在混凝土内部的渗透性几乎没有增强,因此其水溶性氯离子含量变化不大。而当试件承受 60%极限拉应力时,混凝土试件表层水溶性氯离子含量显著增加,因此当试件承受 60%极限拉应力时,试件表面混凝土已产生微裂缝,且表面混凝土孔隙结构也发生了变化,使得氯离子的渗透性增强。可以认为,当试件承受超过 40%极限拉应力时,构件表面混凝土开始产生微裂缝,孔隙结构也产生变化,在腐蚀溶液中加快腐蚀溶液的侵蚀速度;而当构件承受的拉应力小于 40%极限拉应力时,混凝土构件基本无破坏,腐蚀溶液对混凝土加速破坏影响不明显。

5. 氯离子含量分析

在宏观试验的基础上,选取水胶比为 0.38,腐蚀溶液 2,试验龄期 1 个月和 18 个月,承受的拉应力为 0 和 40%极限拉应力,在距离混凝土表面 1 cm 处的砂浆进行水化产物化学组成及定量分析试验,结果见表 11 - 18。

表 11 - 18 中氯离子为混凝土中氯离子含量的总和,是水溶性氯离子、与水泥

结合的氯离子的总和。结合试验测试出的水溶性氯离子含量,可计算出混凝土各种氯离子成分及其相对比例,具体结果见表 11-19。

表 11-18　不同试验条件下水化产物化学组成表　　　　单位:%

编号	SiO_2	CaO	Al_2O_3	K_2O	Fe_2O_3	MgO	Na_2O	SO_3	TiO_2	Cl^-	MnO	P_2O_5	烧失量
38012L-1	53.67	18.43	10.49	2.48	1.95	1.80	1.19	1.22	0.28	0.25	0.16	0.09	7.72
380104-1	54.58	17.97	10.12	2.65	1.98	1.85	1.34	1.27	0.28	0.27	0.15	0.09	7.25
38182L-1	53.36	17.41	9.41	2.43	2.39	2.20	2.08	1.31	0.31	0.95	0.16	0.13	7.70
381804-1	52.47	18.08	8.94	2.19	2.16	2.28	1.39	0.30	1.17		0.16	0.10	8.26

表 11-19　混凝土中各种氯离子含量关系表　　　　单位:%

编号	水溶性氯离子	与水泥结合的氯离子	氯离子总含量	水溶性/氯总量
38012L	0.069 6	0.184 4	0.254 0	27.4
380104	0.102 1	0.168 9	0.271 0	37.7
38182L	0.504 8	0.444 2	0.949 0	53.2
381804	0.510 9	0.759 1	1.170 0	43.7

从表 11-19 中可以看出混凝土中水溶性氯离子含量与氯离子总含量具有相同的变化规律,即随着腐蚀时间的增加,两者的氯离子总量都呈增加趋势。

从表 11-19 氯离子总含量中,通过编号 38012L 与编号 380104 的对比,编号 38182L 与编号 381804 的对比可以看出,当试验龄期为 1 个月时,表层混凝土氯离子总含量基本相同,在施加拉应力的条件下,试件的氯离子总含量稍高一点,两者含量约差 7%。当试验龄期为 18 个月时,在施加拉应力条件下,表层混凝土中氯离子总含量较不施加拉应力高 23%。从氯离子总含量测试中可以看出,施加 40%极限拉应力,对混凝土表层破坏和混凝土内部孔隙结构调整很有限,对氯离子渗透系数影响不大,但总体上还是提高了氯离子渗透系数,只是提高幅度较小。

从表 11-19 的水溶性/氯总量列可以看出:渗透到混凝土中的氯离子,超过 50%的量与水泥结合,特别是在混凝土成型后的早期,与水泥结合的氯离子占氯离子总量的比例更高;随着时间的增加,氯离子总量增加的同时水溶性氯离子占氯离子总量的比例也增加,腐蚀性能提升。

6. 硫酸根腐蚀分析

盐碱环境中存在不同程度的硫酸根腐蚀,当硫酸根含量充足时,渗透进混凝土中的硫酸根将生成含 32 个结晶水的钙矾石,引起混凝土体积膨胀。混凝土后期的膨胀将引起混凝土开裂,在有氯离子腐蚀的条件下,氯离子将通过裂缝直接进入混凝土内部,加剧混凝土内部的钢筋腐蚀。

下面主要通过 XRD 与 SEM 电镜表征不同条件下混凝土受硫酸根腐蚀的程度。其中 XRD 选取水胶比为 0.38,腐蚀溶液 2,试验龄期 1 个月、18 个月,承受的拉应力为 0 和 40%极限拉应力,在距离混凝土表面 1 cm 处的砂浆进行水化产物化学组成及定量分析;SEM 电镜选取水胶比为 0.38,腐蚀溶液 2,试验龄期 12 个月,承受的拉应力为 0 和 60%极限拉应力,在距离混凝土表面 1 cm 处的砂浆进行试验。

混凝土的抗硫酸盐侵蚀性与水泥熟料的矿物组成及其相对含量、混凝土的配合比、微观结构以及混凝土所处的周边环境等因素有关,尤其是与混凝土中氢氧化钙和水化铝酸钙有很大的关系,水泥石中不密实的孔隙、与外部相连的开口孔隙的大小也影响着混凝土抗硫酸盐性能。当硫酸根离子随环境水从孔隙中侵入时,与混凝土中的 $Ca(OH)_2$ 反应生成二水石膏,而石膏又可以与水化铝酸钙、水化硫铝酸钙以及未水化的铝酸钙进一步反应生成钙矾石,产生结晶压力并吸湿,引起混凝土的膨胀。生成二水石膏和钙矾石后的体积分别增大 1.24 倍和 1.5 倍,在混凝土内部产生巨大的膨胀压力,足以造成混凝土的开裂。

硫酸根的腐蚀过程如下面两个方程式所示:

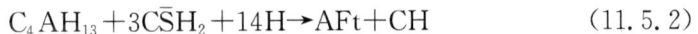

$$Ca(OH)_2 + SO_4^{2-} + 2H_2O \Longrightarrow CaSO_4 \cdot 2H_2O + 2OH^- \qquad (11.5.1)$$

$$C_4AH_{13} + 3C\bar{S}H_2 + 14H \rightarrow AFt + CH \qquad (11.5.2)$$

从方程式(11.5.1)和(11.5.2)中可以看出,可通过测试水化产物中 SO_3 的含量间接反映硫酸根腐蚀程度。表 11-20 是对不同腐蚀条件下混凝土中 SO_3 含量的测试结果,从测试结果中可以看出,在试验龄期为 1 个月时,加载 40%极限拉应力的试件中 SO_3 含量较不加载拉应力试件增加 4%;在试验龄期为 18 个月时,加载 40%极限拉应力的试件中 SO_3 含量较不加载拉应力试件增加 6%。在相同试验条件下,不加载拉应力时,18 个月试验龄期的试件中 SO_3 含量较 1 个月试件增加7.4%;加载拉应力时,18 个月试验龄期的试件中 SO_3 含量较 1 个月试件增加9.4%。因此,在硫酸根腐蚀条件下,随着试验龄期的增加,硫酸根渗透量增加,加载拉应力的增速大于不加载拉应力的增速;相同试验龄期时,加载 40%极限拉应力的试件中 SO_3 含量较不加载拉应力的试件有稍许增加。

图 11-63 是四个样品中 AFt 含量的比较,从图中可以看出,相同试验龄期时,在加载拉应力的条件下,试验龄期越长,AFt 的生成量越多,加载拉应力与不加载拉应力 AFt 含量差距越大;在试验龄期为 1 个月时仅生成少量的 AFt,而在试验龄

期为 18 个月时,AFt 的含量显著增加,因此,试件在腐蚀溶液中浸泡时间越长,在有大量硫酸根的条件下,AFt 的生成量越多,对混凝土构件的破坏作用越明显,而当构件在承受拉应力时,硫酸根腐蚀的程度将加剧。同时有研究认为:混凝土在硫酸盐溶液中腐蚀,腐蚀产物主要在混凝土的孔洞等薄弱区生成、聚集,导致微细裂纹产生,微裂纹不断扩展、连通,加剧混凝土破坏。

表 11-20 不同腐蚀条件下混凝土中 SO_3 含量

编号	$SO_3/\%$
38012L-1	1.22
380104-1	1.27
38182L-1	1.31
381804-1	1.39

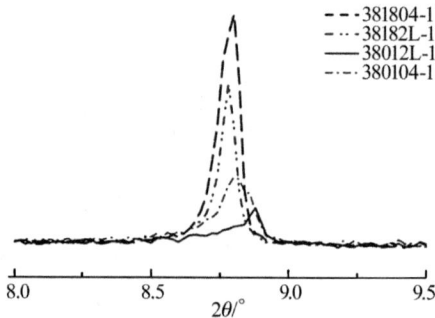

图 11-63 四个样品中 AFt 含量的比较

图 11-64 至图 11-66 是试件 38122L-1 在距离表面 1 cm 处混凝土水化产物电镜图,从这三幅图可以看出,混凝土内部有大量的氢氧化钙生成,而仅有少量的 AFt 生成;图 11-67 至图 11-69 是试件 381206-1 在距离表面 1 cm 处混凝土水化产物电镜图,从这三幅图中可以看出,混凝土内部生成了大量的 AFt,而很少有氢氧化钙生成。对比这几幅图可以看出,当混凝土试件承受 60% 极限拉应力时,混凝土表面产生裂缝,同时混凝土的孔隙结构发生了较大的变化,致使在腐蚀条件下,腐蚀介质快速地通过裂缝和连通孔进入混凝土内部,对混凝土的腐蚀加剧。

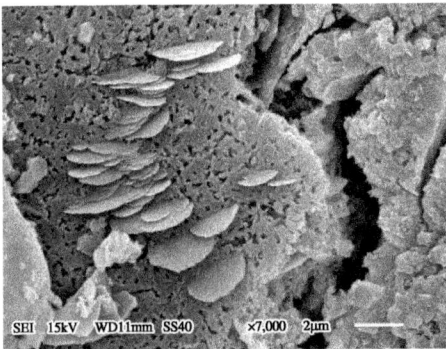

图 11‐64　38122L‐1 混凝土内部生成的
大量氢氧化钙(1)

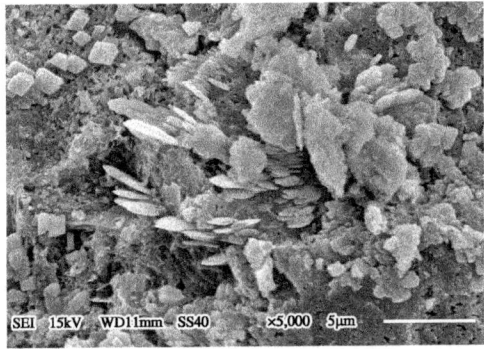

图 11‐65　38122L‐1 混凝土内部生成的大
量氢氧化钙(2)

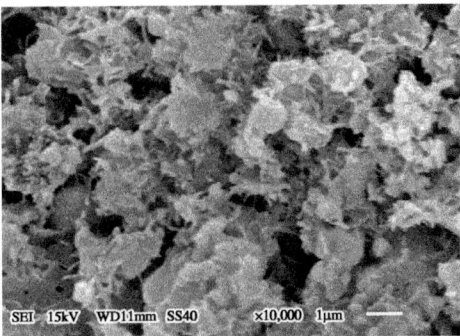

图 11‐66　38122L‐1 混凝土内部生成的
少量的 AFt

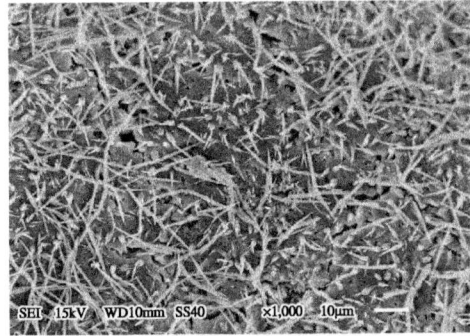

图 11‐67　381206‐1 试件中混凝土内部
生成的 AFt 及其裂缝(1)

图 11‐68　381206‐1 试件中混凝土内部
生成的 AFt 及其裂缝(2)

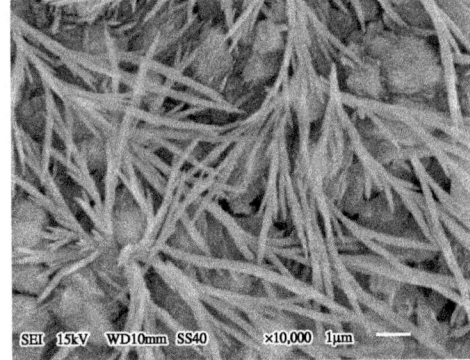

图 11‐69　381206‐1 试件中混凝土内部
生成的 AFt 及其裂缝(3)

7. Mg^{2+} 腐蚀分析

当腐蚀介质中有镁离子存在时,溶液中的镁离子会与水化产物生成氢氧化镁,氢氧化镁的晶格常数接近天然的方镁石,密度为 3.56～3.65 g/cm³。由于形成条件、颗粒大小和形状的差异,镁离子转化成氢氧化镁后其体积增大为原来的 212.6%,对岩石与建筑物的稳定性影响很大;如氢氧化镁受到外界条件的影响,可以脱水,产生收缩,而且在不同环境介质和条件下,氢氧化镁的晶体形状会产生畸变,可能引起结构变化。在低碱介质中,水化生成针状 $Mg(OH)_2$ 晶体,尺寸为 0.3～0.4 μm,呈分散状态,向周围的孔洞中扩散和生长,产生的膨胀量较小;在高碱介质中为 $Mg(OH)_2$ 晶体,晶体尺寸细小(0.1～0.2 μm),呈聚集状态,可产生较大的局部膨胀,导致混凝土开裂,影响建筑物的体积稳定。

镁离子的腐蚀过程如下面两个方程式所示:

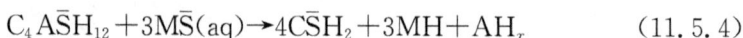

$$C_3S_2H_3+3M\bar{S}(aq)→3C\bar{S}H_2+3MH+2SH_x \qquad (11.5.3)$$

$$C_4A\bar{S}H_{12}+3M\bar{S}(aq)→4C\bar{S}H_2+3MH+AH_x \qquad (11.5.4)$$

图 11-70 中,当承受 60% 极限拉应力时,水胶比为 0.38 的试件在距表面 1 cm 处混凝土内部出现少量的 $Mg(OH)_2$,而在相同溶液中无拉应力试件中没有发现 $Mg(OH)_2$。

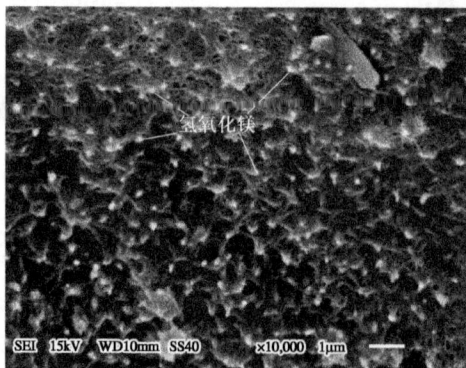

图 11-70 381206-1 试件中混凝土内部生成的少量氢氧化镁

从方程式(11.5.3)和(11.5.4)中可以看出,通过测试水化产物中 MgO 的含量可间接反映镁离子腐蚀程度表 11-21 是对不同腐蚀条件下混凝土中 MgO 含量的测试结果,从中可以看出,在试验龄期为 1 个月时,加载 40% 极限拉应力的试件中 MgO 含量较不加载拉应力试件增加 2.8%;在试验龄期为 18 个月时,加载 40% 极限拉应力的试件中 MgO 含量较不加载拉应力试件增加 3.6%。在相同试验条件下,不加载拉应力时,18 个月试验龄期的试件中 MgO 含量较 1 个月试件增加 22.2%;加载拉应力时,18 个月试验龄期的试件中 MgO 含量较 1 个月试件增加 23.2%。因此,在镁离子腐蚀条件下,随着试验龄期的增加,镁离子渗透量显著增加,相同试验龄期时,加载 40% 极限拉应力的试件中 MgO 含量较不加载拉应力试件有稍许增加,但增加幅度不明显。因此当施加拉应力不超过 40% 时,相同条件下,镁离子腐蚀主要和腐蚀时间相关。

表 11-21　不同腐蚀条件下混凝土中 MgO 含量

编号	MgO/%
38012L-1	1.80
380104-1	1.85
38182L-1	2.20
381804-1	2.28

8. 抗压强度试验

按照表 11-17 的配合比成型混凝土试件,试件尺寸为 10 cm×10 cm×10 cm,养护到 28 d 后,取出用于干湿循环的试件,非干湿循环试件继续在标准养护室中养护。把干湿循环试件在 80 ℃±2 ℃的温度下烘 4 d,冷却至室温后在腐蚀溶液 1 和腐蚀溶液 2 中浸泡 24 h,再放入 60 ℃±2 ℃烘箱中烘 13 d。从开始浸泡在腐蚀溶液中至烘干,共历时 14 d,为一次循环,浸烘循环试验分别历时 2 次、6 次、12 次、24 次、36 次。相应干湿循环测试结束后,测试试件的抗压强度,同时取出同龄期标准养护室中的试件,测试标准养护条件下试件的抗压强度。

图 11-71 至图 11-73 是水胶比分别为 0.33、0.38、0.43 的试件在干湿循环和标养条件下的抗压强度随养护时间的变化图。图 11-74 是腐蚀试件与同龄期标准养护试件强度比值,从图中可以看出:

(1) 无论是在标准养护还是在干湿循环条件下,试件的抗压强度随着养护时间的增加而增加。

(2) 水胶比为 0.33 的试件在标准养护条件下与干湿循环条件下抗压强度基本相同,差别较小;而水胶比为 0.38 和 0.43 的试件在标准养护条件下的抗压强度低于干湿循环条件下的抗压强度,水胶比为 0.43 的试件在干湿循环条件下的抗压强度约高于标准养护条件下试件的 10% 左右,这一现象主要是由于水胶比越低,混凝土越致密,腐蚀溶液越不容易进入混凝土内部。当水胶比提高后,腐蚀溶液中的硫酸根离子进入混凝土内部,与溶液中的氢氧化钙发生反应,生成一定量的钙矾石。而钙矾石可以填充混凝土内部的孔隙,特别是水胶比为 0.38 和 0.43 的配合比中加入了引气剂,引气剂形成的孔隙被后期形成的钙矾石填充,增强了混凝土的密实性,提高了混凝土强度,水胶比越大,混凝土相对较疏松,硫酸根进入量越多,生成的钙矾石越多,因此较标养条件下强度增加的幅度更明显。另外,干湿循环试件每个循环中有 13 d 在 60 ℃±2 ℃条件下养护,高温促进了水化的加速,利于混凝土强度的提高。

（3）在溶液 1 和溶液 2 中干湿循环试件的抗压强度基本相同。溶液 1 和溶液 2 中试验条件基本相同,不同的是溶液 2 中硫酸根离子的浓度为 3 000 mg/L,而溶液 1 中硫酸根离子的浓度为 1 500 mg/L,这说明在这两个等级的硫酸根浓度条件下,混凝土内部由于二次钙矾石生成而引起强度增加的变化差距并不大。

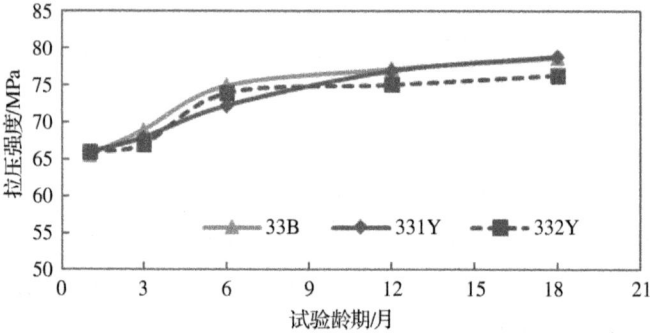

图 11－71 水胶比为 0.33 的试件在不同腐蚀条件下的抗压强度

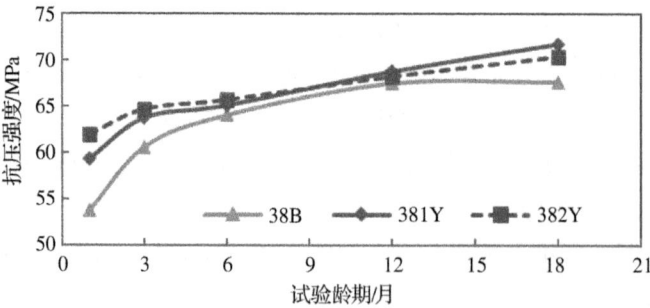

图 11－72 水胶比为 0.38 的试件在不同腐蚀条件下的抗压强度

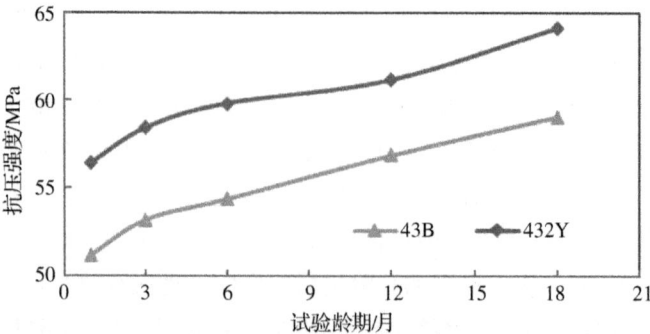

图 11－73 水胶比为 0.43 的试件在不同腐蚀条件下的抗压强度

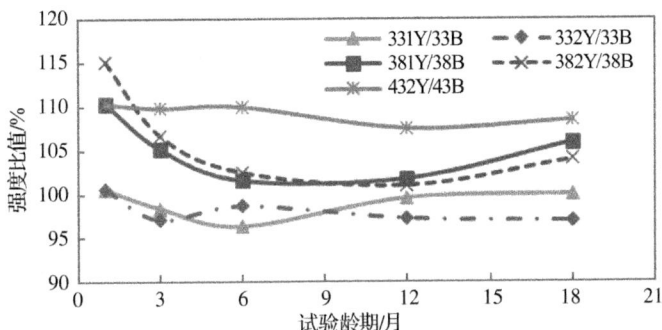

图 11-74　腐蚀试件与同龄期标养试件的强度比值

11.6　小结

本章针对加压荷载、弯曲荷载、拉荷载下混凝土于不同化学介质中的腐蚀情况进行了系统的研究,主要结论如下:

(1) 根据国内外现有的研究设备自行设计了一套压荷载加载装置以及一套弯曲荷载加载装置;根据加载试验的需求,对电通量法所需的电解液池进行改进,设计了一套中间溶液槽为方形的电解液池。

(2) 通过分析电流-时间曲线以及压荷载作用下混凝土氯离子渗透性试验数据发现:混凝土在无荷载作用下,强度等级高的混凝土抗氯离子渗透性越好。压荷载作用下,当应力比在 0~0.2 区间时,电通量值随应力比的增加而缓慢减小;当应力比在 0.2~0.4 区间时,压合效应使得电通量值随应力比的增加快速减小;当应力比在 0.4~0.6 区间时,电通量值随应力比的增加再次缓慢减小;当应力比大于 0.6 时,混凝土内部裂缝扩展并产生新的裂缝,为氯离子迁移形成有利通道,电通量值快速上升。

(3) 混凝土棱柱体试件在无荷载作用下,强度等级越高的混凝土抗氯离子渗透性越好;弯曲荷载作用下,混凝土氯离子渗透性随应力比的增大而变化,应力比小于 0.5 时增加趋势缓慢,应力比大于 0.5 时快速增加;氯离子渗透性与混凝土自身的密实程度、内部裂缝、毛细孔紧密相关。弯曲荷载对混凝土试件存在拉应力和压应力的作用,随着应力比的增加,作用力远离受拉区,拉应力对内部裂缝及孔隙的作用越明显。

(4) 拉应力-氯离子-碳化耦合作用下,钢筋混凝土的抗压强度随着碳化循环次数的增加先增后减,随着氯离子浸烘循环次数的增加逐渐升高。拉应力作用下混凝土试件内各层氯离子浓度明显增高,而碳化明显阻碍了氯离子的渗透,同时考虑碳化和拉应力作用试件中前两层氯离子浓度差别较小,拉应力和碳化两者对氯离子渗透的促进和阻碍作用相互抵消。对于碳化强度而言,氯离子浓度以及40%的极限拉应力均能增加混凝土的碳化深度,相比之下氯离子浓度影响效果更为显著。

(5) 拉应力-氯离子-硫酸镁耦合作用下,钢筋混凝土氯离子含量随着混凝土拉应力的增加逐渐增加;钢筋混凝土中的 SO_3 含量随着试验龄期的增加、拉应力的提高而增加;在镁离子的侵蚀条件下,混凝土氯离子含量随着混凝土的龄期增加发生明显的增加,而与拉应力的关系不大;不同硫酸根浓度下混凝土试块由于二次钙矾石生成而引起的抗压强度变化幅度不大。

12 多因素耦合作用下钢筋混凝土寿命预测

海洋环境、工业环境、公路和桥梁路面撒除冰盐等影响钢筋锈蚀,这已成为混凝土结构耐久性破坏的主要原因。氯离子环境下许多混凝土结构存在钢筋锈蚀引起的顺筋胀裂,有的已非常严重。这些锈蚀钢筋混凝土结构能否继续正常使用?还能使用多长时间?这是对钢筋混凝土结构进行锈蚀损伤评估时必须解决的问题。本章针对处于中等及严重 Cl⁻ 侵蚀环境中,受单轴应力荷载的混凝土进行性能劣化分析,基于菲克第二定律,完成多因素耦合作用下钢筋混凝土寿命评估。

12.1 混凝土寿命预测简介

钢筋锈蚀在房屋建筑、公路桥梁、港口、大坝等混凝土结构中普遍存在,是影响钢筋混凝土结构耐久性的最主要的因素之一。正确评估和准确预测混凝土的使用寿命已成为混凝土耐久性研究的主要目的和重要发展方向。目前国内外混凝土结构使用寿命的预测方法大多建立在钢筋锈蚀的基础上,根据锈蚀原因的不同,混凝土结构使用寿命的预测方法有两类:碳化理论和氯离子扩散理论。前者经过几十年的研究已经形成了完善、基本统一的理论体系,并具有一定的应用价值,后者逐渐成为学术界新的研究热点。

混凝土在海洋环境和除冰盐等恶劣条件下的耐久性参数设计一直是混凝土材料和结构专家关心的问题,氯离子扩散理论是迄今为止建立的唯一将混凝土指标与其使用寿命联系在一起的理论,它是实现混凝土耐久性设计的基础。为了定量地表征氯离子在混凝土中的扩散行为,并据此对混凝土使用寿命进行预测,人们不断地发展着各种氯离子扩散的数学模型。

混凝土结构的使用寿命一般划分为 3 个阶段,混凝土结构的寿命公式为:

$$t = t_1 + t_2 + t_3 \tag{12.1.1}$$

式中:t——混凝土结构的使用寿命;

  t_1——诱导期,指暴露一侧混凝土内钢筋表面氯离子浓度达到临界氯离子浓度所需的时间,或氯离子侵入混凝土并聚于钢筋表面引起钢筋去钝时间,国内结构寿命预测指诱导期寿命;

  t_2——发展期,指钢筋表面钝化膜破坏到混凝土保护层发生开裂所需的时间；

t_3——失效期，指从混凝土保护层开裂到混凝土结构失效所需的时间。

氯离子侵入混凝土的机理因环境而异，影响因素众多，国内外学者针对混凝土在氯离子环境下的寿命预测也提出了多种寿命预测模型，这些模型多数预测混凝土的诱导期寿命，即暴露一侧混凝土内钢筋表面氯离子浓度达到临界氯离子浓度所需的时间。大多数模型建立在扩散的基础上，在参数选取、计算方法上各不相同。按侵入机制划分，可以分为水饱和状态的氯离子扩散计算模型和非水饱和状态的氯离子扩散计算模型两大类，前者也称为标准扩散计算模型。通常，氯离子的侵蚀是渗透、扩散和毛细作用等几种侵入方式的组合，另外，还受到氯离子与混凝土材料之间的化学结合、物理粘结、吸附等作用的影响。而对于特定的条件，以其中的一种侵蚀方式为主。虽然氯离子在混凝土中的传输机理非常复杂，但在许多情况下，扩散仍然被认为是最主要的传输方式之一。

当假定混凝土材料是各向同性均质材料，氯离子不与混凝土发生反应，氯离子扩散系数不变，氯离子在混凝土中的扩散视为半无限大平板时，氯离子传输遵从菲克第二定律。菲克第二定律可以表示为：

$$\frac{\partial C}{\partial t} = D \frac{\partial^2 C}{\partial x^2} \qquad (12.1.2)$$

式中：C——氯离子的浓度（氯离子占胶凝材料或混凝土的质量百分比）；

t——结构暴露于氯离子环境中的时间（s）；

x——距离混凝土表面的深度（m）；

D——氯离子的扩散系数（m^2/s）。

菲克第二定律可以方便地将氯离子的扩散浓度、扩散系数与扩散时间联系起来，拟合结构的实测结果。

当边界条件为：$C(0,t) = C_s$，$C(\infty, t) = C_0$；初始条件为：$C(x,0) = C_0$ 时，可以得到式（12.1.2）的解析解：

$$C(x,t) = C_0 + (C_S - C_0)\left(1 - \mathrm{erf}\, \frac{x}{2\sqrt{Dt}}\right) \qquad (12.1.3)$$

式中：$C(x,t)$——t 时刻 x 深度处的氯离子浓度（氯离子占胶凝材料或混凝土的质量百分比）；

C_0——初始浓度（氯离子占胶凝材料或混凝土的质量百分比）；

C_s——表面浓度（氯离子占胶凝材料或混凝土的质量百分比）；

D——氯离子的扩散系数（m^2/s）；

erf——误差函数。

孙伟、余红发基于菲克第二定律,推导出综合考虑混凝土的氯离子结合能力、氯离子扩散系数的时间依赖性和混凝土结构微缺陷影响的新扩散方程:

$$C(x,t)=C_0+(C_S-C_0)\left[1-\mathrm{erf}\frac{x}{2\sqrt{\dfrac{HD_{cto}t_o^n}{(1+R)(1-n)}t^{1-n}}}\right] \qquad (12.1.4)$$

式中:H——混凝土氯离子扩散性能的劣化效应系数;

$\quad R$——混凝土氯离子结合能力;

$\quad n$——氯离子扩散系数的时间依赖性常数,$n=0.64$;

$\quad D_{cto}$——扩散时间为 t_0 时,混凝土氯离子扩散系数($\mathrm{m^2/s}$);

$\quad t_0$——扩散时间(s)。

余红发还综合考虑了混凝土的 Cl^- 结合能力、Cl^- 扩散系数的时间依赖性和混凝土结构微缺陷影响,对菲克扩散定律进行了修正,得到混凝土 Cl^- 扩散新方程。并运用该模型和大量的文献数据,预测了海洋与除冰盐条件下暴露 7~18 年的实际混凝土结构的 Cl^- 浓度,还根据混凝土结构的预期使用寿命和使用环境探讨了混凝土结构的耐久性参数设计问题。

DuraCrete 模型是氯离子侵入的经验模型,一个重要的因素是钢筋表面的氯离子达到一定浓度(达到腐蚀临界浓度)所需要的时间。求解这一模型需要在试验室和现场条件下获得的边界条件和初始条件,边界条件和初始条件反映了结构的材料、环境和施工是如何影响氯离子侵入的。模型通过引入"转换系数"给出了试验室向现场条件的转换,所以可用于现场条件。这一模型的规则是在试验室测定材料特性,根据现场条件进行修正,再用模型进行现场条件下氯离子的侵入预测。模型的主要形式如下:

$$C(x,t)=C_{SN}\left[1-\mathrm{erf}\frac{x}{2\sqrt{D_0(t)\cdot t}}\right] \qquad (12.1.5)$$

式中:$C(x,t)$——某一深度处氯离子浓度(氯离子占胶凝材料或混凝土的质量百分比);

$\quad C_{SN}$——表面氯离子浓度(氯离子占胶凝材料或混凝土的质量百分比);

$\quad x$——氯离子渗透深度(m);

$\quad t$——暴露时间(s);

$\quad D_0(t)$——氯离子扩散系数($\mathrm{m^2/s}$)。

这一模型的一个优点是可以直接用观测到的氯离子分布情况预测未来的氯离子分布。模型最大限度地根据实际结构中氯离子的渗透情况导出,无须验证其有效性。但是在使用已有的氯离子分布时要十分谨慎,特别是当并非所有的背景资料,如暴露环境、取样点、分析方法等都清楚的情况下。另一个优点是 DuraCrete 模型考虑了扩散系数随时间的减少。但是至少要有同一配合比在相同暴露条件下三个不同龄期的氯离子分布才能有效地预测。

Roelfstra 等人提出了混凝土结构中氯离子渗透的数学模型,这一模型与水的迁移侵入作用有显著的关系,是专门应用于老化混凝土的模型。该模型考虑了离子的扩散以及水的侵入和水泥水化发生对扩散系数的影响,是对 Seatta 等人的氯离子扩散模型的改进。

很多模型都是以菲克第二定律为基础的,并且简单地假定扩散系数是常值。有研究质疑了仅利用氯离子侵蚀的简单扩散模型进行预测的准确性。考虑氯离子的离子特性,Chatterji 认为仅仅基于菲克第二定律建立的模型是不可靠的,他指出这一扩散模型没有考虑通过吸收作用传输的氯离子,吸收作用的影响是随时间而降低的。此外,把混凝土的总含量作为未来腐蚀风险的主要指标也是不可靠的,有如下原因:(1) 混凝土的氯离子扩散值不是常数,可能由于水化作用的影响而降低;(2) 距混凝土表面的深度不同,扩散速率随之变化;(3) 如果混凝土表面处于干湿交替环境下,那么表面氯离子浓度随时间而增大;(4) 不同胶凝材料对氯离子的凝结作用,目前还未进行充分研究;(5) 建立在试验室加速试验基础上的曲线,与实际结构中混凝土性能的相关性不是很好。

不受菲克定律的假定条件限制的模型较少,典型的有 Clear 1976 年根据试验和工程应用提出的一个计算钢筋锈蚀起始时间的经验模型。该模型表明,混凝土中钢筋开始锈蚀的时间与混凝土保护层厚度的 1.22 次方成正比,与暴露环境介质的氯离子质量浓度和混凝土的水灰质量比成反比。该经验模型曾成功地用于海洋油罐和河堤等大型混凝土工程使用寿命的设计和验证,取得了理想的效果。但是从该模型的表达形式上可以发现其实用性有限。Tumidajski 基于 Boltzmann-Matano 分析方法推导氯离子扩散系数,发现氯离子扩散系数是时间、距离和浓度的函数,通过试验得出氯离子扩散系数可以表达为 Boltzmann 变量的线性函数的结论。Dhir 提出了基于半无限介质中的氯离子浓度表达为 Boltzmann 变量指数衰减函数的假定,提出了确定氯离子浓度分布的数学模型,该模型反映了扩散系数与浓度和时间有关。施养杭采用类似于结构承载力的极限状态法进行混凝土寿命预测可靠度评估,引入失效概率 P_f,设极限状态函数为:

$$P_f = P(C_T - C(x,t) < 0) \leqslant \Phi(-\beta) \tag{12.1.6}$$

式中:$C(x,t)$——钢筋表面氯离子浓度;

C_T——氯离子临界浓度。

当钢筋表面氯离子浓度达到临界值时钢筋开始锈蚀,即为钢筋钝化膜破坏的极限状态,引入氯离子扩散模型的主要参数,按照上式可以求出混凝土在某一失效概率下的寿命。更为有效的方法是根据试验与观察找出材料、环境等变量的统计参数及其分布,然后进行 Monte Carlo 随机模拟,求出相关模型的统计参数,建立预测模型。

众多学者在氯离子向混凝土内传输方面做了许多有益的工作。对氯离子传输进行预测的一个关键变量就是氯离子的扩散系数。对已有研究成果的分析可以看出,扩散系数的确定是一个耗时且不能完全精确的过程,数学背景不充分和各种困难使得扩散系数的估计很繁冗。困难之一就是无法形成一个对扩散系数估计方法系统又简化的解释,再有就是应用与渗透过程有关的主要数学关系时,所包含的假设及边界条件的不确定性。不同的研究者提出的评估方法,使得在选择合适恰当的模型时显得无所适从。对氯离子扩散的预测无论是理论的还是经验的,多是基于菲克定律提出的两类模型。以往的氯离子传输预测模型均是基于未开裂混凝土在饱和盐溶液作用下的试验分析,即使对实际在役结构的测试数据,也多是基于上述情况进行回归处理后形成的。对氯离子侵蚀混凝土的研究也由单一的扩散向多机理共同作用的方向发展。相应地,一些新的研究方法也不断得以应用,如模糊理论分析技术、神经网络技术等。探讨更多的研究方法,从不同的角度去实现氯离子浓度分布的预测应该是一个不错的选择。已有的研究成果众多,但多数未得到广泛的工程验证。有些预测模型近乎合理,但具体应用时参数难以确定,也很难获得广泛的应用。经验预测公式的形式虽简单,但是往往不能全面包含影响因素,而且不同环境条件下不同结构实测钢筋锈蚀量的离散性较大,因此现有的经验模型还有待工程实测结果的进一步验证和修正。

12.2 氯盐强腐蚀环境下推荐配合比混凝土的寿命预测

当沿海工程处于氯盐强腐蚀环境时,混凝土推荐配合比见表 12-1。

表 12-1 氯盐强腐蚀环境下的推荐混凝土配合比

编号	水胶比	水泥/%	粉煤灰/%	矿渣粉/%	减水剂/%	引气剂/‰
YZ	0.35~0.38	40	20	40	适当	适当

12.2.1 有效扩散系数

以前述配合比中水胶比为 0.38 的高性能混凝土为计算例子,处于氯盐强腐蚀环境推荐配合比的抗压强度和 RCM 法实测氯离子扩散系数见表 12-2:

表 12-2　推荐混凝土配合比的抗压强度和氯离子扩散系数

编号	抗压强度/MPa				氯离子扩散系数/$(10^{-12}\,\mathrm{m^2/s})$		
	7 d	28 d	56 d	90 d	28 d	56 d	90 d
Y38	34.2	47.3	54.6	57.7	3.37	1.68	—

混凝土有效扩散系数按以下公式计算：

$$D_t = D_{ref} \times \exp\left[\frac{U}{R}\left(\frac{1}{T_0} - \frac{1}{T}\right)\right] \times \left(\frac{t_{ref}}{t}\right)^n \qquad (12.2.1)$$

式中：D_t——混凝土氯离子有效扩散系数$(10^{-12}\,\mathrm{m^2/s})$；

　　　D_{ref}——快速试验方法测定的混凝土氯离子扩散系数$(10^{-12}\,\mathrm{m^2/s})$；

　　　t_{ref}——参考试验时间(a)；

　　　t——混凝土氯离子扩散系数衰减期(a)，取 20 a；

　　　n——混凝土氯离子扩散系数的衰减系数，取 0.55；

　　　U——混凝土氯离子扩散过程的活化能(J/mol)，取 35 000 J/mol；

　　　R——理想气体常数，取 8.314 J/(K·mol)；

　　　T_0——参考温度(K)，取 293 K；

　　　T——环境温度(K)。

该计算公式中的参数 t、n、U、R、T_0 依据交通运输部规范(JTS 257—2—2012)的规定取值，同时由于配合比中加入了粉煤灰和矿渣粉，因此取 D_{ref} 为 56 d 实测值，经计算 D_t 值为 $0.147 \times 10^{-12}\,\mathrm{m^2/s}$。

12.2.2　混凝土中的初始氯离子浓度

对水胶比分别为 0.33、0.38、0.43 的三组混凝土试块在标准养护条件下的本体氯离子含量进行了测试，测试结果如图 12-1 所示。在 0～5 mm 深度之间，氯离子含量逐渐减小，这可能是混凝土表面的浮浆引起的，在 5 mm 深度之后，氯离子含量趋于稳定。虽然水胶比不同，但氯离子含量的平均值大约为 0.01%。

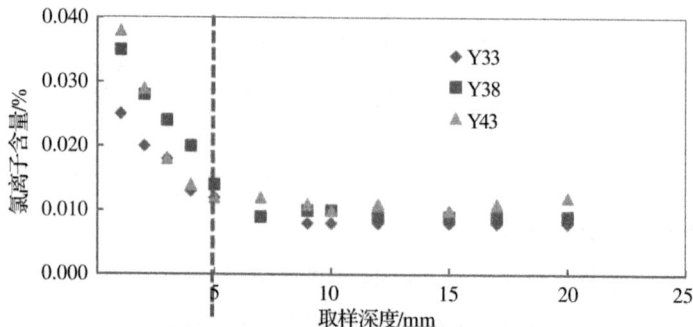

图 12-1　混凝土本体氯离子含量

12.2.3 钢筋混凝土结构使用年限计算

参数 t_i 依据公式(6.4.3)进行计算,其中参数 C_{cr}、γ、C_s 按交通运输部规范 (JTS 257—2—2012)的规定取值,参数 c 依据工程实际情况取值,参数 D_t、C_0 在混凝土试验基础上计算得出。各参数取值见表 12-3。

表 12-3 计算 t_i 的参数取值表(1)

编号	c/mm	$D_t/(10^{-12}\ \mathrm{m^2/s})$	$C_{cr}/\%$	$C_0/\%$	γ	$C_s/\%$	t_i/a
Y38	55	0.147	0.5	0.01	1.0	5.4	115

参数 t_c 依据公式(6.4.4)进行计算,其中参数 c、d 依据工程实际情况取值, f_{cuk} 依据混凝土试验得出,λ_1 经计算得出。各参数取值见表 12-4。

表 12-4 计算 t_c 的参数取值表(1)

编号	c/mm	d/mm	f_{cuk}/MPa	$\lambda_1/(\mathrm{mm/a})$	t_c/a
Y38	55	22	54.6	0.002 9	32

参数 t_d 依据公式(6.4.5)进行计算,各参数取值见表 12-5,其中 λ_2 按交通运输部规范(JTS 257—2—2012)的规定取值。

表 12-5 计算 t_d 的参数取值表

编号	d/mm	$\lambda_2/(\mathrm{mm/a})$	t_d/a
Y38	22	0.06	9

因此在氯盐强腐蚀环境下使用年限 $t_e = t_i + t_c + t_d = 115 + 32 + 9 = 156(\mathrm{a})$,即使用水胶比为 0.38 的高性能混凝土配合比,也能够满足使用 100 年的要求。如果水胶比继续降低,那么服役寿命将远超 100 年。

12.3 中等腐蚀环境下推荐配合比的混凝土寿命预测

对处于中等腐蚀环境的沿海工程,混凝土推荐配合比见表 12-6。

表 12-6 中等腐蚀环境下的推荐配合比

编号	水胶比	水泥/%	粉煤灰/%	矿渣粉/%	减水剂/%	引气剂/‰
ZD	0.40~0.43	40~50	20	30~40	适当	适当

12.3.1 有效扩散系数

以前述配合比中水胶比为 0.43 的高性能混凝土为计算例子,处于中等腐蚀环境推荐配合比的抗压强度和实测氯离子扩散系数见表 12-7。

表 12-7　推荐混凝土配合比的抗压强度和氯离子扩散系数

编号	抗压强度/MPa				氯离子扩散系数/($10^{-12}\,m^2/s$)		
Y43	7 d	28 d	56 d	90 d	28 d	56 d	90 d
	28.8	42.3	49.6	51.8	3.56	1.84	—

混凝土有效扩散系数按公式(12.2.1)计算,由于该配合比中加入了粉煤灰和矿渣粉,因此取 D_{ref} 为 56 d 实测值,经计算 D_t 值为 $0.161 \times 10^{-12}\,m^2/s$。

12.3.2　钢筋混凝土结构使用年限计算

参数 t_i 依据公式(6.4.2)进行计算,其中参数 C_{cr}、γ、C_s 按交通运输部规范(JTS 257—2—2012)的规定取值,参数 c 依据工程实际情况取值,参数 D_t、C_0 在混凝土试验基础上计算得出。各参数取值见表 12-8。

表 12-8　计算 t_i 的参数取值表(2)

编号	c/mm	D_t/($10^{-12}\,m^2/s$)	C_{cr}/%	C_0/%	γ	C_s/%	t_i/a
Y43	50	0.161	0.5	0.01	1.0	5.4	87

参数 t_c 依据公式(6.4.4)进行计算,其中参数 c、d 依据工程实际情况取值,f_{cuk} 依据混凝土试验得出,λ_1 经计算得出。各参数取值见表 12-9。

表 12-9　计算 t_c 的参数取值表(2)

编号	c/mm	d/mm	$f_{cu,k}$/MPa	λ_1/(mm/a)	t_c/a
Y43	50	22	49.6	0.002 9	29

参数 t_d 依据公式(6.4.5)进行计算,各参数取值见表 12-10,其中 λ_2 按交通运输部规范(JTS 257—2—2012)的规定取值。

表 12-10　计算 t_d 的参数取值表(2)

编号	d/mm	λ_2/(mm/a)	t_d/a
Y43	22	0.06	9

因此,在中等腐蚀环境下使用年限 $t_e = t_i + t_c + t_d = 87 + 29 + 9 = 125$(a),能

够满足使用 100 年的要求。即使用水胶比为 0.43 的高性能混凝土配合比,也能够满足使用 100 年的要求,如果水胶比继续降低,那么服役寿命将远超 100 年。

12.4　承受拉应力条件下混凝土寿命预测

承受拉应力条件下混凝土与非承载条件下混凝土的主要差别是氯离子的有效扩散系数 D_t,即混凝土所承受的拉应力不同,有效扩散系数 D_t 存在较大差异。针对氯盐腐蚀非常严重条件下的推荐配合比 Y38 和配合比 Y33,测试其在承受 40% 和 60% 极限拉应力条件下不同深度处氯离子的含量,依据所测数据与不承受拉应力条件下数据的比值,可以计算出承受拉应力条件下混凝土氯离子的有效扩散系数。

图 12-2 和图 12-3 是承载 40% 极限拉应力氯离子含量与不承载力的比值,其中横坐标是取样深度(mm)与试验龄期(月)的乘积。根据氯离子扩散系数的变化规律,试验时间越长,试验所测得氯离子扩散系数越接近于有效扩散系数,从图 12-2 中可以看出横坐标数值越大,承载 40% 极限拉应力氯离子含量与不承载力的比值越趋近于一个固定值。承载力与不承载力条件下 SO_3 关系:在试验龄期为 1 个月时,承载 40% 极限拉应力试件中 SO_3 含量较不承载力试件增加 4%;在试验龄期为 18 个月时,承载 40% 极限拉应力试件中 SO_3 含量较不承载力试件增加 6%。承载力与不承载力条件下 MgO 含量关系:在试验龄期为 1 个月时,承载 40% 极限拉应力试件中 MgO 含量较不承载力试件增加 2.8%;在试验龄期为 18 个月时,承载 40% 极限拉应力试件中 MgO 含量较不承载力试件增加 3.6%。根据以上试验结果确定承载 40% 极限拉应力氯离子含量与不承载力的比值最终趋向于 1.05,即承载 40% 极限拉应力氯离子有效扩散系数是非承载条件下的 1.05 倍。

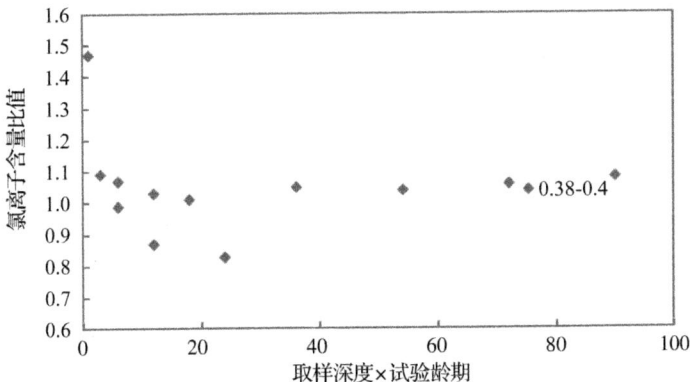

图 12-2　承载 40% 极限拉应力氯离子含量与不承载力的比值(水胶比为 0.38)

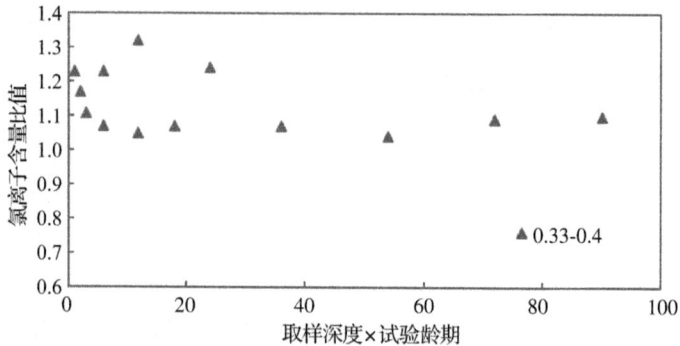

图 12-3   承载 40%极限拉应力氯离子含量与不承载力的比值(水胶比为 0.33)

图 12-4 和图 12-5 是承载 60%极限拉应力氯离子含量与不承载力的比值，其中横坐标是取样深度(mm)与试验龄期(月)的乘积。根据氯离子扩散系数的变化规律，试验时间越长，试验所测得的氯离子扩散系数越接近于有效扩散系数；另外，当试件承受 60%极限拉应力时，试件表面已出现少数微裂纹，加快了氯离子扩散速度。

从图 12-4 和图 12-5 中可以看出：横坐标数值越大，承载 60%极限拉应力氯离子含量与不承载力的比值越趋近于一个固定值。依据图 12-4 和图 12-5 确定承载 60%极限拉应力氯离子含量与不承载力的比值最终趋向于 1.20，即承载 60%极限拉应力氯离子有效扩散系数是非承载条件下的 1.20 倍。

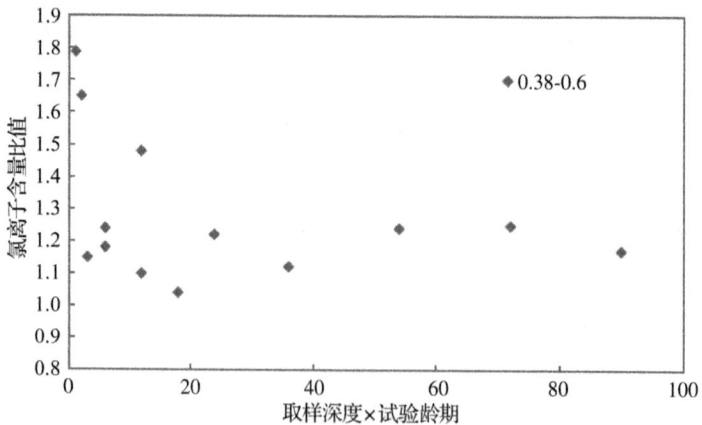

图 12-4   承载 60%极限拉应力氯离子含量与不承载力的比值(水胶比为 0.38)

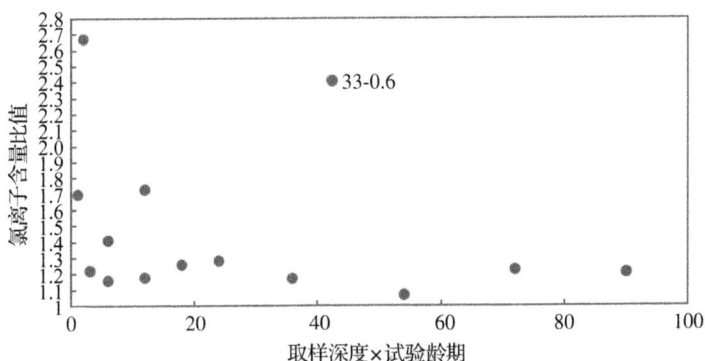

图 12 - 5　承载 60%极限拉应力氯离子含量与不承载力的比值(水胶比为 0.33)

12.4.1　氯盐严重腐蚀条件下 t_e 的计算

参数 t_i 依据公式(6.4.3)进行计算,其中参数 C_{cr}、γ、C_s 按交通运输部规范(JTS 257—2—2012)的规定取值,参数 c 依据工程实际情况取值,参数 D_t、C_0 在混凝土试验基础上计算得出。各参数取值见表 12 - 11。

表 12 - 11　计算 t_i 的参数取值表(3)

编号	c/mm	D_t/(10^{-12}m^2/s)	C_{cr}/%	C_0/%	γ	C_s/%	t_i/a
Y38 - 0.4	55	0.154	0.5	0.01	1.0	5.4	109
Y38 - 0.6	55	0.176	0.5	0.01	1.0	5.4	96

t_c 和 t_d 依据公式(12.2.3)和(12.2.4)进行计算,由于两者的条件没有变化,因此使用年限与 12.3 节相同,因此推荐配合比在氯盐强腐蚀环境下,承载 40%和 60%极限拉应力时能够满足使用 100 年的要求。

12.4.2　氯盐中等腐蚀条件下 t_e 的计算

t_i 依据公式(6.4.3)进行计算,其中参数 C_{cr}、γ、C_s 按交通运输部规范(JTS 257—2—2012)规定取值,参数 c 依据工程实际情况取值,参数 D_t、C_0 在混凝土试验基础上计算得出。各参数取值见表 12 - 12。

表 12 - 12　计算 t_i 的参数取值表(4)

编号	c/mm	D_t/(10^{-12}m^2/s)	C_{cr}/%	C_0/%	γ	C_s/%	t_i/a
Y43 - 0.4	50	0.169	0.5	0.01	1.0	5.4	83
Y43 - 0.6	50	0.193	0.5	0.01	1.0	5.4	72

t_c 和 t_d 依据公式(6.4.4)和(6.4.5)进行计算,由于两者的条件没有变化,因

此使用年限与 12.4 节相同,因此推荐配合比在氯盐中等腐蚀环境下,承载 40% 和 60% 极限拉应力能够满足使用 100 年的要求。

▶ 12.5 CO_2 和氯离子耦合环境下混凝土寿命预测

上述试验结果表明,混凝土碳化明显阻碍了氯离子的渗透,在 CO_2 和氯离子复合环境中,使用氯离子扩散的数学模型来预测混凝土寿命,可得到较单纯氯盐环境更长时间的寿命值。因而,本节重点将碳化作为混凝土寿命预测的基准,考虑氯离子以及拉应力作用条件下,各组配合比的混凝土寿命。

混凝土碳化是环境中的 CO_2 向混凝土内部扩散,并与混凝土中的水化产物发生化学反应的过程。混凝土碳化的程度主要取决于环境中 CO_2 的浓度、混凝土的密实性、水化产物氢氧化钙的含量以及混凝土内部的环境条件(温湿度)等因素。

国内外大量的碳化试验与现场调研表明,碳化深度(x)与碳化时间(t)、二氧化碳浓度 C_0 的算术平方根成正比,因此,混凝土碳化的预测可以用以下公式简化表示。

$$x = K\sqrt{C_0} \cdot \sqrt{t} \tag{12.6.1}$$

式中:K——与混凝土密实程度、水化产物特性和养护条件有关。

如果假定试验条件下混凝土碳化试件的原材料、配合比和现场混凝土一致,同时忽略两者的环境条件(温湿度)差异,那么得到以下公式:

$$\frac{x_n}{\sqrt{c_n}\sqrt{t_n}} \approx \frac{x_e}{\sqrt{c_e}\sqrt{t_e}} \tag{12.6.2}$$

经简化,得到自然碳化条件下碳化寿命的计算公式:

$$t_n \approx \left[\frac{x_n\sqrt{c_e}\sqrt{t_e}}{x_e\sqrt{c_n}}\right]^2 \tag{12.6.2}$$

式中:x_n——自然条件下碳化深度;

x_e——试验室加速条件下碳化深度;

c_n——自然条件下 CO_2 浓度;

c_e——试验室加速条件下 CO_2 浓度;

t_n——自然碳化时间;

t_e——加速碳化时间。

根据已有调查进行分析,建筑物底部 CO_2 的浓度一般不超过 0.1%。由于建筑物底部与水面接触,处于一定的湿度条件下,本节将碳化深度达到保护层设计厚度的年限作为其碳化寿命,保护层厚度取施工控制最低值 40 mm。

寿命预测模型中,各参数的取值见表 12-13。

表 12-13 各参数的取值

x_n	c_n	c_e	t_e
40 mm	0.1%	2.0%	336 d
备注	试验室加速试验时二氧化碳浓度控制在 2%,试验室测得的碳化深度为 24 次循环后的实测结果		

根据不同试验室加速条件下碳化深度值(x_e),得到寿命预测值见表 12-14。

表 12-14 不同配合比混凝土碳化寿命预测结果

试验编号	试验条件	x_e/mm	预测寿命/a
W33-7C	水胶比为 0.33,Cl$^-$浓度为 7 000 mg/L	11.9	159
W33-15C	水胶比为 0.33,Cl$^-$浓度为 15 000 mg/L	12.1	153
W33-7L	水胶比为 0.33,Cl$^-$浓度为 7 000 mg/L,40%拉应力	14.2	112
W38-7C	水胶比为 0.38,Cl$^-$浓度为 7 000 mg/L	12.4	147
W38-15C	水胶比为 0.38,Cl$^-$浓度为 15 000 mg/L	14.1	113
W38-7L	水胶比为 0.38,Cl$^-$浓度为 7 000 mg/L,40%拉应力	14.7	107

上述结果表明,在氯离子以及拉应力作用条件下,各配合比以碳化模型预测寿命,均符合 100 年的耐久性设计要求。

12.6 小结

本章综合依托菲克第二定律,考虑混凝土于氯盐强腐蚀、中等腐蚀、承受拉力条件腐蚀以及 CO_2 和氯离子耦合环境下混凝土的系列结构寿命预测。通过适当地调整混凝土的结构材料配合比进行分析测试,最终得出以下结论:

在沿海水利工程中,通过合理控制水胶比、胶凝材料中各种材料用量,可以配制适应不同腐蚀环境的高性能混凝土,最终配制的高性能混凝土在不同环境下均可以保证服役寿命在 100 年以上。

13 结 论

1. 针对新沂河除险加固工程现场耐腐蚀混凝土的研究,得出如下结论:

结合新沂河除险加固工程钢筋混凝土所处环境,配制了具有耐腐蚀性能的适合工程使用的高耐久性混凝土配合比,研究成果在该工程中得到全面应用。

2. 有关新老混凝土界面粘结材料的研究,得出以下结论:

选取三类高分子材料与水泥混合后配制适宜的配合比,进行内部不同配合比的性能筛选。通过抗压强度试验、电通量法和拉拔强度试验分别测试各个配合比材料的强度、抗氯离子渗透性以及界面粘结力。通过试验结果综合比对,关键参数新老混凝土粘结性分析,推荐了适用于修补加固的新老混凝土界面粘结材料。

3. 针对钢筋阻锈涂层开展系列研究,得出以下结论:

(1) 选用丙烯酸酯类聚合物乳液制备的聚合物水泥基涂层具有良好的粘结性、较高的交联度及良好的耐氯盐侵蚀性能。该涂层中掺入单氟磷酸钠等无机阻锈剂可进一步提高涂层的耐锈蚀性能。

(2) 聚合物高分子涂层材料与钢筋及混凝土间均存在胶结效应,涂层中水泥用量过少或过多均不利于涂层与钢筋间握裹力的增加,调整固化时间与混凝土浇筑时间有利于混凝土与钢筋间的结合。

(3) 高钙硅比 CSH 凝胶在"涂层-保护层"界面过渡区中起到连接的关键作用,该类材料的物相变化将直接引起涂层与混凝土保护层间粘结性能的改变。

4. 针对钢结构防腐蚀性能的综合研究,得出如下结论:

(1) 根据调查资料和有关规范,新沂河地下水 pH 值呈中性,但氯离子和硫酸根离子的总量较高,对工程现场钢结构均具有中等腐蚀性;而场地土对钢结构具有强腐蚀性。

(2) 镀锌钢的镀锌层在盐碱土壤中呈现较高的腐蚀活性,对钢材料没有明显的保护作用,镀锌钢在工程所在的盐碱土中的年平均腐蚀速率较大。

(3) 镀锌钢、铜等不同的材料存在接触耦合。与钢筋混凝土中钢筋连接时,会加速负电性金属的腐蚀,加速程度与耦合电极之间的电位差、回路电阻以及两者面积比有关,因此应尽量避免不同材料相接触。埋设于不同土壤或不同深度的钢材之间存在接触时,原先腐蚀较严重部位,会由于电偶腐蚀的形成进一步加剧该部位的腐蚀,因此在设计中应考虑该因素。

（4）对埋设于盐碱土中的钢材易采取阴极保护措施,能有效防止钢材的腐蚀,其所需的阴极保护电流根据土壤的含水量和电阻率不同而有较大的差异。

5. 针对多种腐蚀介质与环境耦合的耐腐蚀试验研究,得出如下结论:

（1）在干湿循环条件下,氯离子浓度随扩散深度逐步下降,同种混凝土氯离子浓度随水胶比的增加而增加。在相同水胶比条件下,耐腐蚀混凝土中的氯离子浓度明显低于普通混凝土,即使水胶比较高的耐腐蚀混凝土氯离子也不易扩散至混凝土内部深处。无论是耐腐蚀混凝土还是普通混凝土,干湿循环条件下,渗透进入混凝土中的氯离子明显高于饱水条件。

（2）混凝土表面结构较为致密,硫酸盐的存在,降低了混凝土中氯离子的侵蚀程度;随着侵蚀龄期的延长,混凝土中渗透通道被打开,硫酸镁的存在对降低氯离子的侵蚀浓度变得不明显。由混凝土试件碳化深度检测结果可见,干湿循环一年后,混凝土表面均未被碳化,证明侵蚀性 CO_2 对混凝土腐蚀程度不高;而耐腐蚀混凝土在严酷环境下可以较好地抵抗 CO_2 与多种介质复合叠加的腐蚀。此外,在相同的水胶比条件下,普通混凝土和耐腐蚀混凝土的抗盐冻性能大致相当。

6. 针对荷载与腐蚀介质耦合作用下钢筋混凝土的腐蚀破坏研究,得出如下结论:

（1）混凝土在无荷载作用下,强度等级越高的混凝土抗氯离子渗透性越好;压荷载作用下,当应力比在 0～0.2 区间时,电通量随应力比的增加而缓慢减小;当应力比在 0.2～0.4 区间时,压合效应作用使得电通量随应力比的增加快速减小;当应力比在 0.4～0.6 区间内,电通量随应力比的增加再次缓慢减小;当应力比大于 0.6 时,电通量值快速上升。

（2）弯曲荷载作用下,混凝土氯离子渗透性随应力比的增加而变化,应力比小于 0.5 时增强趋势非常缓慢,应力比大于 0.5 时快速增强;氯离子渗透性与混凝土自身的密实程度、内部裂缝、毛细孔紧密相关;弯曲荷载对混凝土试件存在拉应力和压应力的作用,随着应力比的增加,作用力远离受拉区,拉应力对内部裂缝及孔隙的作用越大。

（3）在氯盐-碳化循环条件下,混凝土试件抗压强度早期发展迅速,抗压强度值甚至超过标准养护的试件强度值,但在试验后期抗压强度值明显低于标准养护的试件强度值;在碳化干湿循环作用下,混凝土强度出现先增加后下降的规律;普通的氯盐浸烘循环 12 次和 24 次后,混凝土试件的抗压强度值均低于标准养护的同龄期试件值,但随循环次数的增加未见明显下降;在氯盐-碳化循环条件下,随着循环次数的增加,混凝土各层氯离子浓度逐渐增加,相同循环次数时,低水胶比的试件内氯离子浓度低于高水胶比的试件。

(4) 试件施加拉应力后,混凝土试件内各层氯离子浓度明显增高,拉应力作用下更多的氯离子渗入混凝土内部;盐溶液浓度对氯离子的渗透影响大,而碳化作用则明显阻碍氯离子的渗透;拉应力和盐溶液浓度均影响混凝土碳化深度,随着浸泡溶液中氯离子浓度的增加,混凝土的碳化深度也相应增加;在试件施加 40% 的极限拉应力后,混凝土碳化深度出现增加现象,浸泡溶液中氯离子浓度对混凝土碳化的影响明显大于 40% 的极限拉应力作用。当试件承受 60% 极限拉应力时,混凝土试件表层水溶性氯离子含量显著增加,试件表面混凝土产生微裂缝且表面混凝土孔隙结构也发生了变化,使得氯离子的渗透性增强。

(5) 在同等深度处,随着浸烘循环次数的增加,混凝土中水溶性氯离子浓度增加,在距离表面 0~2 cm 处,水溶性氯离子浓度快速增加;在距离表面 2~5 cm 处,水溶性氯离子浓度缓慢增加。相同腐蚀条件下,水胶比越大,混凝土中水溶性氯离子含量越多,对混凝土的腐蚀越严重,水胶比提高 0.05,相同深度处水溶性氯离子含量增加 30%~50%。

7. 有关沿海环境混凝土寿命预测,得出如下结论:

在沿海混凝土工程中,控制水胶比与胶凝材料中各种材料用量,同时设置合适的保护层厚度,可以配制适应腐蚀环境的高性能混凝土,高性能混凝土在多种工况与腐蚀介质耦合的服役环境下,服役寿命超过 100 年。

参考文献

[1] 许应石，张平，詹庚申，等. 江苏沿海平原的沧桑巨变[J]. 国土资源科普与文化，2020(1)：26-31.

[2] 杜怀静. 江苏省地图册[M]. 北京：中国地图出版社，2003.

[3] 冯勇，韩艳丽. 钢渣混凝土抗硫酸盐、镁盐侵蚀性能的试验分析[J]. 硅酸盐通报，2015，34(11)：3345-3351.

[4] 张云清，余红发，孙伟，等. MgSO₄腐蚀环境作用下混凝土的抗冻性[J]. 建筑材料学报，2011，14(5)：698-702.

[5] 马倩敏，郭荣鑫，史天尧，等. 表面干湿循环条件下氯盐在碱矿渣混凝土中的传输[J]. 混凝土，2021(10)：14-16,22.

[6] Gong W, Ueda T. Properties of self-compacting concrete containing copper slag aggregate after heating up to 400 ℃[J]. Structural Concrete, 2018, 19(6)：1873-1880.

[7] 中华人民共和国住房和城乡建设部. 混凝土结构耐久性设计标准：GB/T 50476—2019 [S]. 北京：中国建筑工业出版社，2019.

[8] 国家能源局. 水工混凝土水质分析试验规程：DL/T 5152—2017[S]. 北京：中国电力出版社，2017.

[9] 邓德华，刘赞群，Geert DE SCHUTTER，等. 关于"混凝土硫酸盐结晶破坏"理论的研究进展[J]. 硅酸盐学报，2012，40(2)：175-185.

[10] 康小朋，卢都友，许仲梓. 高性能混凝土构件中碱硅酸反应与延迟性钙矾石形成共存破坏[J]. 硅酸盐学报，2016，44(8)：1091-1097.

[11] 吴萌，姬永生，张领雷，等. 石膏对碳硫硅钙石型硫酸盐破坏的影响[J]. 硅酸盐学报，2016，44(11)：1571-1578.

[12] 国家能源局. 水电水利工程岩土化学分析试验规程：DL/T 5357—2024 [S]. 北京：中国电力出版社，2024.

[13] 曲明月，常洪雷，刘健，等. 不同因素对混凝土中氯离子纯扩散作用的影响[J]. 混凝土，2021(9)：33-37,44.

[14] 张玉栋，胡建林，周小龙，等. 早龄期受力及硫酸盐腐蚀耦合作用下再生

混凝土的力学性能研究[J]. 混凝土，2021(10)：27-30.

[15] 鲍玖文，庄智杰，张鹏，等. 基于相似性的海洋潮汐区环境混凝土抗氯盐侵蚀性能研究进展[J]. 材料导报，2021，35(7)：7087-7095.

[16] Gao Y H，Zhang J Z，Zhang S，et al. Probability distribution of convection zone depth of chloride in concrete in a marine tidal environment[J]. Construction and Building Materials，2017(140)：485-495.

[17] Shen P L，Sun Y J，Liu S H，et al. Synthesis of amorphous nano-silica from recycled concrete fines by two-step wet carbonation[J]. Cement and Concrete Research，2021，147：106526.

[18] 易成，马宏强，朱红光，等. 煤矸石粗集料混凝土抗碳化性能研究[J]. 建筑材料学报，2017，20(5)：787-793.

[19] 张二芹，黄志强，吕晨曦，等. 聚合物改性混凝土抗碳化性能试验研究[J]. 混凝土，2016(8)：19-22.

[20] Zhang L F，Yang L，Fu B H，et al. Research progress on carbonation resistance of alkali-activated slag cement concrete[J]. Materials Science Forum，2021，1036：347-357.

[21] 中华人民共和国水利部. 水工混凝土试验规程：SL/T 352—2020[S]. 北京：中国水利水电出版社，2021.

[22] Mesbah A，Cau-dit-Coumes C，Renaudin G，et al. Uptake of chloride and carbonate ions by calcium monosulfoaluminate hydrate[J]. Cement and Concrete Research，2012，42(8)：1157-1165.

[23] 付伟，彭召，罗鹏，等. XRD-Rietveld 全谱拟合法应用于土壤样品物相定量的准确性检验：模拟实验与方法对比[J]. 光谱学与光谱分析，2020，40(3)：950-955.

[24] Althoey F. Compressive strength reduction of cement pastes exposed to sodium chloride solutions：secondary ettringite formation[J]. Construction and Building Materials，2021，299：123965.

[25] 杨道武，朱志平，李宇春，等. 电化学与电力设备的腐蚀与防护[M]. 北京：中国电力出版社，2004.

[26] 黄小华，邵玉学. 变电站接地网的腐蚀与防护[J]，全面腐蚀控制，2007，21(5)：22-25.

[27]《油气田腐蚀与防护技术手册》编委会. 油气田腐蚀与防护技术手册

［M］. 北京:石油工业出版社，1999.

［28］米琪,李庆林. 管道防腐蚀手册［M］.北京:中国建筑工业出版社,1994.

［29］朱忠伟,吴一平,葛红花. 变电站接地网腐蚀与防护研究进展［J］.上海电力学院学报,2009,25(6):570－574.

［30］鹿中晖,章钢娅,王永红,等. 铜在典型内陆盐土中的腐蚀特征［J］. 腐蚀科学与防护技术［J］,2009,21(6):522－525.

［31］欧洲华. 变电站接地装置的腐蚀机理及防腐措施研究［J］. 中国西部科技,2009,8(19):4－6.

［32］郑敏聪,吴剑鸣. 220 kV 火龙岗变电站接地网防蚀保护技术的研究与应用［J］. 电力设备,2007,8(2):61－63.

［33］吕承杰,王芷芳. 变电站接地网的腐蚀及牺牲阳极的应用［J］,全面腐蚀控制,2005,19(5):33－35.

［34］李雪华,邱焕勇. 阴极保护在池州电厂变电站接地系统中的应用［J］. 石油化工建设,2005,27(1):55.

［35］Gérard B, Marchand J. Influence of cracking on the diffusion properties of cement-based materials part Ⅰ: influence of continuous cracks on the steady-state regime［J］. Cement and Concrete Research, 2000, 30(1): 37－43.

［36］余红发. 盐湖地区高性能混凝土的耐久性、机理与使用寿命预测方法［D］. 南京:东南大学,2004.

［37］胡曙光,耿健,丁庆军. 杂散电流干扰下掺矿物掺合料水泥石固化氯离子的特点［J］.华中科技大学学报(自然科学版),2008,36(3):32－34.

［38］Bažant Z P et. al. Physical model for steel corrosion in concrete sea structures: application［J］. Journal of the Structural Division, 1979, 105(6): 1155－1166.

［39］邢锋,明海燕. 沿海地区混凝土结构耐久性及其设计方法［M］. 北京:人民交通出版社,2004.

［40］金伟良,吕清芳,赵羽习,等. 混凝土结构耐久性设计方法与寿命预测研究进展［J］. 建筑结构学报,2007,28(1):7－13.

［41］Zhang R, Castel A, François R. Concrete cracking due to chloride-induced reinforcement corrosion-influence of steel-concrete interface defects due to the "top-bar effect"［J］. European Journal of Environmental and Civil Engineering, 2012,16(3/4):402－413.

［42］Castel A，Vidal T，François R，et al. Influence of steel-concrete interface quality on reinforcement corrosion induced by chlorides［J］. Magazine of Concrete Research，2003，55(2)：151－159.

［43］鲁列. 荷载与氯盐环境下混凝土构件的腐蚀试验研究［D］. 杭州：浙江工业大学，2010.

［44］Costa A，Appleton J. Case studies of concrete deterioration in a marine environment in Portugal［J］. Cement and Concrete Composites，2002,24(1):169－179.

［45］洪乃丰. 混凝土中钢筋腐蚀与防护技术(3)：氯盐与钢筋锈蚀破坏［J］. 工业建筑，1999,29(10):60－63.

［46］洪定海. 混凝土中钢筋的腐蚀与保护［M］. 北京:中国铁道出版社，1998.